비행교육원 대비

조종사 교과서 1

-입문 편-

비행교육원 대비

조종사 교과서 1_입문 편

초판 1쇄 인쇄 2014년 03월 31일
초판 1쇄 발행 2014년 04월 07일

지은이 하 꿈 사
펴낸이 손 형 국
펴낸곳 (주)북랩
출판등록 2004. 12. 1(제2012-000051호)
주소 153-786 서울시 금천구 가산디지털 1로 168,
우림라이온스밸리 B동 B113, 114호
홈페이지 www.book.co.kr
전화번호 (02)2026-5777
팩스 (02)2026-5747

ISBN   979-11-5585-183-8 14550 (종이책)
979-11-5585-201-9 14550 (세트)

이 도서의 국립중앙도서관 출판시도서목록(CIP)은 서지정보유통지원시스템 홈페이지(http://seoji.nl.go.kr)와
국가자료공동목록시스템(http://www.nl.go.kr/kolisnet)에서 이용하실 수 있습니다.
(CIP제어번호: CIP2014010300)

비행교육원 대비
예비 조종사 필독서

입문 편

조종사
교과서

하꿈사 지음

book Lab

기회는 새와 같은 것
날아가기 전에 꼭 잡아라

　울진비행교육원이 개교한 지 어느덧 삼 년이란 시간이 흘렀습니다. 많은 훈련생들이 우수한 성적으로 교육원을 수료하고, 현재는 항공사의 부기장과 교관으로서 제 역할을 수행해 나가고 있습니다. 부족한 조종사 수급을 위해 정부의 대대적인 지원으로 울진공항에 개원한 울진비행교육원은 평범한 직장인부터 졸업을 앞둔 학생까지, 누구나 하늘을 꿈꾸는 자라면 입교할 수 있는 기회가 주어집니다. 하지만 그 어느 누구도 쉽게 입교 신청을 하지 못할 겁니다. 이유는 정보의 절대적인 부족에 있습니다. 우리나라의 항공업계 특성상 그 규모가 작고 폐쇄적이라 조종사가 되는 방법에 관한 정보가 부족합니다. 이 책으로 조종사의 꿈을 가진 많은 분들이 도움을 얻으셨으면 좋겠습니다.

　이 책은 크게 두 가지에 중점을 두고 있습니다. 첫째는 내가 조종사가 되고 싶은데 어떻게 하면 되느냐, 과연 가능성이 있느냐에 관한 답변이고, 둘째는 배우기 어려운 **비행 지식**입니다. 학교에 입학하면 그라운드 스쿨이라고 해서 비행이론 공부를 시키게 됩니다. FAA와 Jeppesen 계열 교과서로 주로 공부하게 되는데, Jeppesen은 너무 일부 내용만 수록되어 있고 실기비행 요령이 부족합니다. 그리고 FAA 교과서들은 너무 광범위한 내용을 다루다 보니 필요 없는 지식까지도 걸러지지 않고 나와 있는 실정입니다. 이러한 문제로 FAA 책과 Jeppesen만으로는 어디서부터 어떻게 공부를 해야 할지 학생들을 혼란에 빠뜨립니다. 그래서 자습서 같은 지침서가 필요하다고 생각하여 핵심이 되는 내용들만 압축하여 이 책을 쓰게 되었습니다. 그리고 미국 중심을 떠나 한국의 실정을 최대한 반영하려 노력했습니다.

　다른 문제는 실기인 **실기비행**입니다. 이것은 이론보다 노하우가 중요합

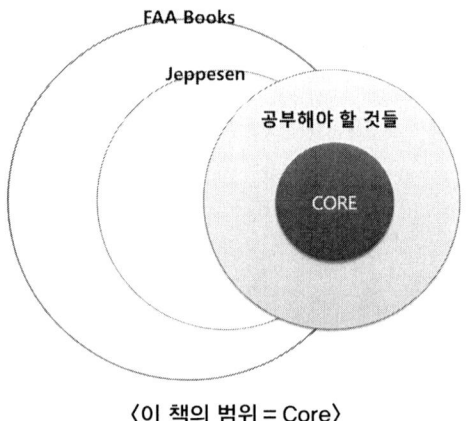

〈이 책의 범위 = Core〉

니다. 주로 선배에게서 노하우를 전수받게 되는데, 틀린 내용도 너무 많고 서로 각각의 방법을 가지고 있어서 배우기가 매우 힘이 듭니다. 선배들은 선배들 나름대로 상위 단계의 훈련을 받고 있기 때문에 시간 부족으로 후배들에게 쉽게 노하우를 가르쳐 주지 않습니다. 같은 학교 출신이 아니라면 기술을 전수받기란 더욱 힘이 듭니다. 게다가 조종과는 상관없는 전공 출신에다 처음 입교하여 인맥도 많지 않은 사람이라면 조종의 길은 더욱 멀어져만 갑니다. 이러한 분들을 위해 울진비행교육원을 중심으로 비행 노하우를 이 책에서 공개하고자 합니다.

이 책의 필자들은 화려하고 유려한 문체를 별로 좋아하지 않습니다. 이 책은 문학책이 아닙니다. 철저한 기술·정보 서적입니다. 필자들은 책에 관한 철학이 하나 있습니다. 중학교 3학년 수준의 학생이 어떤 책을 읽고 그 내용을 충분히 이해한다면, 그 책이야말로 가장 훌륭한 서적이라고 생각합니다. 조종사가 되려면 많은 비용과 시간을 투자해야만 합니다. 이러한 위험 부담을 안고 있는 독자들에게 효율적으로 지식을 전달하고 싶었습니다.

이 책을 통해 비행을 하면서 느꼈던 점과 지식들을 조종사를 꿈꾸는 여러분과 공유하고자 합니다.

하늘을꿈꾸는사람들 올림

차 례

제4장 나에게 맞는 비행학교 선택　　　　　　　　　45

제2부　준비

제1장 필수 도서&장비 저렴하게 구입하기　　　　　　53

제3부   사업용 조종사 면장 취득 과정

제4부 인맥이 없으면 알기 힘든 비행 노하우 대공개

제1부

도전! 나도 조종사

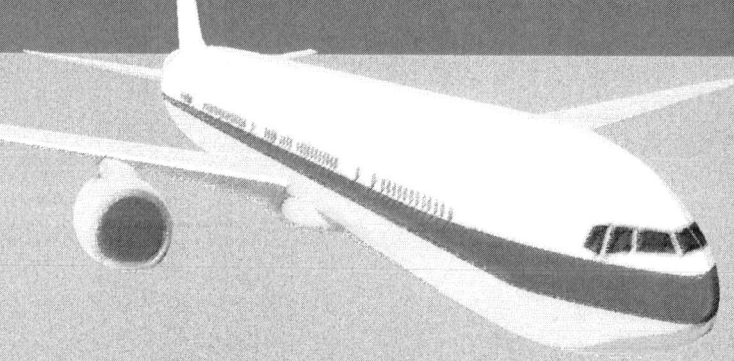

조종사가 되기 위해서는 반드시 '항공 종사자 신체검사 증명 제1종'이라는 신체검사를 통과해야 한다. 신체검사라고 하면 안과검사만을 생각하기 쉬우나 심장, 간, 뇌파, 혈관계 등 까다로운 신체검사 항목들이 있다. 일단 기준을 보자면 나안시력(안경 없이 맨눈으로) 0.5 이상에 교정시력(안경을 끼고) 1.0 이상이면 된다. 라식이나 라섹, PRK같이 눈의 굴절률에 영향을 주는 시술을 받은 경우도 제1종 신체검사를 통과할 수 있다(단 대한항공이나 아시아나 같은 대형 항공사 입사는 불가능하고, 별도의 신체검사가 없는 저비용 항공사에는 입사가 가능하다). 생각보다 눈에 관한 제한치는 그렇게 높지 않다. 우선 아래의 병원들에 미리 전화를 해서 예약한 후 검사를 받으면 되는데, 항공 종사자 신체검사라는 것이 병원 입장에서는 흔한 일도 아니고 잘 모르는 직원도 많아서 검사받기가 여간 까다로운 것이 아니다. 그리고 대부분 대형 병원들이 많아서 예약을 해도 짧게는 2주에서 길게는 4주까지 기다려야 한다. 운 좋게 검사를 한다고 해도 대형 병원 특성상 각종 검사장비가 한 곳에 몰려 있지 않고 이곳저곳에 분산되어 있기 때문에, 경우에 따라 반나절도 걸릴 수 있다.

그래서 서울시 양천구 9호선 신목동역 근처의 '이패밀리의원'을 추천한다. 원장님이 이전에 아시아나항공의 신체검사 담당 의사였기 때문에 각종

정보도 물어볼 수 있다. 일단 병원 자체가 조종사들의 편의를 최대한 봐주려 하기 때문에, 신체에 이상이 있을 수도 있는 부분이 있으면 어떻게 해서든지 1종 신체검사를 통과할 수 있도록 도와준다. 시간적으로도 당일 화이트카드(1종 증명서)를 발급해 주기 때문에 조종사 입장에서는 유리하다.

〈항공 종사자 신체검사 제1종 기준〉
항공법규 제95조 제5항

검사항목	제1종
1. 일반	가. 두부 · 안면 · 경부 · 몸통 또는 사지에 항공 업무에 지장을 주는 변형 · 기형 또는 기능 장애가 없을 것 나. 악성종양 또는 그 염려가 없을 것 다. AIDS가 없을 것. HIV 양성자의 경우 모든 검사에서 질병이 없을 것 라. 중대한 전염성 질환 또는 그 염려가 없을 것 마. 현저한 전신의 쇠약이 없을 것 바. 항공 업무에 지장을 주는 과도한 비만이 없을 것 사. 중대한 내분비 장애나 대사 · 영양 장애가 없을 것 아. 중대한 알레르기성 질환이 없을 것 자. 인슐린이나 혈당 강하제로 조절이 필요한 당뇨병이 없을 것
2. 호흡기 계통	가. 호흡기 계통의 활동성 질환이 없을 것 나. 흉막 또는 종격에 중대한 이상이 없을 것 다. 병소의 안정을 확인할 수 없는 폐결핵 후유증이 없을 것 라. 폐 기능 저하를 초래하는 호흡기 계통의 중대한 질환이 없을 것 마. 기흉이나 그 기왕력 또는 기흉이 발생하는 원인이 되는 질환이 없을 것 바. 항공 업무 수행에 지장을 줄 염려가 있는 흉부의 수술에 의한 후유증이 없을 것
3. 순환기 계통	가. 조절되지 않는 고혈압이 없을 것 나. 순환기 계통의 중대한 기능 및 구조적 이상이 없을 것 다. 심근 장애, 관상동맥 장애 또는 이들의 증후가 없을 것 라. 중대한 선천성 또는 후천성 심질환이 없을 것 마. 중대한 자극생성 또는 흥분전도의 이상이 없을 것 바. 심부전 또는 그 기왕력이 없을 것 사. 동맥류, 중대한 정맥류 또는 임파유종이 인지되지 않을 것 아. 중대한 심막의 질환이 없을 것 자. 심장판막의 교체, 영구적인 심장 박동기 이식 또는 심장 이식의 기왕력이 없을 것

4. 소화기 　계통	가. 소화기 계통 또는 복막에 중대한 기능 장애 또는 질환이 없을 것 나. 항공 업무에 지장을 줄 염려가 있는 소화기계 질환이나 수술 후유 　증, 특히 협착이나 압박에 의한 폐쇄 증상이 없을 것 다. 항공 업무에 지장을 줄 염려가 있는 탈장이 없을 것
5. 혈액 및 　조혈장기	가. 고도의 빈혈이 없을 것 나. 중대한 국소적 또는 전신적 임파선 종대와 혈액 질환이 없을 것 다. 출혈성 경향을 갖는 질환이 없을 것 라. 중대한 비종이 없을 것
6. 정신계	가. 기질적 정신 장애가 없을 것 나. 향정신성 물질로 인한 정신 또는 행동 장애가 없을 것 다. 약물의존 또는 알코올 중독이 없을 것 라. 정신분열증이나 정신분열성 또는 망상 장애가 없을 것 마. 정동 장애가 없을 것 바. 신경증, 스트레스 관련성 또는 신체성 장애가 없을 것 사. 생리적 장애 또는 육체적 요인이 동반된 행동증후군이 없을 것 아. 인격 장애 또는 행동 장애가 없을 것 자. 정신지체가 없을 것 차. 정신발달 장애가 없을 것 카. 유년기 또는 청소년기에 발병한 행동 장애 또는 정서 장애가 없을 것 타. 그 밖에 다른 정신 장애가 없을 것
7. 신경계	가. 간질성 질환이나 원인불명의 의식 장애, 경련·발작 또는 이들의 　기왕력이 없을 것 나. 중대한 두부외상의 기왕력 또는 두부외상 후유증이 없을 것 다. 중추신경 계통의 중대한 장애 또는 이들의 기왕력이 없을 것 라. 중대한 말초신경 계통 또는 자율신경 계통의 장애가 없을 것
8. 운동기 　계통	가. 뼈 또는 관절의 심한 기형, 변형이나 결손 또는 기능 장애가 없을 것 나. 뼈·근육·건·신경 또는 관절에 중대한 질환이나 외상 또는 이들 　의 후유증에 의한 중대한 운동기능 장애가 없을 것 다. 척추에 중대한 질환·변형이니 고통을 갖는 질환 또는 변형이 없을 것 라. 척추 장애 또는 척추의 질환이나 변형에 의한 사지의 운동기능 장 　애가 없을 것 마. 습관성 관절 탈구가 없을 것 바. 사지에 항공 업무에 지장을 줄 염려가 있는 운동기능 장애가 없을 것
9. 신장· 　비뇨· 　생식기 　계통	가. 신장 및 비뇨 생식기계 질환이나 수술의 후유증, 특히 협착이나 압 　박에 의한 폐쇄 증상이 없을 것 나. 신적출술의 기왕력이 없을 것 다. 항공 업무에 지장을 줄 염려가 있는 부인과 질환이 없을 것 라. 항공 업무에 지장을 줄 염려가 있는 월경 장애가 없을 것

	마. 임신 중이 아닐 것. 다만, 정상 임신인 경우 임신 12주 말부터 26주까지 항공 업무에 지장을 줄 염려가 없는 경우는 제외한다.
10. 눈	가. 안구 또는 안구 부속기에 항공 업무에 지장을 줄 질환과 수술 및 상해로 인한 후유증이 없을 것 나. 녹내장이 없을 것 다. 중간 투광체·안저(眼底) 또는 시로(視路)에 항공 업무에 지장을 줄 질환이 없을 것 라. 눈 굴절상태에 영향을 주는 수술을 받지 않았을 것. 다만, 피검자의 면허나 한정 업무 수행 시 지장을 줄 수 있는 후유증이 없는 경우는 제외한다.
11. 이비 인후과, 구강 및 치아	가. 귀 또는 관련 구조에 항공 업무에 지장을 줄 이상이나 질환이 없을 것 나. 전정기관의 장애가 없을 것 다. 치유되지 않는 고막 천공이 없을 것 라. 중대한 이관기능 장애가 없을 것 마. 비공·부비공 또는 인후두에 중대한 질환이 없을 것 바. 비공에 공기가 통하는 것을 방해할 정도로 비중격(두비공을 분리시키는 막을 말한다)이 굽지 않을 것 사. 심한 말더듬이·발성 장애 또는 언어 장애가 없을 것 아. 구강 또는 치아에 중대한 질환 또는 기능 장애가 없을 것

12. 시 기능	가. 다음의 어느 하나에 해당할 것. 다만, 2)의 기준은 항공 업무를 수행할 때 한 쌍 이하의 상용안경(항공 업무를 수행할 때 상용하는 교정안경 등을 말한다)을 사용하는 동시에, 예비안경을 휴대할 것을 항공 신체검사 증명에 조건으로 부여받은 사람만 해당한다.
	  1) 각 눈이 교정하지 않고 1.0 이상의 원거리 시력이 있을 것
	  2) 각 렌즈의 굴절도가 ±6디옵터를 초과하지 않는 범위의 상용안경에 의하여 1.0 이상의 원거리 시력이 있을 것
	  3) 각 눈의 원거리 시력이 교정하지 않고 0.1 미만인 경우에는 최초 검사와 이후 5년마다 안과 정밀검사를 제출해야 한다.
	나. 교정하지 않거나 자기의 교정안경에 의하여 각 눈이 30센티미터에서 50센티미터까지의 임의의 시거리에서 근거리 시력표(30센티미터 시력용)의 0.5 이상의 시표를 판독할 수 있고, 다음의 요건을 갖출 것. 다만, 50세 이상은 100센티미터에서 N14 도표나 그에 상응하는 것의 0.5 이상의 시표를 판독할 수 있어야 한다.
	  1) 근거리 교정만 필요한 경우, 즉각 사용할 수 있는 예비의 근거리 교정안경을 휴대해야 한다.
	  2) 근거리·원거리 교정이 필요한 경우, 계기와 손에 있는 차트 또는 매뉴얼을 보기 위하여 2중 또는 다초점 렌즈를 사용하여 안경을 벗을 필요 없이 근거리·원거리를 볼 수 있어야 한다.

	다. 정상적인 양 눈 시 기능을 가질 것 라. 정상적인 시야를 가질 것 마. 야간시력이 정상일 것 바. 안구운동이 정상이고 안구의 떨림이 없을 것 사. 색각이 정상일 것. 단 색각경 검사(아노말로스코프) 불합격자에게는 색각 제한사항을 부과하여 항공 신체검사 증명서를 발급하고, 또한 국내외 공인된 기관에서 인정받은 비행 교관으로부터 신호 등화 실기시험(signal light test)을 통과하는 경우에는 색각 제한사항을 부과하지 않고 항공 신체검사 증명서 발급.

13. 청력	가. 소음이 35데시벨 미만인 방에서 각 귀가 매초 500, 1,000 및 2,000헤르츠의 각 주파수에서 35데시벨 이하의 음을, 3,000헤르츠의 주파수에서 50데시벨 이하의 음을 들을 수 있을 것
	나. 가목의 기준을 충족하지 못하는 경우에는 다음의 어느 하나에 해당할 것
	  1) 소음이 50데시벨 미만인 방에서 후방 2미터 거리에서 발성되는 통상 강도의 대화음을 두 귀로 올바르게 들을 수 있을 것
	  2) 한쪽 귀의 어음(語音) 명료도가 70퍼센트 이상일 것

14. 종합	항공 업무에 지장을 줄 염려가 있는 심신의 결함이 없을 것

〈제1종 신체검사를 받을 수 있는 병원들 – 이패밀리의원 추천〉

지역	병원
서울	이화여대목동병원(양천구), 신촌세브란스병원(서대문구), 영동세브란스병원(강남구), 강북삼성병원(종로구), 강남하나로의원(강남구), 중앙대 흑석동병원(동작구), 카톨릭 성모병원(영등포구), **이패밀리의원(양천구)**, 서울대학교병원(종로구), 한국의학연구소(강남구), 인제대학교 서울백병원(중구), 경희의료원(동대문구), 뉴강서성신병원(강서구), 한신메디피아의원(서초구), 서울부민병원(강서구), 연세필정신과의원(강남구), 명동연세이비인후과의원(중구)
인천/경기	인하대병원(인천 중구), 인천국제공항의료센터, (인천 중구 운서동), 수지호병원(용인시), 다보스병원(용인시), 한양대학교부속 구리병원(구리시), 아주대학교병원(수원시), 명지병원(고양시), 나은병원(인천 서구), 길병원(인천 남동구)
지방	대구파티마병원(대구), 전남대병원(전남 화순), 부산대병원(부산 서구), 김동인 안과(제주시),

건국대학교 충주병원(충주시), 원주세브란스기독병원(원주시), 계명대학 동산병원(대구시), 인제대 해운대백병원(부산시), 성균관대 삼성창원병원(창원시), 안동병원(안동시), 영남대학교병원(대구시), 우리안과(원주시), 강릉아산병원(강릉시), 제주대학교병원(제주시), 제주한라병원(제주시), 천안충무병원(천안시)

위의 검사를 통과했다고 해도 아직 남아 있는 과정이 있다. 대형 항공사의 경우는 자체적으로 신체검사를 진행하는데, 화이트카드를 받는 것보다 합격하기가 더 까다롭다. 이패밀리의원에서 이 부분에 대해 상담을 친절히 해주니 알아보자. 저비용 항공사의 경우에는 화이트카드만 있어도 충분한 경우도 있다(에어부산 등).

제2장
항공사별 채용조건

신체검사에 무사히 통과했다면, 항공사의 채용조건을 알아보도록 하자. 어느 과정이 자신에게 가장 잘 맞는지 보고, 두세 가지 정도의 길을 염두에 두며 조종사의 길로 들어서면 된다.

① 대한항공(비용 : 약 1억5천만 원)

대한항공은 국내 최대의 항공사로서 역사도 가장 깊으며 조종사에게 국내 최고의 연봉과 대우를 제공한다. 그런 만큼 신체검사도 가장 까다로우며, 신체검사비만도 50여만 원에 이를 정도로 항목도 많다. 기간은 대기 기간까지 합하면 보통 총 3년에서 4년 정도 소요된다. 성차별도 없기 때문에 여자 지원자들도 많이 있다.

1) APP 과정(http://www.kau.ac.kr/ftc/ 참고)

총 비용이 약 **1억5천만 원**이나 들 정도로 금전적으로 여유 있는 지원자만 받는데도 인기가 높고 경쟁률이 높다. 매년 4회 정도의 선발시험이 있고 재수나 삼수를 해서 합격하는 경우도 많으니, 몇 번 떨어졌다고 해서 걱정할 필요는 없다.

(1) 지원 자격

과정	인원	지원 자격
정규 과정	00명	① 정규 학사학위 소지(예정)자 (전공 제한 없음) ② 남자의 경우 병역 또는 면제자 ③ 항공법 시행규칙 제95조 항공기 승무원 신체검사 기준 (제1종)에 적합한 자 ④ TOEIC 성적 750점 이상인 자 ⑤ 해외여행에 결격사유가 없는 자
단축 과정	00명	① 정규 학사학위 소지(예정)자 (전공 제한 없음) ② 다발/계기 사업용 면장 소지자 및 비행시간 250시간 이상자 ③ 남자의 경우 병역필 또는 면제자 ④ 항공법 시행규칙 제95조 항공기 승무원 신체검사 기준 (제1종)에 적합한 자 ⑤ TOEIC 성적 750점 이상인 자 ⑥ 해외여행에 결격사유가 없는 자

(2) 전형방법

① 서류심사

대한항공에서는 자기소개서 내용보다는 지원서의 스펙을 많이 본다.

② 운항 인·적성 검사

인성·적성 검사에서 인성검사는 따로 답이 정해지지 않은 설문지 같은 시험을 보게 된다. 인성검사에서는 탈락하는 사람이 많지 않기 때문에, 정상적인 사고를 하는 사람이라면 웬만하면 붙는다. 질문지가 '나는 귀신이 보인다 O/X' 이런 식이다.

적성검사는 비행기 Attitude Indicator(항공기 계기판에 있는 장치로 제4부에 자세히 설명되어 있다) 해석법, 주사위를 이용한 공간지각 문제(같은 주사위를 돌려놓고 찾는 문제, 주사위의 전개도를 찾는 문제, 또는 주사위를 반으로 잘라서 돌려놓는 문제), 직육면체 상자들을 여러 개 쌓아놓고 특정 상자가 총 몇 개의 박스에 닿아 있는지 묻는 문제, 시력을 체크하기 위해 여러 가지 눈금을 읽는 문제, 기타 물리법칙 문제(도르래 문제, 톱니바퀴 문제, 뉴턴 힘의 법칙 문제) 등이 있다. 항공대학교 후문 당구장 옆에 보면 복사 가게가 있는데, APP 인·적성 기출예상 문제집을 판매하고 있으니 미리 공부를 해가는 것도 준비가 된다.

③ TOEFL/영어구술

TOEFL은 일반 토플 형식과 같은데, 주로 ETS 홈페이지에서 제공하는 토플 문제를 공부해 가면 준비에 도움이 된다.

영어구술은 항공대학교의 원어민 강사들과 면접 형태로 치르게 된다. 면접 구성은 원어민 2명과 지원자 1명의 형태이며, 임의의 주제로 원어민 강사와 자유로운 대화를 하게 된다. (실제 기출 질문 : 애플과 삼성의 핸드폰 중 어느 것이 더 좋은가? 향후 전망은 어떤가?)

④ 신원조회/신체검사/최종면접

(2) 과정

다음과 같이 APP 합격 후에 총 네 가지 단계를 진행해야 최종적으로 대한항공 조종사로 근무할 수 있다.

① Phase 1

경기도 고양시 화전역(지하철 경의선)에 위치한 한국항공대학교에서 약 3개월 동안 이론 수업을 받게 된다.

② Phase 2

미국 플로리다에 위치한 대한항공의 비행학교에 입과하여 미국 FAA의 사업용 조종사 자격(실 비행 230시간)을 취득하게 된다. 시간은 1년 정도 소요된다.

③ Phase 3

미국에는 대한항공과 조종사 교육협정을 맺고 있는 'AmeriFlight'라는 항
공화물 운송회사가 있다. AmeriFlight는 주로 킹에어 같은 터보프롭 엔진 2
개를 장착한 20~30인승의 중형 항공기를 가지고 사업을 하는데, 사실 이런
항공기들은 조종사가 기장 1명밖에 필요하지 않다. 그래서 남는 부기장 자
리를 이용해 대한항공으로부터 소정의 교육비를 받고 교육생들을 받는다.
이렇게 AmeriFlight에서 770시간의 부기장 비행시간을 쌓으면 되는데, 이게
굉장히 힘들다. 주로 미국의 작은 도시에서 2년 넘게 생활해야 하는 데다, 불
규칙적인 비행 스케줄을 감수해야 한다. 그리고 비행 후 공항의 휴식공간이
마련되어 있지 않은 경우가 많아 피로와 스트레스에 지치게 된다. Phase 3의
기간 동안 미국에서 다른 도시로 여행을 가든지 해서 베이스를 이탈하게 되
면 APP 과정에서 탈락된다. 그만큼 규율도 엄격하다.

④ Phase 4

길고 길었던 Phase 3이 끝나게 되면 제주도의 정석비행장으로 가게 된다.
대한항공이 보유한 비행장인데, Citation이라는 소형 제트 항공기로 제트 교
육을 받는다. 기간은 6개월 정도 소요된다.

2) APP 단축 과정(비용 : 1억 이하)

다른 비행학교에서 사업용 조종사 면장을 소지한 조종사들을 대상으로
APP 단축 과정이란 제도도 운용되고 있다. 선발 과정이 까다롭고 면접을 통
과하기가 힘들다. 다른 비행학교의 실력이 어느 정도 되는지 가늠하기 힘들
기 때문에, 대한항공 측에서 단축 과정의 조종사들을 신뢰하지 못하는 경향
이 있다. 시뮬레이터로 기본실력을 가늠하는 평가도 이루어지게 되는데, 항
공대학교의 시뮬레이터에 익숙하지 않다면 비행을 아무리 잘해도 통과하기
힘들다. 울진비행교육원(항공대)을 수료하여 시뮬레이터 이용법을 충분히
숙지한 후 시험을 치러야 붙는다(시험 과정은 제6부에 자세히 설명되어 있

다). 아니면 차라리 애초에 단축 과정이 아닌 기본 APP 과정에 입과하는 것이 좋다. 단축 과정에 합격하고 싶으면 울진비행교육원(항공대)에 입과하여 수료 후 울진 전형으로 입과하면 되는데, 합격률이 상당히 높다. 경쟁률도 일반 APP 과정보다 낮기 때문에 울진비행교육원(항공대: http://www.kau.ac.kr/ftc/)으로 입과하는 것도 좋은 방법이다.

3) 경력자 과정(비행시간 1,000시간 이상 대상자-비용 없음)
http://recruit.koreanair.co.kr/참고

대한항공 채용 홈페이지에는 늘 민간 경력 조종사를 채용하는 공고가 있다. 1,000시간이라는 어마어마한 경력의 민간 조종사는 교관 중에서도 흔치 않다. 미국이나 국내에서 교관 생활을 오래한 지원자가 지원하기에 좋다.

② 아시아나 항공

1) 운항 인턴

아시아나항공은 비행 경력이 전무한, 비행시간이 제로타임인 일반인을 대상으로 운항 인턴을 모집한다. 이 과정은 유일하게 민간인이 자비를 들이지 않고 조종사가 될 수 있는 방법이다. 예비 조종사에게 굉장히 유리한 조건이니만큼 경쟁률도 어마어마하다. 스펙으로는 토익 스피킹 최소 7급 이상을 얻어야 한다. 아시아나에서는 토익 스피킹을 토익 점수보다 중요시여기는 경향이 있다. 물론 토익 점수도 900점을 넘기는 것이 유리하다. 또한 비행 경력이 20시간 정도 있으면 면접 때 굉장히 유리하다. 비행에 관한 본인의 열정을 보여줄 수 있는 방법이기 때문이다. 20시간 정도면 비용이 많이 들지 않으므로 김포공항의 여러 비행학교들(조종사교육원, 이웨스트 등)에서 체험비행 식으로 교육받으면 좋다. 그리고 신체검사는 상당히 까다로운데, 서울 신

목동역의 이패밀리의원에서 상담을 받으면 좋다.

그리고 만 30세 정도 이하라면 연령 면에서 상당히 유리한 고지를 점하게 된다. 나이가 어릴수록 조종을 공부하기 좋기 때문이다. 다만 만 30세 이상 37세 이하의 도전자들은 저비용 항공사를 노리는 것이 좋다. 저비용 항공사는 오히려 나이가 어느 정도 든 지원자를 선호한다. 젊은 조종사일수록 근무 여건이 좋은 대형 항공사로 이직하려 들기 때문이다. 여성 지원자의 경우는 아쉽지만 마음을 접고 다른 항공사를 노리는 것이 유리하다. 군문화가 많이 남아 있는 항공사라서 해병대나 장교 출신 남성 지원자를 선호하는 반면, 여성의 경우는 육아휴직 등 회사로서 손해가 많기 때문인지 여성 지원자를 거의 뽑지 않는다는 소문이 있다. 회사 입장에서는 고액의 연봉을 부담해야 하기 때문에 하루라도 더 비행을 소화해낼 수 있는 조종사를 원하기 때문이다.

일단 합격하면 미국 서부 애리조나 주 사막에 있는 WestWind라는 비행학교에서 교육을 받게 된다. 사막이라 구름 등이 없어 비행하기에 상당히 좋은 조건을 가지고 있다. 국내의 경우 비행 가능한 경우가 1년에 200일이 채 안 되는 경우가 많은데, 애리조나 주의 경우 1년에 3일 정도를 빼고는 비행이 가능하다고 한다. 비행교육 시 비용은 회사 차원에서 전액 대출을 해주고, 부기장으로 채용 후 다달이 조금씩 갚아 나가면 된다.

지원 자격

학사학위(전공 상관없음) 이상 학력 소지자 중 기졸업자 또는 졸업 예정자
TOEIC(800점 이상) 및 TOEIC SPEAKING(5급 120점 이상) 성적 필수
병역필 또는 면제자
제1종 항공 종사자 신체검사 소유자
해외여행에 결격사유가 없는 자

➡ **전형 절차**

서류전형-인·적성검사-1차 면접 및 영어구술 Test-1차 건강검진-2차 면접-2차 건강검진-최종 합격자 발표

2) 울진비행교육원 특별 과정(250시간 이상 경력자 다발 50시간 포함)

아시아나의 경우 울진비행교육원 수료자들을 대상으로 한 특별전형이 있다. 기존에는 170시간 비행 경력자를 대상으로 했으나, 조종사의 경력이 너무 부족하다는 논란 후에 250시간으로 강화되었다. 경쟁률이 낮다는 유리한 점이 있지만, 250시간의 비행을 하려면 비용이 8천만 원에 육박하므로, 금전적으로 여유가 많은 지원자나 군에서 어느 정도 비행시간을 쌓은 지원자가 유리하다.

3) 일반 비행 경력자 과정(300시간 이상 경력자 다발 50시간 포함)

울진 이외의 다른 비행학교에서 훈련한 조종사들을 대상으로 하며 채용 과정은 울진 수료자와 동일하다. 미국에서 교관 생활을 어느 정도 했다면 지원하기에 유리하다.

❸ 진에어(500시간)

진에어는 대한항공의 자회사로서 500시간의 비행 경력이 있는 민간 조종사를 선발한다. 사업용 조종사를 취득한 후 교관으로서 500여 시간의 경력을 쌓는 방법이 일반적이다. 울진비행교육원(항공대) 수료자의 경우 7,000만 원 정도의 비용(미국 아메리플라이트 부기장 과정)을 더 들여서 울진 과정 후 지원할 수 있으나, 그러면 조종사가 되는 데 비용이 총 1억3천만 원 정도 들기 때문에 조금 더 보태서 차라리 APP 과정에 입과하는 편이 좋다.

❹ 에어부산

에어부산의 경우 울진비행교육원(항공대/한서대) 출신만 부기장으로 채용하도록 MOU가 맺어져 있다. 따라서 에어부산에 지원하려면 울진비행교육원을 수료해야 한다. 분기마다 약 4명 정도를 선발한다. 토익 900점은 필수이고 토익 스피킹 점수는 없어도 된다. 면접으로 당락이 주로 결정되는데, 면접 기출문제는 제6부에 서술되어 있다. 신체검사는 따로 없으며, 화이트카드만 소지하고 있으면 된다. 연령으로 보자면 놀랍게도 나이가 많은 지원자를 선호하고 있다. 만 30세 이상의 지원자가 유리하다. 이전에 4명 정도의 젊은 부기장을 대한항공에 빼앗긴 이력이 있기 때문에, 이직 확률이 많은 20대 지원자들은 들어가기가 힘들다는 소문이 있다. 또한 이직 시 해당 조종사가 수료한 비행학교의 졸업자들은 에어부산으로의 취업문이 막히게 된다. 군에서 비행을 조금 하다가 초등·중등·고등 과정에서 최종 탈락한 조종사들이라도, 울진비행교육원에서 계기와 사업용 과정을 수료하면 취직 시 군 출신을 우대해준다. 마지막으로, 부산 출신이라고 해서 딱히 유리한 것은 아니다.

일단 170여 시간의 비행 경력으로 합격하게 되면, 미국 등지에서 80시간의 타임빌딩을 한 후 737레이팅을 자비로 취득하게 된다. 그래서 울진비행교육원 이후로 약 2~3천만 원의 추가비용이 든다고 생각하면 된다.

❺ 제주항공

기본 250시간의 비행 경력을 가진 사업용 조종사들을 채용한다. 울진비행교육원의 경우 MOU가 맺어져 있어서 170시간 대상으로 채용을 하며, 합격하면 80시간의 타임빌딩과 737레이팅을 자비로 취득해야 한다. 에어부산과 같이 사업용 조종사 자격 취득 이후 2~3천만 원의 추가비용을 생각해야 한다. 연령별로는 만 30세 이상의 지원자가 뽑힐 확률이 높고, 채용되면 부기장으로 6년 계약을 하게 된다. 그리고 6년 후에는 바로 기장이 될 수 있다. 대한항공 같은 대형 항공사는 기장이 되려면 10년 이상 걸리기 때문에, 제주항공은 다른 대형 항공사만큼이나 인기가 좋고 급여 수준도 대형 항공사의 90% 수준의 대우를 받는다.

⑥ 이스타, 티웨이

이스타나 티웨이는 조종사를 많이 채용하지 않는다. 비행학교의 인맥이나 군 출신 인맥이 들어가기에 유리하다는 소문도 있다. 국내에서 비행했을 시 미국에서 면장을 전환해 오라고 한다. 채용공고는 자주 나지 않으니 참고하자.

⑦ 외국 항공사

이 부분에 있어서는 포기하는 것이 좋다. 조종사 같은 고급 인력들은 모든 나라들에 자국민 우선 채용정책이 있기 때문에 외국 항공사에 들어가기는 하늘의 별 따기보다 어렵다. 중국 항공사들의 경우 예전에 인력이 부족해서 일부 한국인 소종사들이 채용되긴 했지만, 현재는 중국 조종사들도 상당수 미국에서 훈련을 시작했기 때문에 채용 가능성은 제로에 가깝다고 보면 된다. 다만 홍콩의 항공사 케세이퍼시픽의 경우 비행 경력이나 국적을 따지지 않고 채용하지만, 전 세계의 파일로트들이 모이기 때문에 이 또한 쉽지 않다.

국내 항공사에 취업하여 기장이 된 조종사라면 애기가 달라진다. 두 배의 연봉에 더 적은 비행 스케줄을 수행하는 중국 항공사에 취업하기가 굉장히 수월하다. 항공사 간 기장 쟁탈전이 날이 갈수록 심해지고 있기 때문이다.

⑧ 해양경찰

해군 이외에도 바다를 수호하는 국가 기관으로 해양경찰이 있다. 해양경찰은 바다를 정찰하고 감시하는 초계기를 상당수 운용하고 있다. CL-604(챌린저), C-212, CN-235 항공기를 운영한다. 근 10년간은 꾸준히 매년 한두 대씩 도입할 예정이라 수요도 어느 정도 있다. 부기장 급여는 최소 연봉 5천만 원이어서, 공무원이지만 굉장히 매력적인 급여를 자랑한다. 그리고 해양경찰에서 비행을 하게 되면 항공사에 들어가기 수월하기 때문에 인기가 높다. 합격하려면 기본 500시간의 비행 경력이 있어야 한다. 2013년에 부기장 2명을 뽑았는데 30명 정도 지원했다고 한다.

⑨ 항측 업체(항공사진 촬영 업체)

대부분 영세하고 소규모의 업체들이라 자리가 몇 개 있지도 않고 대부분 인맥으로 들어간다고 한다. 울진비행교육원 수료자의 경우엔 2~3명 취업한 사례가 있다. 연봉은 중소기업 수준이다. Auto pilot 기능을 많이 사용하지 않기 때문에 비행감각을 유지할 수 있다는 장점이 있다. 항공기는 주로 Cessna 208 Caravan이나 Cessna 206을 많이 사용한다.

⑩ 교관으로 취직

비행학교에서 사업용 조종사 과정을 마친 후 교관으로 취직해서 비행 경력을 쌓는 것은 항공사에 취직하는 이상적인 방법이다. 각 학교마다 교관 수요가 많기 때문에 교관 과정 이수 후 교관이 되기 좋다. 울진비행교육원, 김포공항의 여러 비행학교들을 대상으로 구직활동을 하면 된다.

제3장
조종사가 되는 방법과 위험성

조종사가 되기 위한 방법은 매우 다양한 경로가 있다. 이 장에서는 운항의 길로 들어설 수 있는 여러 가지 방법들을 살펴보고 각 방법마다의 리스크를 분석해보고자 한다.

① 비행의 본고장 미국에서 FAA(Federal Aviation Administration) 자격 취득하기

비행의 본고장은 미국이다. 첫 비행기도 미국의 라이트 형제에 의해 발명되었듯이 미국 조종사들은 비행에 있어서 자신만의 프라이드가 있다. FAA에서 사업용 조종사 자격을 취득하기가 까다롭기 때문에 미국에서 교관으로 비행을 했다고 하면 국내에서 알아주는 편이다. 날씨가 좋은 서부의 사막지대가 많기 때문에 여건도 좋은 편이다. 단 주의할 점은 좋은 비행학교를 골라야 한다는 것이다. 미국에는 수많은 비행학교가 있다. 직업적인 사업용 조종사보다는 레저 중심으로 쉽게 쉽게 가르치는 학교가 아닌지 주의해야 한다.

미국으로 비행 연수를 떠나고자 하는 학생에게는 애리조나 주에 위치하고 있는 West Wind라는 학교를 추천하고 싶다. 아시아나 조종 장학생에 합격하게 되면 이 학교에서 전문적인 교육을 받게 된다. 아시아나에서 위탁교육을 맡길 만큼 학교 수준이 높아서 조종을 배우려는 일반 학생들에게도 인기가 좋다. 한국인 교관이 많기 때문에 언어적인 장벽도 높지 않다. 원한다면 한국인 교관을 거의 100%로 연결해준다는 말도 있다. 다만 체류비나 교육비가 상대적으로 국내의 울진비행교육원보다 비싸기 때문에 금전적으로 여유가 있어야 한다. 그리고 일반학생으로 웨스트윈드에 간다면 반드시 교관까지 끝마쳐서 비행시간을 500시간 정도로 쌓아야 한다. 500시간이 안 된다 하더라도 최소 300시간 정도는 교관 역할을 수행하고, 한국의 비행학교에 취직해서 500시간을 만들어야 항공사의 부기장이 될 수 있다.

대학에서 비행을 배우는 방법으로 엠브리리들 항공대학교를 추천할 수 있으나, 기간이 4년으로 너무 길고 학비도 너무 비싸기 때문에 웨스트윈드를 추천한다.

② 호주, 뉴질랜드 등 미국을 제외한 다른 나라

일단 평이 안 좋다. 모 항공사에서 호주 출신 조종사들을 많이 채용했다가 실력문제 때문에 애를 많이 먹었다는 소문이 있다. 게다가 아무리 실력이 뛰어나다 해도 호주나 뉴질랜드의 비행학교는 한국에서 잘 모르기 때문에 인정을 잘 안 해주는 경향이 있다. 미국도 웨스트윈드나 엠브리리들이 아니면 힘들다. 한국에서는 미국의 FAA 자격증을 선호하는 분위기가 있어서 이왕이면 미국에서 자격증을 따는 것이 좋다. 상대적으로 미국 FAA 자격증 취득이 난이도가 어렵다고 한다.

③ 고등학교 졸업 후 항공대/한서대/교통대/ 항공전문학교 운항학과에 지원

고등학교 졸업 후 항공대/한서대/교통대/항공전문학교 운항학과에 다니게 되면 조종사의 길에 한층 가까워진다. ROTC로 군 조종사가 되기에도 유리하다. 민간 조종사를 꿈꾼다면 항공대의 경우 4학년부터 울진비행교육원에 입과하게 되고, 한서대의 경우는 한서대 태안비행장에서 교육받는다. 하지만 이들 학교에 입학한다고 해서 100% 조종사가 되는 것은 아니다. ROTC의 경우 훈련 중 탈락하여 조종사가 되지 못할 확률이 50% 정도나 되고, 군복무도 장교로 13년 정도 복무해야 한다. 병사로 병역을 마치고 민간 조종사의 길을 걷는다고 해도 울진 등 기타 비행학교에서 비행훈련을 한 일반인과 같이 항공사 취업에 똑같이 경쟁해야 한다.

1) 등록금 비교(2014년 기준)

대학교	1학기 등록금	8학기 총 비용
항공대	1학년 1학기 약 760만 원 1학년 2학기부터 약 670만 원	약 7500만 원 (4학년부터 울진비행 교육원 진학 시) 약 2억 원 (APP 과정 진학 시)
한서대	1학년 1학기당 약 500만 원 2학년부터 1학기당 약 1,000만 원	약 7,500만 원
국립한국교통대	1학기당 약 500만 원	약 4,000만 원

(참고) ROTC에 지원할 경우 모든 대학이 3학년 때부터 군으로부터 전액에 가까운 장학금을 받을 수 있음.
단 13년 의무복무 조건이 있음.
교통대는 전원 ROTC이고, 민간 조종사 없음.

표를 보게 되면 금전적으로 여유가 있고 최고의 항공사인 대한항공에 들어가고자 하는 학생은 항공대에 진학하는 것이 유리하다. 그보다 낮은 비용을 들이고자 하는 학생은 항공대/한서대에 진학해서 아시아나 항공이나 기타 저비용 항공사를 노리는 것이 현명하고, 실제로 많이들 취업된다. 교통대의 경우는 전부 ROTC 학생이다. 민간 조종사의 길은 없다. 최근의 수능 성적을 보면 항공대, 한서대, 교통대 순이며, 이 순위는 바뀔 가능성이 있으니 대학 배치표를 인터넷에서 검색해보는 것이 좋다.

대학 등록금치고는 너무 많은 비용이 들어서 깜짝 놀라는 독자들이 많을 것이다. 비용이 너무 부담이 된다면 ROTC에 지원하도록 하자. 3학년 때부터 전액에 가까운 장학금을 받을 수 있다. 단 13년의 의무복무 기간이 있다.

2) 신체검사

국내대학의 항공운항학과(조종사)에 지원하려면 항공신체검사대학협회 (http://hanggongsingum.or.kr)에서 진행하는 신체검사에 합격해야 한다. 검사비는 남자는 15만 원, 여자는 17만 원 정도이다. 대략의 기준은 다음과 같다.

구분	신체검사 탈락 기준	적용
체중	• 남자 47kg 미만 / 여자 46kg 미만, 고도 비만, 고도 저체중	
신장	162.5cm 미만(남), 160cm 미만(여) / 195.0cm 초과 (좌고 86.5cm 미만〔남〕, 83cm 미만〔여〕/ 101.5cm 초과) ※ 여학생의 경우 졸업 후 군 조종사로 지원 시 군 전투기 조종사 신체조건(162.5cm미만) 자격 제한을 받을 수 있다.	
시력	• 원거리 시력→나안시력 : 20/50(0.4) 이하, 교정시력 20/20(1.0) 미만 ※ 나안시력과 교정시력 모두 충족되어야 한다. ※ 시력 측정일 기준 소프트렌즈 1개월 이내 착용, 드림렌즈·하드렌즈·OK렌즈의 3개월 이내 착용자는 불합격 사유가 될 수 있다. ※ 나안시력 1.0 미만 시 교정시력이 1.0 이상 되는 안경을 필히 지참 • 근거리 시력(필요 시 부가적 실시)→나안시력 20/20(1.0) 미만 • 굴절 −+2.25 또는 −1.75D 이상 : 모든 경선에서 −1.75D 이상 난시 : 원추 굴절률 −2.00D 이상 부동 시 : 구면대응 굴절률의 양안 굴절률	남·여 공통

구분	신체검사 탈락 기준	적용
	차	
	• 각막 굴절을 변화시키기 위한 각막 굴절술의 병력(각막 성형 및 LASIK, LASEK, PRK, 각막 이식, 드림렌즈, ICL 등)	
	• 사위 및 사시, 색맹, 색약, 기타 안과 질환, 안압(22 이상)	
	• 저 시력자 중 시력교정 수술(PRK) 적합자 항공운항학과 신체검사 조건부 합격	
	※ 안과 기준(나안시력 0.5 이상, 교정시력 1.0 이상 등) 미달 저 시력자에 대해서는 항공우주의료원 검사 후 시력교정 수술(PRK) 적합자로 판정 시 만21세 이후에 시력교정 수술(PRK)을 받는 조건으로 안과 기준 충족자와 동일한 기준에 의해 선발	
	※ 시력교정 수술(PRK) 적합자 기준	
	- 최대 교정시력이 1.0 이상이어야 함(신체검사 시 최대 교정시력을 위한 안경 지참)	
	- 굴절검사, 각막 지형도 검사, 시야검사 등 시 기능 관련 기준이 충족되어야 함	
	- 수술에 영향을 미칠 수 있는 안과적 질환이나 병력이 없어야 함	
	- 현재 임신이나 모유 수유 중이 아니어야 함	
	- 수술에 영향을 미칠 수 있는 안약이나 경구약을 투약하고 있지 않아야 하며, 치료를 요하는 질환에 이환되어 있지 않아야 함	
	- 수술 대상자 선정을 위한 검사는 항공우주의료원 안과에서 안과 항공 군의관에 의해 시행	
	- 신입생 선발 후 수술은 만 21세 이상 도래 이후 항공우주의료원과 협조하여 공군 협약병원에서 수술 시행	
치과	결손치/기형치아(수복된 치아 제외), 우식치(치료된 치아 제외), 치주질환(치주염), 악골 및 주위조직 질환(낭종, 양성종양), 부정교합, 턱관절 질환, 교정 장치 장착자, 불완전한 신경치료, 치근 단소증, 결함 있는 수복술, 합병증 보이는 임플란트	
이비인후과	만성 비후성 비염, 알레르기성 비염, 급 · 만성 화농성 중이염, 지속성 고막 천공, 급 · 만성 부비동염, 만성 편도선염, 청력 이상자	
신경(정형)외과	추간판 탈출증, 척추 측만증, 척추 관절염, 척추 전위증, 척추 분리증, 고관절	
폐 · 흉부	만성 기관지염으로 인한 폐 기능 장애, 폐결핵 또는 결핵성	

구분	신체검사 탈락 기준	적용
	늑막염, 기관지 확장증(수술로 완치된 경우 제외), 기관지 천식, 기흉 흉곽 선천성 기형	
심장 및 혈관계	심한 호흡곤란, 통증, 맥박(휴식 시 분당 100회 초과자), 앉은 자세에서 측정한 수축기 혈압 140mmHg 이상 또는 이완기 혈압 90mmHg 이상인 경우, 수축기 혈압 90mmHg 이하 또는 이완기 혈압 60mmHg 이하인 경우	
복부 및 내장	만성 위염을 포함한 위장의 만성질환, 선천성 혹은 후천성 간질환, 만성설사, 담석증, 황달	
항문 및 내장	직장염, 치루, 치핵	
비뇨기과	성병(급·만성 요도염, 만성 임균성 감염 등), 단백뇨, 당뇨, 혈뇨, 정계정맥류 및 서혜부 탈장(수술 후 완치된 경우 제외)	
사지	급·만성 관절염, 뼈 또는 관절 결핵	
피부	액취증, 피부 백혈병, 피부 묘기증(두드러기), 문신, 아토피성 피부염	
골반검사	자궁내막 증식증, 자궁경부의 용종·궤양, Bartholin선염, 급성 혹은 만성 골반염, 생식기 신생물, 난소종양, 부정 자궁출혈, 심한 월경 과다, 무월경, 자궁근종, 증상을 동반한 생식기관의 선천적 이상, 임신	여학생
기타	• 정상적인 보행 불가능 및 설 수 없는 자 • 실험, 실습, 기기 조작이 불완전한 구루병 및 양손 조작이 불완전한 자 • 농자, 아자, 맹자 및 법정 전염병 환자 또는 수학 상 지장이 있는 자	남·여 공통

④ 군 조종사 (공군사관학교/조종 장학생)

군 조종사가 되기 위해서는 공군사관학교에 입학하거나 일반 대학교를 다니면서 공군 조종 장학생에 지원하는 방법이 있다. 조종 장학생이 되면 해당 학교 등록금을 공군으로부터 전액 지원받게 된다. 다만 군복무를 장교로서 최소 13년 가까이 해야 한다. 일단 군 조종사가 되면 전역 후 항공사에 거의 100% 취직되기 때문에, 13년 동안 나라에 봉사하는 것의 보상을 받을 수가 있다. 공군 홈페이지에 조종 장학생 관련 정보를 찾아보기 바란다.

❺ 울진비행교육원(항공대/한서대/항공전문학교)(제2부 참고)

1) 항공대(http://www.kau.ac.kr/ftc/)

항공대 울진비행교육원은 1년마다 4~6번 정도 틈틈이 교육생 모집을 실시한다. 항공대의 경우에는 Airline Pilot 양성 과정에 지원하면 된다. 이 과정은 홈페이지에는 1년이 걸리는 것으로 설명되어 있으나, 날씨에 의한 비행캔슬로 1년 반에서 2년 정도를 예상해야한다. 비행시간 170시간에 사업용 조종사 자격을 취득하는 것으로 비용은 총 5천만 원 정도가 소요된다.

경력자의 경우 해당 과정부터 중간에 입과하면 되고, 실비행 약 30시간의 Standardization 과정을 받은 후 해당 과정에 투입된다. 다른 비행학교에서 자가용 조종사 면장을 취득했거나 군에서 비행을 했던 사람들이 많이 지원한다. 취업에 있어서 전혀 불이익이 없으므로 추천할 만하다. 울진의 경우 날씨가 비행에 좋지 못해 비행이 캔슬되는 경우가 많다. 그래서 미국에서 5개월 만에 빠르게 자가용 조종사를 취득하고 한국에 와서 울진비행교육원에 입과하면 조종교육 받는 시간을 획기적으로 줄일 수도 있다.

(1) 지원 자격
① 학력 무관(전공 제한 없음)
② 군필 또는 면제자
③ TOEIC 750점 이상 취득자(최근 2년 이내 성적)
④ 항공법 시행규칙 제95조 항공기 승무원 신체검사 기준(제1종)에 적합한 자

(2) 제출서류

① 온라인 지원서 1부(자기소개서 포함)

② 최종학력 졸업(예정) 증명서

  ※ 학사학위(예정) 증명서(해당자에 한함)

  ※ 재학생일 경우 재학 증명서

③ 최종학력(학점은행제) 성적 증명서1부.

  ※ 재학생일 경우 재학 시까지 성적 증명서

④ TOEIC 성적표 원본 1부

  ※ TOEFL, EPTA, G-TELP, TEPS, FLEX 성적표 중 1부

  ※ 최근 2년 이내 성적표에 한함

⑤ 주민등록초본(병적사실 기입) 또는 병적 증명서 또는 전역(예정) 증명서 중 1 부

⑥ 항공 종사자 신체검사 증명 제1종 사본(제46호, 제47호) 각 1부

(3) 전형 과정

원서접수-서류심사-운항 인ㆍ적성 필기시험-영어구술-최종면접

자기소개서는 많이 검토하지 않으니 어려워할 필요는 없다. 추상적으로 하늘에 대한 열정 같은 내용보다는 도전정신을 쓰는 것이 무난하다.

인성ㆍ적성 검사에서 인성검사는 따로 답이 정해지지 않은 설문지 같은 시험을 보게 된다. 인성검사에서는 탈락하는 사람이 많지 않기 때문에 정상적인 사고를 하는 사람이라면 웬만하면 붙는다. 질문지가 '나는 귀신이 보인다 O/X' 이런 식이다.

적성검사는 비행기 자세계(항공기 계기판에 있는 장치로 제4부에 자세히 설명되어 있다) 보는 법, 주사위를 이용한 공간지각 문제(같은 주사위를 돌려놓고 찾는다든지 전개도를 찾는 문제, 또는 주사위를 반으로 잘라서 돌려놓는 문제도 있다), 직육면체 상자들을 여러 개 쌓아놓고 특정 상자가 총 몇 개의 박스에 닿아 있는지 묻는 문제, 시력을 체크하기 위해 여러 가지 눈금을

읽는 문제, 기타 물리법칙 문제(도르레 문제, 톱니바퀴 문제, 뉴턴의 힘의 법칙) 등이 있다. 항공대학교 후문 당구장 옆에 보면 복사가게가 있는데, APP인·적성 기출 예상문제집(울진비행교육원 대비 시험과 같은 문제가 출제됨)을 판매하고 있으니 미리 공부를 해가는 것도 준비가 된다.

영어구술은 항공대학교 원어민 강사들과의 면접 형태로 점수를 받게 된다. 면접은 원어민 2명과 지원자 1명의 형태로 구성된다. 임의의 주제를 주고 원어민 강사와 토론을 하게 한다(실제 기출 질문 : 애플과 삼성의 핸드폰 중 어느 것이 더 좋은가? 향후 전망은 어떤가?)

최종면접은 대한항공 직원 2명과 항공대 교수 2명이 면접위원으로 들어온다. 자기소개 같은 형식적인 질문은 잘 하지 않으며, 왜 조종사가 되려고 하는지가 가장 중요하다. 일반적으로 도전하고 싶어서 지원했다고 하면 무난하게 통과하게 된다. 이카루스의 꿈같이 하늘에 대한 동경 같은 추상적인 대답은 기피하도록 하자. 지원자 대부분 그런 말만 하다 끝나서 보기에 좋지 않다. 면접 시에는 금전적으로 부유한 인상을 주는 것이 좋다. 교육비가 5천만 원이나 들기 때문에 지원서에 아버지 직업도 써야 하는 등, 교육비를 어떻게 조달할 것인지에 대한 질문이 반드시 나온다. 나이에 대한 기준은 없으며, 38세의 나이로 입과한 경우도 있으니 참고하자.

마지막으로, 자기소개서는 많이 보지 않는다. 보통 경쟁률도 1:2를 넘기지 않기 때문에 떨어지는 경우가 많지 않고, 또 떨어진다 해도 몇 개월 후에 다시 지원할 수 있다.

2) 한서대(http://hanseoflight.hanseo.ac.kr)

한서대는 항공대의 경우와 비슷하다. 다만 학생 수가 약간 적으므로 항공대보다 수료가 몇 개월 앞당겨진다. 항공대보다는 경쟁률이 비교적 낮아서 들어가기 용이하고 서류시험도 없다. 서류전형과 면접만 있고, 합격률이 거의 100%에 가깝다. 하지만 항공대와 달리 취직이 결정될 때까지 학교에서 끝까지 지원, 관리해주므로 취직하기기 좋다. 항공사 입장에서도 항공대/한서대 양쪽 모두에서 비슷한 수의 조종사를 뽑는 것을 선호하기 때문에, 상대적으로 학생 수가 적은 한서대에 있을 때 취직 가능성이 높을 수도 있다.

3) 울진비행교육원(항공대/한서대/항공전문학교)에서 훈련받을 시 취직 상의 장점

울진비행교육원은 항공대/한서대 모두 국토교통부로부터 전문 교육기관으로 지정되어서 양질의 교육을 안정적으로 받을 수 있다. 에어부산과 제주항공과의 MOU가 체결되어, 이들 저비용 항공사로의 취직이 용이하다. 또 각 학교별로 교관으로 취직될 수도 있다. 그리고 항공대는 대한항공 계열이기 때문에 울진비행교육원 수료 후 APP 단축 과정 지원 시 합격할 가능성이 높다.

❻ 한국항공전문학교(서울시 동대문구 위치)

국내에서 국토교통부에게 항공 종사자 전문 교육기관 지정을 받은 곳은 항공대, 한서대, 한국항공전문학교 등 단 세 곳이다. 한국항공전문학교는 2014년 1월에 새로이 전문 교육기관으로 지정을 받았다. 교육은 서울에서 실시하고, 실기비행 훈련은 전라남도 무안공항에서 한다. 무안공항이 상대적으로 울진에 비해 날씨가 좋기 때문에 좋은 선택이 될 수도 있다. 비용은 약 5천만 원 정도이다. 그리고 한국항공전문학교는 2015년도에 한서대 대신 울진비행교육원에 들어갈 예정이다.

7 김포공항의 비행학교들(이웨스트, 조종사교육원 등)

　　이들 비행학교들은 이스타나 티웨이 같은 저비용 항공사와 밀접한 관계를 유지하고 있어서 취직에 도움될 수 있다. 일단 서울에 위치하고 있어 직장을 다니면서 주말만 훈련을 받는 등 훈련생의 편의를 많이 봐주고 있다. 비용은 약 5천만 원 정도이다.

제4장
나에게 맞는 비행학교 선택

① 조종사를 꿈꾸는 30대 직장인

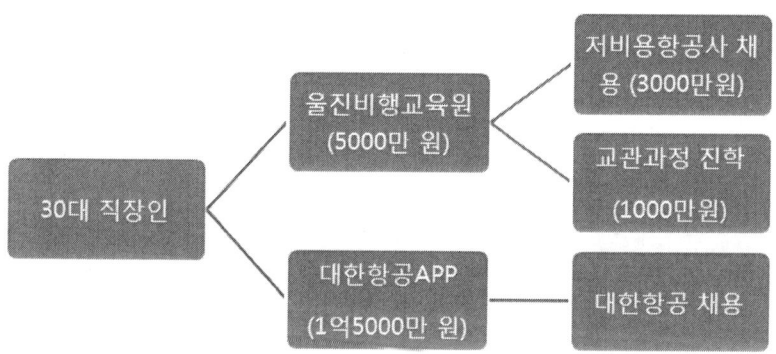

- 1억 5,000만 원이 준비되어 있다면 대한항공 APP 과정에 지원하는 것이 가장 안전하고 빠른 길이다.
- 8,000만 원 정도가 준비되어 있다면 울진 수료 후 저비용 항공사에 지원하는 것이 좋다.
- 6,000만 원 정도가 있으면 울진 수료 후 교관 과정을 밟아서, 교관으로서 월급을 받으며 비행경력을 쌓는 것이 좋다. 비행시간이 500시간 정도가

되면 대한항공을 제외한 그 어느 항공사나 골라서 갈 수가 있고, 1,000시간에 육박하면 대한항공에 갈 수 있다.

② 조종사를 꿈꾸는 대학 재학생

- 대학 재학생이라면 방학 때 WestWind 같은 미국 비행학교에 가서 FAA 자가용 조종사 면장을 취득하자. 여름방학 때 가서 이론을 공부하고 겨울방학 때 비행을 열심히 하면 1년 안에 자격증을 소지할 수 있다. 그렇게 틈틈이 준비하다가 졸업 후 울진비행교육원 단축 과정에 들어가서 사업용 조종사 자격을 취득하면 시간을 최대한 절약할 수 있다..
- 1억 5,000만 원을 조달할 수만 있다면, 대한항공 APP 과정에 지원하는 것이 가장 안전하고 빠른 길이다.
- 8,000만 원 정도가 준비되어 있다면, 울진 수료 후 저비용 항공사에 지원하는 것이 좋다.

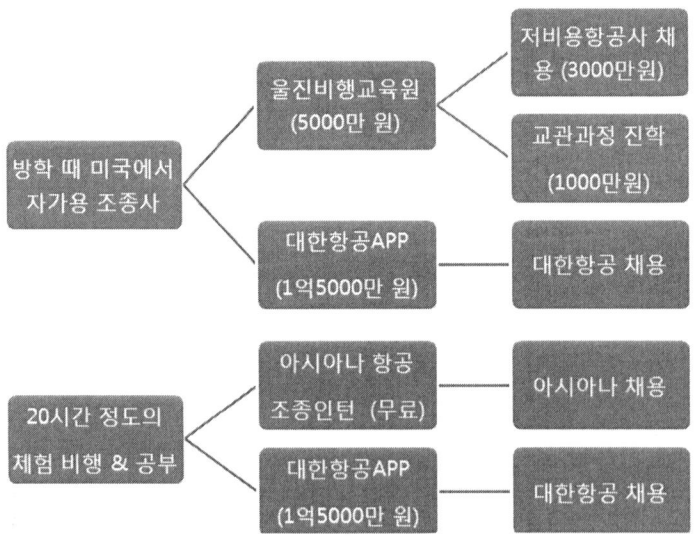

- 6,000만 원 정도가 있으면 울진 수료 후 교관 과정을 밟아서, 교관으로서 월급을 받으며 비행경력을 쌓는 것이 좋다. 비행시간이 500시간 정도가 되면 대한항공을 제외한 그 어느 항공사나 골라서 갈 수가 있고, 1,000시간에 육박하면 대한항공에 갈 수 있다.
- 여유자금이 전혀 없다면, 다른 방법으로 아시아나항공의 조종 인턴에 지원하는 것이 최선이다.

③ 조종사를 꿈꾸는 고3 수험생

조종사가 되기를 희망하는 고등학생은 항공대, 한서대, 교통대 등에 진학하면 된다. 값비싼 등록금이 염려된다면, 일반 국립대에 진학하여 적은 등록금으로 대학을 졸업하고 도전하자. 조종에 도움이 되는 전공은 항공대나 한서대의 항공교통물류학과나 영문학과, 기타 기계공학 계열 등이 있다.

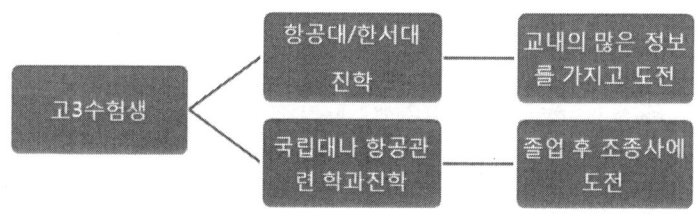

④ 기초생활 수급자 대상 하늘장학생

한국항공진흥협회에서는 2013년 기초생활 수급자 대상으로 장학생을 2명 선발했다. 비행교육, 기숙사, 식비, 교재비 등(약 5,000만 원)이 무상으로 제공되고, 합격자는 생활비만 부담하면 된다. 기초생활 수급자 및 차상위 계층 대상자 본인 또는 자녀가 지원 가능하다.

① 지원조건
- 대한민국 국적 소지자(주민등록상 해외 이주 신고자, 영주권자 제외)
- 항공 종사자 1종 신체검사 증명서 소지자
- 남자의 경우 군필 또는 면제자
- 토익 700점 이상 취득자(최근 2년 이내 성적) 또는 이에 상응하는 기타 공인 영어성적 취득자(TOEFL, TEPS, EPTA, PLEX 등)
  ※ 자세한 내용은 첨부파일 참조
- 기초생활 수급자 및 차상위 계층임을 증빙할 수 있는 자

② 제출서류
- 참가신청서 1부
- 자기소개서 및 지원동기 1부
- 항공 종사자 신체검사 증명 제1종 사본 1부
- 주민등록초본(병적사실 기입) 또는 병적 증명서 또는 전역(예정) 증명서 중 1부
- 외국어 성적 성적표 원본 혹은 사본 1부(최근 2년 이내 성적)
  - TOEIC, TOEFL, EPTA, G-TELP, TEPS, FLEX 등
- 학력(재학, 휴학, 졸업, 졸업예정) 증명서 1부(해당자에 한함)
  - 편입생의 경우 편입 전 증명서 함께 제출
- 학력(학점은행제 포함) 성적 증명서 1부(해당자에 한함)
  - 편입생의 경우 편입 전 증명서 함께 제출

모집공고는 한국항공진흥협회에서 확인할 수 있다.

⑤ 고졸 출신 지원자

2013년부터 법이 바뀌어서 대학교 학사 자격이 없더라도 조종사가 되는

데 아무 문제가 없다. 다만 조종사의 학문 특성상 기본적으로 영어, 수학 (빠른 사칙연산 암산), 과학(고등학교 지구과학1, 물리1, 화학1 수준), 공학 (대학교 교양 수준)의 지식을 필요로 하기 때문에 대졸 학위를 갖추는 것이 좋다.

제2부

준비

제1장
필수 도서&장비 저렴하게 구입하기

비행학교에서 제공하는 책은 고가이다. 직접 구할 수 있는 책들은 최대한 직접 구매하는 편이 저렴하다. 비행교육원에서 구매대행을 해주지만, 가격이 개인이 구매할 때보다 많이 비싸다. 책을 살 때 하나하나 꼼꼼히 챙기면 50만 원 이상의 비용을 아낄 수 있다. 교보문고나 Pilotshop.co.kr을 참고하자. 또한 네이버카페 '하늘세상만들기'에서 중고도서나 헤드셋이 활발하게 거래되고 있으니 중고거래를 추천한다. **각 학교별로 필요한 도서들이 다르므로 필요한 것만 구매하도록 하자.**

1 Jeppesen

- PPM(Guided Flight Discovery Private Pilot)
- ICM(Guided Flight Discovery Instrument Commercial)
- Multi Engine(Guided Flight Discovery Multi Engine)

PPM, ICM, Multi Engine은 미국의 Jeppesen에서 나온 조종사 필독 도서이다. 조종사라면 반드시 구매해야 할 도서이다. 한국에서 구매하려면 pilotshop.co.kr에서 PPM은 15만 원, ICM은 15만 원, Multi Engine은 11만 원 정도이다. 관세가 비싸서 책이 굉장히 비싸므로 아래와 같이 다른 방법으로 구해야 한다.

(1) 미국에 지인이 있거나 여행가는 사람에게 부탁하기

amazom.com에 가서 중고 책을 검색해보면, 새것 같은 중고 책들을 PPM, ICM 모두 30~40달러에 구할 수 있다. 단 해외배송은 안 되고 미국 내 배송만 가능하므로, 미국에 갈 일이 있는 사람에게 부탁하거나 지인에게 부탁해야 한다.

(2) 네이버카페 '하늘세상만들기'에서 중고거래

하늘세상만들기 중고장터 게시판에 가서 구매하면 한 권당 10만 원 이하로 구매가 가능하니 중고 책을 사기로 하자.

(3) 제본 책 구매

추천해주고 싶은 방법은 아니지만 제본 책으로도 국내에서 구입할 수 있다. 네이버 같은 검색 사이트에서 불법으로 책을 제본해주는 곳을 찾으면 된다. 일단 제본 책을 구매했다면 국내에서만 사용해야 한다. 미국에 가지고 갔다가 들키면 조종사 면장을 모두 취소당하니 주의해야 한다.

② LOG BOOK

로그북은 비행할 때마다 시간 및 교육 내용들을 그때그때 기록하는 일기 같은 책이다. 비행을 하려만 반드시 소지하고 있어야 한다.

(1) 항공대학교 도서관에서 가장 저렴하게 구입하기

항공대에서는 자체적으로 로그북을 출판하는데, 약 13,000원이면 구매가 가능하다. 대학 내 도서관에 가서 대출반납 창구의 교직원에게 현금으로 구매하면 된다. 도서관 출입은 항공대 학생으로 제한되어 있는데, 아는 학생에게 부탁해도 되고, 아니면 입구의 경비 직원에게 부탁하여 로그북만 사고 가

겠다고 하면 들어보내준다.

(2) 비행교육원을 통해서 구매하기

울진비행교육원 입과와 동시에 비행교육원을 통해서 책들을 구매할 수 있는데, 로그북은 약 19,000원이다.

(3) Pilot Shop에서 구매

2만 원 이상의 가격대로, 상대적으로 고가이다.

③ 항공법규 책(세화, 정일)

항공법규 책을 출판하는 곳으로는 세화나 정일 출판사가 있다. 그러나 필자는 세화출판사를 추천하고 싶다. 세화출판사의 항공법규 책은 기출문제 같은 많은 항공법 연습문제를 포함하고 있기 때문이다. 책 가격은 그렇게 비싸지 않으나, 항공대 후문에 있는 제본가게에 가면 더 저렴하게 구입할 수 있다. 후문에 있는 당구장 옆에 위치하고 있다. 정품을 사려면 비행교육원보다는 교보문고 같은 인터넷 서점이 약간 더 저렴하다.

④ FAA 책들

- FAR/AIM
- Pilot's Handbook of Aeronautical Knowledge(FAA-H-8083-25A)
- Airplane Flying Handbook(FAA-H8083-3A)
- Instrument Flying Handbook(FAA-H8083-15A)
- Instrument Porcedure Handbook(FAA-H8162-1A)

미국 FAA(Federal Aviation Administration)에서 발간하는 책들은 비교적

저렴해서 제본을 추천하지는 않는다. 비행교육원에서 제공하는 것보다 교보문고 등 인터넷에서 구매하는 것이 훨씬 저렴하므로, 인터넷을 이용하거나 하늘세상만들기에서 중고를 구입하자. 아이패드 같은 스마트 태블릿이나 컴퓨터로 보고 싶은 사람은 FAA 홈페이지에서 공짜로 책의 PDF 파일을 다운로드할 수 있다.

http://www.faa.gov→Regulations & Policies→Handbooks & Manuals →Aviation

⑤ Gleim Pilot knowledge Test 문제집(최신 버전을 구입해야 함)

- Gleim Private Pilot knowledge Test
- Gleim Instrument Pilot knowledge Test
- Gleim Commercial Pilot knowledge Test

글레임 문제집은 미국에서 조종사 시험을 볼 때 쓰는 문제집이다. Private, Instrument, Commercial 이렇게 세 권이 있는데, 울진비행교육원에서 필기 시험을 볼 때 글레임에서 많이 출제되므로 사는 것이 좋다. 파일럿샵에 가면 10만 원 정도에 세 권을 구입할 수 있고, 항공대학교 후문의 복사가게에 가면 4만 원 정도에 세 권 모두 구입할 수 있다.

⑥ POH(Pilot's Operating Handbook)

POH(Pilot's Operating handboook)란 각 항공기마다 한 권씩 있는 것으로, 특정 비행기의 사용 매뉴얼 같은 것이다. 해당 항공기에 탑승하려면 POH를 반드시 숙지해야 한다. 울진비행교육원에서는 기본적으로 단발 항공기인 세스나 C172R 또는 C172S로 훈련한다. 다발 항공기로는 항공대의 경우 DA-42NG를 사용하고, 한서대는 SEMINOLE-PA44를 사용한다.

울진비행교육원	구입해야 할 POH
항공대	C172R, C172S, DA-42NG
한서대	C172S, SEMINOLE-PA44

(항공대학교는 교육 목적상 C172의 구형 모델인 R 모델과 신형 모델인 S 모델을 모두 이용한다.)

C172R과 C172S의 POH는 항공대학교 후문에 있는 제본가게에서 권당 6,000원 정도면 구입할 수 있다. 하지만 다발 항공기의 경우엔 구할 방법이 많지 않으니 비행교육원의 책을 사는 것이 좋다(비행교육원에서 사는 경우도 원본은 아니고 제본된 책이다).

❼ 비행복

울진비행교육원에서 훈련받을 때는 반드시 비행 유니폼을 착용해야 한다. 셔츠 명찰, 윙(독수리 문양 장식), 점퍼 로고, 점퍼 명찰, 견장, 넥타이, 동복 점퍼가 필요하다. 위의 것은 비행교육원에서 구입하도록 하고, 단 와이셔츠의 경우에는 개인적으로 '예성'이란 회사에서 주문하거나 기수 공동으로 단체 주문을 하는 것이 좋다(비행교육원 와이셔츠는 개당 49,500원인 데 반해 예성은 28,000원이다).

〈품목별 추천 개수〉

품목	와이셔츠 반팔	와이셔츠 긴팔	셔츠 명찰	윙	점퍼 로고	점퍼 명찰	견장	넥타이	동복 점퍼
추천하는 구입개수	2	2	2	1	1	1	2	2	1

바지는 검은색이나 감색이면 어느 상표 것이든 자유롭게 이용 가능하다. 단, 겨울의 경우 활주로가 매우 추우므로 기모 계열의 따뜻한 바지를 구입하자. 비행할 때 기름때 등이 자주 묻으므로 유니클로같이 저렴한 제품을 사는 것도 현명한 방법이다. 구두 또한 검은색 계열로 에스콰이아 정도의 제품을 구입하는 게 일반적이다.

견장은 노란 띠로 표시되어 있는데, 훈련생은 한 줄, 사업용 조종사는 두 줄, 부기장은 세 줄, 기장이나 교관은 네 줄이다.

⑧ 선글라스

자외선으로부터 눈을 보호하기 위해 선글라스를 개인이 준비해야 하는데, 어느 제품을 사용하든지 큰 상관은 없지만 레이밴(RayBan) 사의 선글라스를 추천하고 싶다. 20만 원대의 가격으로 다른 명품 선글라스보다 저렴한 편이고, 특히 렌즈가 플라스틱이 아닌 유리로 되어 있어서 눈이 편안하고 좋다. 레이밴 제품 중에서도 유리가 아닌 플라스틱 제품도 있으므로 주의해서 유리 제품을 사도록 하자. 레이밴은 베트남전 때 미군에 군납용으로 조종사용 선글라스를 공급한 회사이기 때문에 신뢰할 수 있다.

⑨ 비행장갑

비행장갑은 웬만하면 사용하지 않는 것이 좋다. 조종간은 왼손으로 잡고 쓰로틀(파워레버로 자동차의 엑셀레이터 역할)은 오른손으로 잡게 되는데, 손끝으로 아주 미세한 조종을 해야 할 때가 많기 때문에 장갑은 이 감각을 방해할 수가 있다. 다만 손에 땀이 너무 많아서 조종에 어려움을 겪는다면, 오른손 정도만 장갑을 끼는 것이 좋다. 쓰로틀은 오른쪽에 앉은 교관과 함께 공유하기 때문이다. 비싼 가죽 제품은 선호되지 않으며, 시중 마트에서 파는 2만 원 대의 골프장갑이 적당할 듯싶다.

⑩ 비행 헤드셋(비용 20~90만 원)

조종사가 되려면 돈이 많을수록 유리하다. 헝그리정신으론 한계가 있다. 헤드셋의 경우 특히 더 그렇다. 20만 원대의 저렴한 국산제품을 이용하면 무선교신도 잡음과 항공기 엔진소리에 섞여 제대로 들리지도 않는다. 반면에 90만 원대의 고가의 제품을 이용하면 일단 무선교신을 안정적으로 할 수 있기 때문에 비행에 더욱 집중할 수 있어서 실력이 날로 향상된다. 그렇기 때문에 차라리 50만 원대 이상의 좋은 외국제품을 사서 쓰다가 다시 10만 원 정도 할인해서 중고시장에 내놓는 것이 좋다.

〈주로 사용되는 헤드셋 제품〉

제품사	한승전자	David Clark	BOSE A20
신상품 가격	20만 원대	50만 원대	100만 원대
구입 방법	http://hanseung7.kr. ecplaza.net/	외국 쇼핑몰에서 구매 (한국 구매대행 사이트 이용)	외국 쇼핑몰에서 구매 (한국 구매대행 사이트 이용)

(1) 미국에 지인이 있거나 여행가는 사람에게 부탁하기

미국 인터넷 쇼핑몰에 가서 미국 지인 주소로 배송한다. 미국에 갈 일이 있는 사람에게 부탁하거나 지인에게 부탁해야 한다.

(2) 네이버카페 '하늘세상만들기'에서 중고거래

중고거래를 이용하면 좋다. 매물도 상당히 많이 있다.

(3) 한승전자 헤드셋의 경우, 제품의 질이 많이 낮으므로 추천하지는 않지만, 사업용 과정까지 한승전자 것으로만 버티는 조종사들도 많이 있다.

⑪ 비행가방 또는 헤드셋 주머니

로얄가방(www.royalbag.kr) 인터넷 홈페이지에 들어가서 같은 기수끼리 단체주문을 하는 것이 좋다.

⑫ 항공정보 매뉴얼 책

항공정보 매뉴얼은 한국의 AIM과 같은 책인데, 교통안전공단 홈페이지(www.ts2020.kr)에 들어가서 '항공정보 매뉴얼'이라고 검색하면 지식자료실에서 무료로 다운받을 수 있다. 굳이 구매할 필요는 없고 컴퓨터나 태블릿으로 공부하면 된다.

⑬ FAA Oral Exam Guide

- Private Oral Exam Guide
- Instrument Oral Exam Guide
- Commercial Oral Exam Guide
- Multi-Engine Oral Exam Guide

FAA Oral Exam Guide는 조종사 자격증 면장을 취득할 때 필요한 구술면접 시험이나 항공사 면접 준비에 활용되는 요긴한 책이다. 교보문고 같은 대형 인터넷 서점에서 주문하거나 아이패드 같은 태블릿에서 어플리케이션을 구입할 수도 있다.

⑭ Flight Simulator(MicroSoft), Yoke, Rudder, Throttle, Joystick

소프트웨어 회사 MicroSoft에서 만든 Flight Simulator란 프로그램으로 비행을 예습하는 조종사들이 많이 있다. 실제로 해보면 많은 도움이 되는데, 키보드로는 비행 조작이 불가능하다. 실제 조종간과 같은 Yoke와 Rudder, 그리고 Throttle을 구매할 수 있지만, 가격이 수십만 원 대여서 굉장히 부담된다. 막상 사서 이용해보더라도 실제 비행기 조작과는 감이 완전히 달라서 비행 감각을 위해서는 큰 도움은 되지 않는다. 다만 Saitek 사의 조이스틱(중고로 2~3만 원)을 구매해서 플라이트 시뮬레이터를 즐기는 편이 좋다. 네이버 카페 '하늘세상만들기'에 간간이 중고제품이 올라오니 구매하도록 하자.

⑮ 전자계산기

마지막으로 일반 전자계산기가 필요하니 꼭 챙기도록 하자.

제3부

사업용 조종사
면장 취득 과정

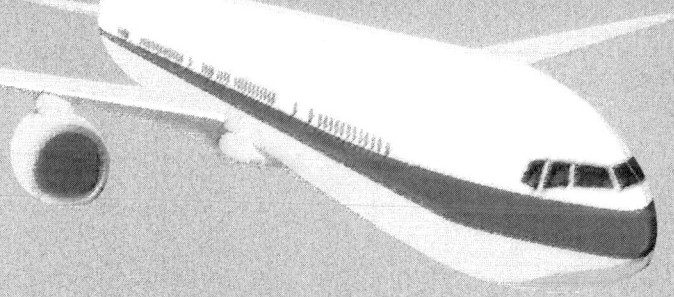

제1장
사업용 조종사가 되기 위해 필요한 자격시험들

1 민항기 조종사에 꿈이 있는 사람이라면 우선 자가용 조종사 면장부터 취득해야 한다. 과정은 다음과 같다.

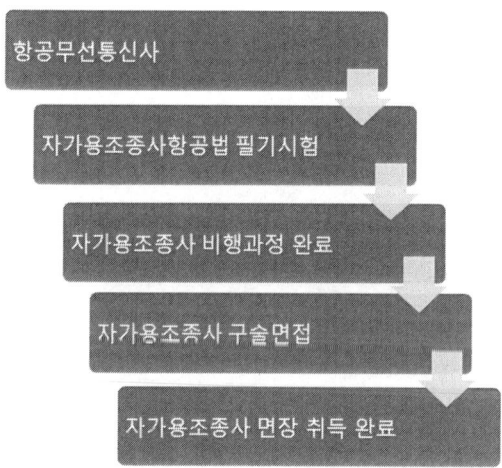

항공무선통신사

자가용조종사항공법 필기시험

자가용조종사 비행과정 완료

자가용조종사 구술면접

자가용조종사 면장 취득 완료

2 자가용 조종사 면장을 취득하면 그때부터 진짜 조종사가 되는 것이다. 그 다음 과정으로 계기비행 과정이 있다. 계기비행이란 단순히 말하면, 항공기 조종을 할 때 바깥 풍경을 전혀 참고하지 않고 오로지 칵핏의 계기장치만을 참고하며 비행하는 것을 뜻한다. 악천후 등 저시정 상황에서 비행해야 하는 경우가 많기 때문에, 계기비행 한정을 꼭 취득해야 한다.

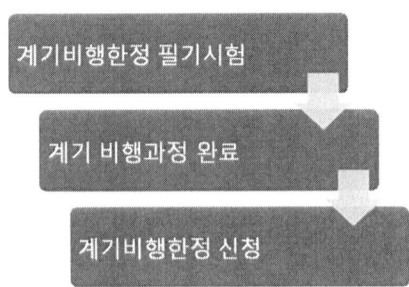

3 계기비행 한정 다음에는 사업용 조종사 과정이 있다. 사업용 조종사(다발) 면장을 취득하면 민간 항공사에 지원이 가능하다.

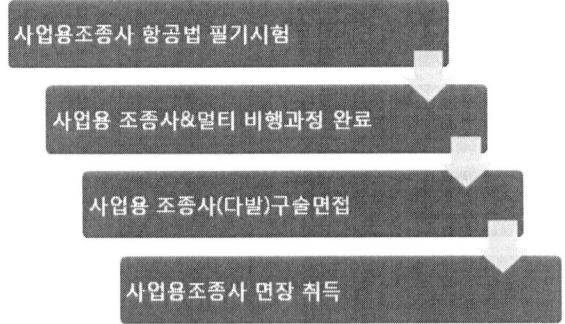

4 항공사에 입사하기 위해서 비행시간이 더 필요한 사람들은 주로 교관 과정에 지원한다. 교관 과정은 다음과 같다.

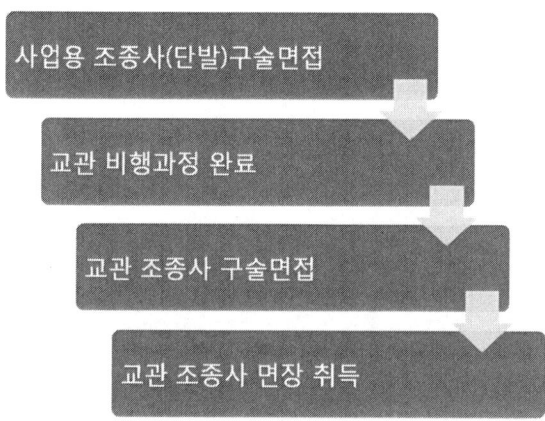

제2장
과정별 자세한 설명

① 항공 무선통신사

항공 무선통신사 자격증은 예비 조종사로서 가장 처음 만나게 되는 과제이다. 무선통신 장비를 사용하는 항공기나 관제소 등에 운항정보를 송수신하기 위해 반드시 취득해야 한다. 울진비행교육원에 들어가기 전에 미리 취득하고 가면 공부하기가 굉장히 좋다. 보통 자가용 과정 교내 필기시험과 항공 무선통신사 시험 일정이 겹치게 되는데, 그러면 공부할 내용이 너무 많아져 부담스러워진다. 그러므로 입학 전에 미리 자격증을 취득하자.

시험은 필기시험과 실기시험 2번에 걸쳐 이루어진다. 한국방송통신전파진흥원 자격검정본부(http://www.cq.or.kr)에 들어가서 원서를 접수하면 된다. 1년에 두 번 시험을 볼 수 있다. 2월에 접수하면 필기시험은 3월에 실시하고, 합격하면 실기시험은 3월에 접수하고 4월에 시험을 치르게 된다. 그리고 9월에 접수하면 필기시험은 10월에 실시하고, 합격하면 실기시험은 10월에 접수하고 11월에 시험을 치르게 된다.

구분	과목명	출제 내용
필기	전파법규 20문항	• 전파관계법규 중 항공기의 항행과 관련된 통신 업무에 관한 규정 • 항공관계법규 중 항공기의 항행과 관련된 토신 업무에 관한 규정 • 국제전기통신연합전파규칙 및 국제민간항공조양 중 항공 관련 통신에 관한 규정
	통신보안 10문항	• 통신수단 및 통신보안에 관한 사항 • 보안업무 관련 규정 중 통신보안에 관한 사항 • 전화통신 보안에 관한 사항
	기초 전파공학 20문항	• 항공기의 항행 업무 등 해당 업무 범위에 속하는 무선설비의 기초지식 및 운용조작에 관한 사항
	영어 20문항	• 국제민간항공기구의 표준항공교통 관제 영어의 기초지식 • 항공교통관제용어 • 알파벳 및 숫자의 음성통화표
실기	무선통신술	• 여문보통어를 전파관계법규에서 정한 영문 통화표에 따라 1분간 50자의 속도로 3분간 구술에 의한 송신 및 수신

1) 필기과목 준비

필기과목은 전파법규, 통신보안, 기초 전파공학, 영어인데, 전파법규와 기초 전파공학이 가장 공부하기가 까다롭다. 전파법이야 외우면 되지만, 기초 전파공학은 공학 내용을 다루는 데다 그 난이도도 굉장히 어렵기 때문에, 면제교육을 받고 면제를 받는 것이 편하다. 홈페이지에 보면 항공 무선통신사 취득교육이라는 것이 있는데, 일정 돈을 지불하고 이 교육을 하루 동안 받으면 기초 전파공학 과목은 면제를 받는 셋이나.

많은 예비 조종사들이 이 제도를 이용해서 자격증을 돈으로 사고 있다. 사실 조종사 입장에서는 배워봤자 쓸모도 없는 과목일뿐더러, 한번 시험에 떨어지면 다음 시험까지 6개월이나 기다려야 하기 때문에 취득교육을 받는 것이 유리하다. 이렇게 기초 전파공학은 취득교육으로 면제를 받고, 나머지 전파법규, 통신보안, 영어는 최근 10개 이상의 기출문제를 풀어보고 항공대학교 후문의 복사가게에서 항공 무선통신사 관련 제본 책을 구입해서 공부하면 90% 이상 합격한다. 기출문제는 아래의 인터넷 카페에서 구하거나 검색하면 된다.

http://cafe.naver.com/pilotflight/2509

http://cafe.daum.net/radiooperators

http://cafe.naver.com/hflight/34

http://cafe.naver.com/pilotflight/2512

http:/cafe.naver.com/islandsky/1189

2) 실기과목 준비

실기과목은 아래와 같은 숫자 약어와 문자 약어를 외워야 한다.

〈숫자 약어〉

숫자/기호	약어	약어 발음방법
0	NADAZERO	NAH–DAH–ZAY–ROH
1	UNAONE	OO–NAH–WUN
2	BISSOTWO	BEES–SOH–TOO
3	TERRATHREE	TAY–RAH–TREE
4	KARTEFOUR	KAR–TAY–FOWER
5	PANTAFIVE	PAN–TAH–FIVE
6	SOXISIX	SOK–SEE–SIX
7	SETTESEVEN	SAY–TAY–SEVEN
8	OKTOEIGHT	OK–TOH–AIT
9	NOVENINE	NO–VAY–NINER
소수점	DECIMAL	DAY–SEE–MAL
종지부	STOP	STOP

문자	약어	약어의 발음방법
A	Alfa	AL FAH
B	Bravo	BRAH VOH
C	Charlie	CHAR LEE
D	Delta	DELL TAH
E	Echo	ECK OH
F	Foxtrot	FOKS TROT
G	Golf	GOLF
H	hotel	HOH TELL
I	India	IN DEE 모
J	Juliett	JEW LEE ETT
K	Kilo	KEY LOH
L	Lima	LEE MAH
M	Mike	MIKE
N	November	NO VEM BER
O	Oscar	OSS CAH
P	Papa	PAH PAH
Q	Quebec	QUE BECK
R	Romeo	ROW ME OH
S	Sierra	SEE AIR RAH
T	Tango	TANG GO
U	Uniform	YOU NEE FORM
V	Victor	VIK TAH
W	Whiskey	WISS KEY
X	X-ray	ECKS RAY
Y	Yangkee	YANG KEY
Z	Julu	ZOO LOO

예를 들어서 HELLO 31이라는 단어를 송신하고자 할 때는 '호텔 에코 리마 리마 오스카 (잠시 쉬었다가) 테라트리 우나원' 이렇게 말하면 된다. 그리고 보내고자 하는 단문이 모두 끝나면, 송신의 맨 마지막에 OUT이라고 말해주

어야 한다.

실기시험은 듣기 문제와 말하기 문제가 있다. 먼저 카세트테이프로 듣기 문제를 들려주면, 해당 약어를 문자와 숫자로 변환하면 된다. 듣기 문제가 끝나면 말하기 문제인데, 단문이 쓰인 종이를 보고 알맞은 발음방법으로 소리 내어 녹음하면 된다. 단, 단문이 모두 끝나면 아웃(OUT)이라고 말해주어야 한다.

한국방송통신전파진흥원 자격검정본부 홈페이지에 들어가서 정보제공→자료실→학습자료→항공실기연습 흐름대로 찾아가면 연습해볼 수 있는 무료 문제가 있으니 찾아서 연습하자.

참고 다음의 자료는 실제로 조종할 때 사용하는 약어들이다. 항공 무선통신사의 내용과는 다르다. 3, 5, 9의 발음 방법이 독특하다. 아래 내용을 평소에 익혀두면 울진비행교육원에 막상 들어가서도 크게 당황하지 않게 된다.

문자	약어	모스 부호	약어의 발음방법
A	Alfa	● —	AL FAH
B	Bravo	— ● ● ●	BRAH VOH
C	Charlie	— ● — ●	CHAR LEE
D	Delta	— ● ●	DELL TAH
E	Echo	●	ECK OH
F	Foxtrot	● ● — ●	FOKS TROT
G	Golf	— — ●	GOLF
H	hotel	● ● ● ●	HOH TELL
I	India	● ●	IN DEE 모
J	Juliett	● — — —	JEW LEE ETT
K	Kilo	— ● —	KEY LOH
L	Lima	● — ● ●	LEE MAH
M	Mike	● ●	MIKE
N	November	— ●	NO VEM BER
O	Oscar	— — —	OSS CAH

문자	약어	모스 부호	약어의 발음방법
P	Papa	● – – ●	PAH PAH
Q	Quebec	– – ● –	QUE BECK
R	Romeo	● – ●	ROW ME OH
S	Sierra	● ● ●	SEE AIR RAH
T	Tango	–	TANG GO
U	Uniform	● ● –	YOU NEE FORM
V	Victor	● ● ● –	VIK TAH
W	Whiskey	● – –	WISS KEY
X	X-ray	– ● ● –	ECKS RAY
Y	Yangkee	– ● – –	YANG KEY
Z	Julu	– – ● ●	ZOO LOO
1	One	● – – – –	WUN
2	Two	● ● – – –	TOO
3	Three	● ● ● – –	TREE
4	Four	● ● ● ● –	FOW–ER
5	Five	● ● ● ● ●	FIFE
6	Six	– ● ● ● ●	SIX
7	Seven	– – ● ● ●	SEV–EN
8	Eight	– – – ● ●	AIT
9	Nine	– – – – ●	NIN–ER
0	Zero	– – – – –	ZEE–RO

　항공 무선통신사 자격증은 법규 때문에 조종사들이 반드시 취득해야 하지만, 세월이 지남에 따라 항공 무선통신사의 지식은 조종사에게 아무 필요 없는 것이 되었다. 시험 교과내용이 현 시대에 맞게 바뀌지 않은 모습을 볼 수 있다.

② 자가용 조종사 항공법 필기시험

자가용 조종사 면장을 취득하려면 교통안전공단에서 필기시험과 실기시험에 합격해야 한다. 필기시험은 항공법규, 공중항법, 항공기상, 비행이론, 항공교통통신정보업무 총 5가지이며, 마지막으로 비행실기 시험이 있다. 울진비행교육원(항공대/한서대)은 국토교통부에서 지정한 항공 종사자 전문교육기관이기 때문에 울진의 훈련생들은 필기시험에서 공중항법, 항공기상, 비행이론, 항공교통통신정보업무가 면제되고 실기시험은 비행교육원자체 체크비행으로 대체된다. 즉 교통안전공단에서는 항공법규 시험만 통과하면 되는 것이다.

필기시험 과목	출제 내용
항공법규	당해업무에 필요한 항공법규 공중항법
공중항법	가. 지문항법과 추측항법에 관한 지식 나. 항법용 계측기 사용방법 다. 항행 안전시설의 이용방법 라. 항공도의 해독 마. 항공기 조난 시의 비행방법 바. 자가용 조종사와 관련된 인적요소에 관한 일반지식
항공기상	가. 항공 기상의 기초지식 나. 항공 기상통보와 기상도의 해독
비행이론	가. 비행의 기초원리 나. 항공기 구조와 기능에 관한 기초지식 　　항공교통통신정보 업무 가. 공지통신의 기초지식 나. 조난 · 비상 · 긴급 통신 방법 및 절차 다. 항공정보 업무 라. 비행 계획에 관한 지식
항공교통통신정보업무	가. 공지통신의 기초지식 나. 조난 · 비상 · 긴급 통신 방법 및 절차 다. 항공정보 업무 라. 비행 계획에 관한 지식

항공법규는 교통안전공단(www.ts2020.kr)에서 접수해서 시험을 치르면 되는데 신청방법이 좀 까다롭다. 자격시험→항공시험→원서접수로 들어가서 먼저 응시자격 신청이라는 것을 해야 한다. 홈페이지에서 필요한 서류들을 등록하고 응시자격 신청을 하면 된다. 하루 정도 기다리면 응시자격 부여가 되는데, 이때 다시 원서접수→개인접수→학과시험으로 들어가서 최종적으로 시험 접수를 하면 되는 것이다. 시험은 매월 7~8회의 시험이 실시되며, 100점 만점 기준에 70점 이상을 받아야 한다. 총 25문제가 출제되는데, 이 중 18문제 이상을 맞춰야 한다. 68점으로 아쉽게 떨어지는 경우가 많이 생기므로 공부를 열심히 해야 한다. 시험 지역으로는 서울, 부산, 대전, 광주 등이 있으며, 특히 서울, 부산 지역은 많은 지원자가 몰리므로 원서접수를 가능한 빨리 해두는 것이 좋다. 접수 시작일의 21:00부터 접수가 가능하므로, 미리 대기했다가 클릭을 빠른 속도로 해야 한다. 공부하는 법은 세화출판사의 항공법규 책에 있는 연습문제를 많이 풀어보고 최신 기출문제를 구해서 공부하면 된다.

자격증	면제되는 과목
항공 기관사	비행이론
운항 관리사	공중항법, 항공기상
항공교통 관제사	항공기상

전문 교육기관이 아니더라도 위와 같은 자격증이 있으면 필기시험이 일부 면제된다.

〈세목별 출제 범위〉

항공법규	000. 목적
항공법규	001. 용어의 정의
항공법규	002. 항행 안전시설, 공항시설
항공법규	004. 항공등화, 항공장애등, 항공기등불

항공법규	005. 시계비행(일반, 기상상태, 금지), 특별 시계비행
항공법규	006. 장애물 제한표면의 구분, 착륙대의 길이와 폭
항공법규	010. 항공기 등록
항공법규	011. 감항증명
항공법규	020. 자격증명(업무 범위, 효력), 계기 비행증명
항공법규	021. 자격증명의 한정
항공법규	022. 시험의 실시 및 면제
항공법규	023. 응시자격, 비행경력 증명, 비행시간의 산정
항공법규	024. 항공 신체검사 증명, 자격증명 취소
항공법규	030. 공역의 구분 · 관리 등
항공법규	031. 국적 등의 표시
항공법규	032. 의무 무선설비, 신호(빛총)
항공법규	033. 항공기의 연료, 항공기의 등불
항공법규	034. 주정음료 등, 전자기기의 사용제한
항공법규	035. 항공기 사고 등의 보고, 항공 안전장애 보고
항공법규	036. 비행 중 금지행위 등, 최저 비행고도
항공법규	037. 긴급 항공기(지정 등, 운항의 범위)
항공법규	038. 통행 우선순위, 진로와 속도 등, 수상의 충돌 예방
항공법규	039. 항공기의 지상 이동, 비행장 또는 주변 비행
항공법규	040. 항공 계기등(방사선 계기, 사고예방 · 산소장치 제외)
항공법규	041. 순항고도(RVSM 제외) 및 기압 고도계의 수정
항공법규	042. 비행속도의 유지, 편대비행, 항공기 예항
항공법규	043. 비행 계획(포함사항, 준수, 종료)
항공법규	044. 곡기 비행
항공법규	045. 통신두절 및 위치보고, 항공정보
항공법규	046. 기타 항공기 운항에 관한 사항
항공법규	051. 보칙 · 벌칙
공중항법	001. 항법의 요소
공중항법	002. 항법의 종류 등
공중항법	010. 지구표면(지구형상, 대권과 소권, 위도와 경도)
공중항법	011. 지표상의 항로(거리와 방향, 대권과 항정선)
공중항법	020. 시간의 기준
공중항법	021. 표준시(Mean Time)

공중항법	022. 시간과 경도의 관계
공중항법	023. 시각대(Time Zone)
공중항법	024. 시간 계산
공중항법	030. 지도의 정의
공중항법	031. 지도의 투형법과 특성
공중항법	040. 자기나침의(Magnetic Cmpass)
공중항법	041. 자기나침의의 동적오차
공중항법	042. 기압 고도계(Altitude Indicator)
공중항법	043. 고도의 종류 등
공중항법	044. 고도계 수정법(Altimeter setting)
공중항법	045. 고도와 기압, 고도와 기온
공중항법	046. 속도계(Airspeed Indicator)
공중항법	047. 속도의 종류 등
공중항법	050. 추측항법의 이점 및 단계
공중항법	051. 항로 결정방법 및 요소
공중항법	052. 항법계산반의 사용법(바람삼각형)
공중항법	053. 항법 계획서 작성(Plotting & Log)
공중항법	054. 출항, 상승, 강하 계획 및 방법
공중항법	060. 지문 항법개요 및 실시요령
공중항법	070. 대체공항, 회황, ETP 산출, 기위 결정법
공중항법	070. 시간, 속도 및 거리 산출(계산면 활용)
공중항법	074. Ground와 Air vector
공중항법	090. ADF/VOR의 개요
공중항법	091. Homming 및 Away From The Station
공중항법	092. ADF/VOR의 항법
공중항법	093. ADF/VOR 시간 및 기리 계산
공중항법	100. Radar의 기본위치 및 적용
공중항법	101. TRANSPONDER
공중항법	110. Enroute Charts
공중항법	120. 항공생리
항공기상	000. 대기
항공기상	010. 온도
항공기상	020. Atmospheric Pressure and Altimetry

항공기상	030. 바람 I
항공기상	031. 바람(항공기와의 관계) II
항공기상	040. Moisture, Cloud Formation, Precipitation
항공기상	050. Stable and unstable Air
항공기상	060. 구름 I
항공기상	061. 구름(항공기와의 관계) II
항공기상	070. 기단
항공기상	071. 전선(1)
항공기상	080. 난기류 I
항공기상	081. 난기류(항공기와의 관계) II
항공기상	090. 착빙 I
항공기상	091. 착빙(항공기와의 관계) II
항공기상	100. 뇌우 I
항공기상	110. 시정 I
항공기상	111. 시정(장애요소 및 현상) II
항공기상	112. 시정(항공기와의 관계) III
항공기상	120. 고 · 저기압
항공기상	130. 지상 일기도(700mb 미만)
항공기상	140. 기호(Symbol)
항공기상	142. 부호(Code)(1)
항공기상	142. 일기도 해석
항공기상	144. 용어 및 약어
항공기상	150. 기상업무(ICAO ANNEX3)(1)
항공기상	152. 기상관측 및 통보
항공기상	160. 예보(Forecast), 이착륙 예보, METAR
항공기상	170. AIRMET 정보, 비행장 경보
항공기상	180. 항공과 기상, 비행안전에 관련된 항공기상
비행이론	000. 대기의 성질
비행이론	001. 유체의 성질과 법칙(베르누이의 정리)
비행이론	010. 유체 흐름의 형태
비행이론	011. 점성
비행이론	012. 초음속 흐름과 충격파
비행이론	020. 에어포일

비행이론	022. 레이놀즈수 효과
비행이론	024. 비행기의 날개
비행이론	025. 실속특성
비행이론	026. 가로세로비
비행이론	030. 양력
비행이론	031. 항력
비행이론	032. 유도항력(Induced drag)
비행이론	040. 공력 · 풍력 중심
비행이론	041. 무게중심
비행이론	050. 항력과 동력(공기력, 필요 · 이용 · 잉여 마력)
비행이론	051. 수평비행(항속거리 · 시간, 프롭의 특성)
비행이론	052. 상승 성능
비행이론	053. 순항 성능
비행이론	054. 기동 성능(실속 · SPIN비행 등)
비행이론	055. 선회 성능
비행이론	056. 강하 및 활공
비행이론	057. 이륙 성능
비행이론	058. 착륙 성능
비행이론	059. 불안정으로 인한 비행 현상
비행이론	060. 안정성의 정의(정안정, 동안정 등)
비행이론	061. 종안정
비행이론	062. 횡안정
비행이론	063. 방향안정
비행이론	064. 조종과 트림
비행이론	070. Wing Tip Vortex
비행이론	080. Ground Effect
비행이론	090. 개요 및 용어(Terminology)
비행이론	091. C.G 위치산정(Computing C.G location)
비행이론	100. 고양력 장치와 특성
비행이론	101. 고항력 장치와 특성
비행이론	110. Single Engine Performance
비행이론	120. Airplanes
비행이론	121. The Powerplant and Related Systems

비행이론	122. Flight Instruments
비행이론	130. Performance Data
비행이론	140. 회전익 특성
비행이론	141. 비행 중 힘의 작용
비행이론	142. 제자리 비행(Hovering)
비행이론	143. 로터의 변환(Translation)
비행이론	143A. 전이양력
비행이론	143B. 양력 불균형
비행이론	144. 기동 및 성능
비행이론	145. 비정상 상황(Emergencies)
비행이론	145A. 오토로테이션
비행이론	146. 무게와 균형
비행이론	147. 탑재(Loads)
비행이론	148. 야간 비행
교통통신	000. 무선통신 용어(ATC Radio Communication Phraselog
교통통신	001. 통신기법(ATC Radio Communication Techigues)
교통통신	002. 공항 운영 절차(Airport Operation)
교통통신	003. ATC 비행인가(ATC Clearance)
교통통신	004. ATC 간격분리(ATC Separation)
교통통신	005. 조종사가 이용할 수 있는 관제업무(Services Availabl
교통통신	010. 비행 전 절차(Preflight)
교통통신	011. 출항 절차(Departure Procedures)
교통통신	012. 항로비행 절차(Enroute Procedures)
교통통신	013. 입항 절차(Arrival Procedures)
교통통신	014. 조종사 · 관제사의 역할 및 책임
교통통신	015. 영공 방위 · 보안 및 요격 절차
교통통신	020. 조종사를 위한 비상지원 업무
교통통신	021. 조난 및 긴급 절차(Distress & Urgency Procedures
교통통신	022. 송수신 무선통신 두절(Two-Way Radio Communication
교통통신	030. 항행안전 무선시설
교통통신	031. 레이더 시설 및 운항 절차
교통통신	032. 공항 등화시설
교통통신	033. 항공 장애등과 항행등

교통통신	034. 비행장 표지시설과 표시
교통통신	040. 관제 공역(Controlled Air Space)
교통통신	041. 비관제 공역(Uncontrolled Airspace)
교통통신	042. 특수 공역
교통통신	050. 항공정보 업무 일반
교통통신	051. 항공정보 간행물(AIP)
교통통신	052. 항공정보 회람(AIC)
교통통신	053. 항공고시보(NOTAM)
교통통신	060. 항로 Chart
교통통신	070. PILOT/CONTROLLER GLOSSARY
교통통신	080. SAFETY OF FLIGHT

③ 자가용 조종사 비행 과정과 체크비행

자가용 조종사 면장을 취득하려면 일정 자격요건과 일정 시간의 비행 경력이 있어야 한다. 비행을 할 때는 항상 화이트카드, 항공기 조종연습 허가서, 항공 무선통신사 자격증을 소지하고 있어야 하며, 나안시력 1.0이 안 되는 저 시력자의 경우 안경을 2개 갖추고 있어야 한다.

1) 응시 자격

(1) 연령 : 만 17세 이상
(2) 자격증명의 취소처분을 받고 그 취소일부터 2년이 경과되지 아니한 자

2) 비행 경력

총 40시간(전문 교육기관 이수자는 35시간)
※ 지방항공청장이 지정한 모의비행장치 비행훈련 시간 10시간 인정
※ 다른 종류 항공기 비행시간 3분의 1 또는 50시간 중 적은 시간 인정

5시간 이상의 단독 야외비행 경력을 포함한 10시간 이상의 단독비행 경력 (단독비행이란 교관 없이 혼자 비행기에 탑승해서 비행하는 것을 말하고, 야외비행은 한 공항에서 다른 공항으로 비행하는 것을 의미한다)

울진비행교육원에서는 약 70여 시간의 자가용 조종사 비행 과정을 운영하고 있고, 자가용 조종사 과정에서 체크비행은 총 3회를 실시한다. 첫 번째 체크는 비행 전반에 걸쳐 훈련생이 교관 없이 혼자서 비행할 수 있는가에 관한 평가이고, 두 번째 체크는 크로스컨트리(야외비행)에 관한 평가이며, 마지막 체크는 전반적인 자가용 조종사로서의 능력에 대한 평가이다. 체크비행 평가 항목은 다음과 같다.

(1) 체크비행 평가 항목

① 비행 전 준비(PREFLIGHT PREPARATION)
- 자격증명 및 탑재서류(CERTIFICATES AND DOCUMENTS)
- 기상정보(WEATHER INFORMATION)
- 야외비행 계획(CROSS-COUNTRY FLIGHT PLANNING)
- 국내 공역체계(NATIONAL AIRSPACE SYSTEM)
- 비행 성능 및 제한사항(PERFORMANCE AND LIMITATIONS)
- 항공장비의 운용(OPERATION OF SYSTEMS)
- 항공의학적 요소(AEROMEDICAL FACTORS)

② 비행 전 절차(PREFLIGHT PROCEDURES)
- 비행 전 점검(PREFLIGHT INSPECTION)
- 조종실 관리(COCKPIT MANAGEMENT)
- 엔진 시동(ENGINE STARTING)
- 지상 활주(TAXIING)
- 이륙 전 점검(BEFORE TAKEOFF CHECK)

③ 비행장 내 운영(AIRPORT OPERATIONS)
- 무선통신과 ATC 빛총신호(RADIO COMMUNICATIONS & ATC LIGHT SIGNALS)
- 비행장주(TRAFFIC PATTERNS)
- 비행장과 활주로 표지 및 등화시설(AIRPORT & RUNWAY MARKINGS & LIGHTING)

④ 이·착륙 및 복행(TAKEOFFS, LANDINGS & GO-AROUNDS)
- 정풍/측풍 이륙과 상승(NORMAL & CROSSWIND TAKEOFF & CLIMB)
- 정풍/측풍 접근과 착륙(NORMAL & CROSSWIND APPROACH & LANDING)
- 단거리 활주로 이륙과 상승(SHORT FIELD TAKEOFF & CLIMB)
- 단거리 활주로 접근과 착륙(SHORT FIELD APPROACH & LANDING)
- 착륙을 위한 전방 슬립(FORWARD SLIP TO A LANDING)
- 복행(GO-AROUND)

⑤ 성능 기동(PERFORMANCE MANEUVERS)
- 급선회(STEEP TURNS)

⑥ 지형지물 참조 기동(GROUND REFERENCE MANEUVERS)
- 사각형 비행(RECTANGULAR COURSE)
- S-선회(S-TURNS)
- 기준점을 이용한 선회(TURNS AROUND A POINT)

⑦ 항법(NAVIGATION)
- 지문항법 및 추측항법(PILOTAGE & DEAD RECKONING)
- 항법장비와 레이더의 이용(NAVIGATION SYSTEM & RADAR SERVICES)
- 회항(DIVERSION)
- 위치 상실 시의 절차(LOST PROCEDURES)

⑧ 저속비행과 실속(SLOW FLIGHT & STALLS)

• 저속비행 기동(MANEUVERING DURING SLOW FLIGHT)

• 무동력 실속(POWER OFF STALLS)

• 유동력 실속(POWER ON STALLS)

• 스핀의 인지(SPIN AWARENESS)

⑨ 기초 계기비행(BASIC INSTRUMENT MANEUVERS)

• 직진 수평비행(STRAIGHT-AND-LEVEL FLIGHT)

• 정속 상승(CONSTANT AIRSPEED CLIMBS)

• 정속 강하(CONSTANT AIRSPEED DESCENTS)

• 지정된 침로로의 선회(TURNS TO HEADINGS)

• 비정상 자세로부터의 회복(RECOVERY FROM UNUSUAL FLIGHT ATTITUDES)

• 무선통신, 항법장비 및 시설, 레이더의 이용(RADIO COMMUNICA-TIONS, NAVIGATION SYSTEMS/FACILITIES, AND RADAR SERVICES)

⑩ 비상절차(EMERGENCY OPERATIONS)

• 비상강하(EMERGENCY DESCENT)

• 비상 접근 및 착륙(EMERGENCY APPROACH AND LANDING)

• 각 계통 및 장비의 고장(SYSTEMS AND EQUIPMENT MALFUNCTIONS)

• 비상장비 및 구조장비(EMERGENCY EQUIPMENT AND SURVIVAL GEAR)

⑪ 비행 후 절차(POSTFLIGHT PROCEDURES)

• 착륙 후 절차(AFTER LANDING)

• 주기와 안전 확보(PARKING AND SECURING)

(2) 체크비행 합격 여부

체크비행에서 훈련생은 안전하게

① 정해진 기준 내에서 실기 영역을 수행하고

② 각 과목을 수행함에 있어 절대 의심이 가지 않는 숙달된 비행기 조작을 보여주어야 하고

③ 기준을 만족하는 능숙한 기술을 보여주어야 하고

④ 올바른 판단을 보여주어야 하며

⑤ 비행기가 조종사 1인에 의해서 비행이 가능하도록 승인된 것이라면, 단독조종 능력을 보여주어야 한다.

훈련생이 수행한 어떠한 항목이 표준서의 기준을 만족하지 못했다고 시험위원이 판단했다면, 그 항목은 통과하지 못한 것이며 실기시험은 불합격 처리가 된다. 이러한 경우 시험위원이나 응시자는 언제든지 실기시험을 중지할 수 있다. 다만 응시자의 요청에 의하여 시험은 계속될 수 있으나 자격증명이 부여되지는 않는다.

실기시험 불합격에 해당하는 대표적인 항목들은

① 응시자가 비행안전을 유지하지 못하여 시험위원이 개입한 경우

② 비행기동을 하기 전에 공역확인을 위한 공중 경계를 간과한 경우

③ 항목의 목적에서 규정한 조작의 최대 허용한계를 지속적으로 벗어난 경우

④ 허용한계를 벗어났을 때 즉각적인 수정 조작을 취하지 못한 경우

등이다.

기타 자세한 비행 관련 노하우는 4부에 자세히 설명되어 있으므로 입교 전에 미리 예습을 하고 가도록 하자. 울진비행교육원에서 1년 반에서 2년 정도 교육받으면 사업용 조종사 자격증을 취득할 수 있다. 항공대 운항학과에서 4년에 걸쳐 배우던 학과를 2년 안에 마스터하기엔 일반인에게 무리가 있는 과정이다. 이 책의 제4부를 반드시 정독하고 울진비행교육원에 입과하면 남들보다 우수한 성적을 얻어서 부기장의 꿈에 한층 더 가까워질 수 있다.

④ 자가용 조종사 구술면접

세 번의 체크비행이 모두 끝나고 교통안전공단에서 실시하는 구술면접을 통과해야 최종적으로 자가용 조종사가 된다. 교통안전공단(www.ts2020. kr)에서 구술면접을 접수하면 되는데, 오직 서울에서만 시험을 치를 수가 있다. 많은 지원자가 몰리므로 원서접수를 가능한 한 빨리 해두는 것이 좋다. 접수 시작일 21:00부터 접수가 가능하므로 미리 대기했다가 클릭을 빠른 속도로 해야 한다. 시험은 한 달에 3회 정도 실시된다. 구술면접 내용은 비교적 쉬운 편으로서 면접관은 주로 항공사 기장 또는 교통안전공단 직원이다. 기장님들은 학생의 틀린 답변에 대해 주로 관대한 편이며, 시험의 목적보다는 지식 하나라도 더 자세히 알려주려는 목적으로 시험 감독을 한다. 그러나 교통안전공단 직원이 걸리면 꽤나 까다로울 수 있다. 세목별로 하나하나 꼼꼼히 물어보게 되고 점수도 박한 편이다.

과목	실시 범위
자가용 조종사 구술면접	조종 기술 무선기기 취급법 공지통신 연락 항법 기술 당해 자격의 수행에 필요한 기술 등

다음 세목표의 모든 항목에서 C등급 이상을 맞아야 합격한다.
- 비행 전 준비, 자격증명 및 탑재서류
- 비행 전 준비, 기상정보
- 비행 전 준비, 야외비행 계획
- 비행 전 준비, 국내 공역체계
- 비행 전 준비, 비행성능 및 제한사항
- 비행 전 준비, 항공장비의 운용

- 비행 전 준비, 항공의학적 요소
- 비행 전 절차, 비행 전 점검
- 비행 전 절차, 조종실 관리
- 비행 전 절차, 엔진 시동
- 비행 전 절차, 지상 활주
- 비행 전 절차, 이륙 전 점검
- 비행장 내 운영, 무선통신과 ATC 빛총신호
- 비행장 내 운영, 비행장주
- 비행장 내 운영, 비행장과 활주로 표지 및 등화시설
- 이 · 착륙 및 복행, 정풍 · 측풍 이륙과 상승
- 이 · 착륙 및 복행, 정풍 · 측풍 접근과 착륙
- 이 · 착륙 및 복행, 단거리 활주로 이륙과 상승
- 이 · 착륙 및 복행, 단거리 활주로 접근과 착륙
- 이 · 착륙 및 복행, 착륙을 위한 전방 슬립
- 이 · 착륙 및 복행, 복행(GO-AROUND)
- 성능 기동, 급선회(STEEP TURNS)
- 지형지물 참조 기동, 사각형 비행(RECTANGULAR COURSE)
- 지형지물 참조 기동, S-선회(S-TURNS)
- 지형지물 참조 기동, 기준점을 이용한 선회(TURNS AROUND A POINT)
- 항법, 지문항법 및 추측항법
- 항법, 항법장비와 레이더의 이용
- 항법, 회항
- 항법, 위치 상실 시의 절차
- 저속비행과 실속, 저속비행 기동
- 저속비행과 실속, 무동력 실속
- 저속비행과 실속, 유동력 실속
- 저속비행과 실속, 스핀의 인지

- 기초 계기비행, 직진 수평비행
- 기초 계기비행, 정속 상승
- 기초 계기비행, 정속 강하
- 기초 계기비행, 지정된 침로로의 선회
- 기초 계기비행, 비정상 자세로부터의 회복
- 기초 계기비행, 무선통신, 항법장비 및 시설, 레이더의 이용
- 비상절차, 비상강하
- 비상절차, 비상 접근 및 착륙
- 비상절차, 각 계통 및 장비의 고장
- 비상절차, 비상장비 및 구조장비
- 비행 후 절차, 착륙 후 절차
- 비행 후 절차, 주기와 안전 확보
- 기타 사항, 판단력 및 비행 적성
- 기타 사항, 승무원 협조 관련 사항

구술면접에 최종합격하면 교통안전공단에서 심사의견도 볼 수가 있다.

➡ **심사의견의 예**
자가용 조종사로서 충분한 지식을 가지고 있으며 사업용(계기) 비행에 대한 지식도 양호함

일단 합격하면 교통안전공단 홈페이지에서 카드 형식의 자가용 조종사 면장을 신청하면 된다. 카드를 발급받으면 이전의 조종연습 허가서 대신 자가용 조종사 면장을 비행 때마다 가지고 다니면 된다. 호칭 또한 더 이상 '학생 조종사가' 아니라 '조종사'로 바뀌게 된다.

⑤ 계기비행 한정 필기시험

계기비행이란 항공기를 조종할 때 바깥 풍경을 참조하지 않고 오로지 콕핏의 계기만을 보면서 비행하는 것을 뜻한다. 자동차의 경우 깊은 안개 속을 달리는 경우와 같다. 바깥을 참고할 수 없기 때문에 조종사는 두려움에 빠질 수가 있고, 계기비행 자체가 자가용 조종사 입장에서는 고난이도의 기술이기 때문에 시험과 비행 모두 난이도가 높다.

교통안전공단(www.ts2020.kr)에서 접수해서 시험을 치르면 되는데, 보통 매달 시험이 있고 100점 만점 기준에 70점 이상을 얻어야 한다. 총 40문제가 출제되는데, 그 중 28문제 이상을 맞춰야 한다. 68점으로 아쉽게 떨어지는 경우가 많이 생기므로 공부를 열심히 해야 한다. 시험 지역으로는 서울, 부산, 대전, 광주 등이 있으며, 특히 서울, 부산 지역은 많은 지원자가 몰리므로 원서접수를 가능한 한 빨리 해두는 것이 좋다. 접수 시작일의 21:00부터 접수가 가능하므로 미리 대기했다가 클릭을 빠른 속도로 해야 한다.

조종사들에게 물어보면 거의 100%가 사업용 조종사 면장을 취득하기까지 보는 학과시험 중 계기비행 한정 필기시험이 가장 어렵다고 말한다. 그만큼 내용이 어려운 데다 2~3년마다 한번 문제은행의 문제들이 전부 물갈이가 되기 때문에, 기존 기출문제나 족보 등에 의지하는 데도 한계가 있다. AIM의 4장, 5장을 정독해야 할 필요가 있으며, 최근 2년 내에 시험을 치른 선배들에게 기출문제를 물어보는 것이 좋다.

⑥ 계기비행 과정과 체크비행

울진비행교육원에서는 약 60여 시간의 계기비행 과정을 운영하고 있고, 체크비행은 총 3회를 실시하게 된다. 첫 번째 체크는 계기접근(Approach)을 제외한 기본적인 계기비행 기술을 평가하게 되고, 두 번째와 세 번째 체크는 계기접근을 포함한 전반적인 크로스컨트리 계기비행 능력을 평가한다. 체크비행 평가 항목은 다음과 같다.

1) 체크비행 평가 항목

① 비행 전 준비(PREFLIGHT PREPARATION)
- 기상정보(WEATHER INFORMATION)
- 야외비행 계획(CROSS-COUNTRY FLIGHT PLANNING)

② 비행 전 절차(PREFLIGHT PROCEDURES)
- 계기비행과 관련한 항공기 장비(AIRCRAFT SYSTEMS RELATED TO IFR OPERATIONS)
- 비행계기와 항법장비(AIRCRAFT FLIGHT INSTRUMENTS AND NAVIGATION EQUIPMENT)
- 조종실 계기의 점검(INSTRUMENT COCKPIT CHECK)

③ ATC 인가 및 절차(ATC CLEARANCES & PROCEDURES)
- ATC 인가(ATC CLEARANCES)
- 출항, 항로 및 도착 절차와 인가사항 수행(COMPLIANCE WITH DEPARTURE, EN-ROUTE AND ARRIVAL PROCEDURES, CLEARANCES)
- 체공 절차(HOLDING PROCEDURES)

④ 계기비행(FLIGHT BY REFERENCE TO INSTRUMENTS)
- 직진 수평비행(STRAIGHT-AND LEVEL FLIGHT)
- 속도조절(CHANGE OF AIRSPEED)
- 정속 상승 및 강하(CONSTANT AIRSPEED CLIMBS AND DESCENTS)
- 정률 상승 및 강하(CONSTANT RATE CLIMBS AND DESCENTS)
- 자기나침반을 이용한 시간차 선회(TIMED TURNS TO MAGNETIC COMPASS HEADING)

- 급선회(STEEP TURNS)
- 비정상 자세에서의 회복(RECOVERY FROM UNUSUAL FLIGHT ATTITUDES)

⑤ 항법 시스템(NAVIGATION SYSTEMS)
- INTERCEPTING AND TRACKING NAVIGATIONAL SYSTEMS AND DME ARCS

⑥ 계기접근 절차(INSTRUMENT APPROACH PROCEDURES)
- 비 정밀 계기접근(NONPRECISION INSTRUMENT APPROACH)
- ILS에 의한 정밀접근(PRECISION ILS INSTRUMENT APPROACH)
- 실패접근(MISSED APPROACH)
- 선회접근(CIRCLING APPROACH)
- 직진 또는 선회접근으로부터의 착륙(LANDING FROM A STRAIGHT-IN OR CIRCLING APPROACH)

⑦ 비상절차(EMERGENCY OPERATIONS)
- 통신두절(LOSS OF COMMUNICATION)
- GYRO ATTITUDE와 HEADING INDICATOR의 고장(LOSS OF GYRO ATTITUDE AND/OR HEADING INDICATORS)

⑧ 비행 후 절차 (POSTFLIGHT PROCEDURES)
- 비행계기와 탑재장비의 점검(CHECKING INSTRUMENTS AND EQUIPMENT)

2) 체크비행 합격 여부

체크비행에서 훈련생은 안전하게
① 정해진 기준 내에서 실기영역을 수행하고
② 각 과목을 수행함에 있어 절대 의심이 가지 않는 숙달된 항공기 조작을

보여주어야 하고
③ 기준을 만족하는 능숙한 기술을 보여주어야 하고
④ 올바른 판단을 보여주어야 하며
⑤ 비행기가 조종사 1인에 의해서 비행이 가능하도록 승인된 것이라면, 단독조종 능력을 보여주어야 한다.

훈련생이 수행한 어떠한 항목이 표준서의 기준을 만족하지 못했다고 시험위원이 판단했다면, 그 항목은 통과하지 못한 것이며 실기시험은 불합격 처리가 된다. 이러한 경우 시험위원이나 응시자는 언제든지 실기시험을 중지할 수 있다. 다만 응시자의 요청에 의하여 시험은 계속될 수 있으나 자격증명이 부여되지는 않는다.
실기시험 불합격에 해당하는 대표적인 항목들은
① 응시자가 비행안전을 유지하지 못하여 시험위원이 개입한 경우
② 비행기동을 하기 전에 공역확인을 위한 공중 경계를 간과한 경우
③ 항목의 목적에서 규정한 조작의 최대 허용한계를 지속적으로 벗어난 경우
④ 허용한계를 벗어났을 때 즉각적인 수정 조작을 취하지 못한 경우 등이다.

❼ 사업용 조종사 항공법 필기시험

사업용 조종사 면장을 취득하려면 교통안전공단에서 필기시험과 실기시험에 합격해야 한다. 필기시험은 항공법규, 공중항법, 항공기상, 비행이론, 항공교통통신정보업무 총 5가지이며 마지막으로 비행실기시험이 있다. 울진비행교육원(항공대/한서대)은 국토교통부에서 지정한 항공 종사자 전문교육기관이기 때문에, 울진의 훈련생들은 필기시험에서 공중항법, 항공기

상, 비행이론, 항공교통통신정보업무가 면제되고, 실기시험은 비행교육원 자체 체크비행으로 대체된다. 즉 교통안전공단에서는 항공법규 시험만 통과하면 되는 것이다.

필기시험 과목	출제 내용
항공법규	당해업무에 필요한 항공법규 공중항법
공중항법	가. 지문항법과 추측항법에 관한 지식 나. 무선항법에 관한 일반지식 다. 항법용 계측기 사용방법 라. 항행 안전시설의 이용방법 마. 항공도의 해독 바. 항공기 조난 시의 비행방법 사. 사업용 조종사와 관련된 인적요소에 관한 일반지식
항공기상	가. 항공 기상통보와 기상도의 해독 나. 기상통보 방식 다. 구름의 분류와 운형에 관한 지식 라. 기타 운항에 영향을 주는 기상에 관한 일반지식
비행이론	가. 비행이론의 일반지식 나. 중량배분의 기초지식 다. 항공기의 구조와 기능에 관한 일반지식
항공교통통신정보업무	가. 공지통신의 일반지식 나. 조난 · 비상 · 긴급 통신 방법 및 절차 다. 항공정보 업무 라. 비행 계획에 관한 지식

항공법규는 교통안전공단(www.ts2020.kr)에서 접수해서 시험을 치르면 된다. 시험은 매월 7~8회 실시되며, 100점 만점 기준에 70점 이상을 얻어야 한다. 총 25문제가 출제되는데, 그 중 18문제 이상을 맞춰야 한다. 시험 지역으로는 서울, 부산, 대전, 광주 등이 있으며 특히 서울, 부산 지역은 많은 지원자가 몰리므로 원서접수를 가능한 한 빨리 해두는 것이 좋다. 접수 시작일의 21:00부터 접수가 가능하므로 미리 대기했다가 클릭을 빠른 속도로 해야 한다. 세화출판사의 항공법규 책에 있는 연습문제를 많이 풀어보고 최신 기출

문제를 구해서 공부하면 된다.

자격증	면제되는 과목
항공 기관사	비행이론
운항 관리사	항공 기상
항공 교통 관제사	항공 기상

　전문 교육기관이 아니더라도 위와 같은 자격증이 있으면 필기시험이 일부 면제된다.

〈세목별 출제 범위〉

항공법규	000. 목적
항공법규	001. 용어의 정의
항공법규	002. 항행 안전시설, 공항시설
항공법규	003. 항공기 사고의 인적 · 물적 손상범위
항공법규	004. 항공등화, 항공장애등, 항공기등불
항공법규	005. 시계비행(일반, 기상상태, 금지), 특별 시계비행
항공법규	006. 장애물 제한표면의 구분, 착륙대의 길이와 폭
항공법규	007. 국제기구(ICAO), 국제민간항공협약
항공법규	010. 항공기 등록
항공법규	011. 감항 증명
항공법규	020. 자격증명(업무 범위, 효력), 계기비행 증명
항공법규	021. 자격증명의 한정
항공법규	022. 시험의 실시 및 면제
항공법규	023. 응시자격, 비행경력 증명, 비행시간의 산정
항공법규	024. 항공 신체검사 증명, 자격증명 취소
항공법규	030. 공역의 구분 · 관리 등
항공법규	031. 국적 등의 표시
항공법규	032. 의무 무선설비, 신호(빛총)
항공법규	033. 항공기의 연료, 항공기의 등불
항공법규	034. 주정음료 등, 전자기기의 사용제한

항공법규	035. 항공기 사고 등의 보고, 항공 안전장애 보고
항공법규	036. 비행 중 금지행위 등, 최저 비행고도
항공법규	037. 긴급 항공기(지정 등, 운항의 범위)
항공법규	038. 통행 우선순위, 진로와 속도 등, 수상의 충돌예방
항공법규	039. 항공기의 지상 이동, 비행장 또는 주변비행
항공법규	040. 항공 계기등의 설치 · 탑재(방사선 투사량 계기 제외)
항공법규	041. 최근 비행경험, 기장 권한, 승무시간, 승무원 탑승
항공법규	042. 순항고도(RVSM 제외) 및 기압고도계의 수정
항공법규	043. 비행속도의 유지, 편대비행, 항공기 예항
항공법규	044. 계기비행(규칙, 방식, 출발, 접근)
항공법규	045. 비행계획(포함사항, 준수, 종료)
항공법규	046. 교체 비행장 등, 곡기비행
항공법규	047. 통신두절 및 위치보고, 항공정보
항공법규	048. 기타 항공기 운항에 관한 사항
항공법규	050. 항공사고 조사
항공법규	051. 보칙 · 벌칙
항공법규	060. 항공안전 및 보안에 관한 법률
공중항법	000. 항법의 개요(정의, 항법의 분류)
공중항법	001. 항법의 요소
공중항법	010. 지구 표면(지구 형상, 대권과 소권, 위도와 경도)
공중항법	011. 지표상의 항로(거리와 방향, 대권과 항정선)
공중항법	021. 표준시(Mean Time)
공중항법	022. 시간과 경도의 관계
공중항법	023. 시각대(Time Zone)
공중항법	024. 시간 계산
공중항법	030. 지도의 정의
공중항법	031. 지도의 투형법과 특성
공중항법	040. 자기나침의(Magnetic Compass)
공중항법	041. 자기나침의 동적오차
공중항법	042. 기압 고도계(Altitube Indicator)
공중항법	043. 고도의 종류 등
공중항법	044. 고도계 수정법(Altimeter setting)
공중항법	045. 고도와 기압, 고도와 기온

공중항법	046. 속도계(Airspeed Indicator)
공중항법	047. 속도의 종류 등
공중항법	050. 추측항법의 이점 및 단계
공중항법	051. 항로결정 방법 및 요소
공중항법	052. 항법 계산반의 사용법(바람삼각형)
공중항법	054. 출항, 상승, 강하 계획 및 방법
공중항법	060. 지문항법 개요 및 실시요령
공중항법	061. 항공도 판독 및 기위 결정
공중항법	070. 대체공항, 회항, ETP 산출, 기위 결정법
공중항법	080. 시간, 속도 및 거리 산출(계산면 활용)
공중항법	090. ADF/VOR의 개요
공중항법	091. Homming 및 Away FriWom The Station
공중항법	092. ADF/VOR의 항법
공중항법	093.A DF/VOR 시간 및 거리 계산
공중항법	100. Radar의 기본원리 및 적용
공중항법	101. TRANSPONDER
공중항법	110. 계기접근 설비(지상/공중)
공중항법	111. ILS, VOR, NOB, 접근 개요
공중항법	112. Rador 및 Confact/Visual 접근 개요
공중항법	120. Enroute Charts
공중항법	130. 인적요소 및 항공생리
항공기상	000. 대기
항공기상	010. 온도
항공기상	011. 대기의 열역학
항공기상	020. Atmospheric Pressure and Altimetry
항공기상	030. 바람 Ⅰ
항공기상	031. 바람(항공기와의 관계) Ⅱ
항공기상	040. Moisture, Cloud Formation, Precipitation
항공기상	050. Stable and unstable Air
항공기상	060. 구름 Ⅰ
항공기상	061. 구름(항공기와의 관계) Ⅱ
항공기상	070. 기단
항공기상	071. 전선

항공기상	080. 난기류 Ⅰ
항공기상	081. 난기류(항공기와의 관계) Ⅱ
항공기상	090. 착빙 Ⅰ
항공기상	091. 착빙(항공기와의 관계) Ⅱ
항공기상	100. 뇌우 Ⅰ
항공기상	101. 뇌우(항공기와의 관계) Ⅱ
항공기상	110. 시정 Ⅰ
항공기상	111. 시정(장애요소 및 현상) Ⅱ
항공기상	112. 시정(항공기와의 관계) Ⅲ
항공기상	120. 고 · 저기압
항공기상	121. 열대성 저기압
항공기상	140. 지상 일기도(700mb 미만)
항공기상	141. 상층 일기도(700mb 이상)
항공기상	150. 기호(Symbol)
항공기상	152. 부호(Code)
항공기상	154. 용어 및 약어
항공기상	160. 기상업무(ICAO ANNEX3)
항공기상	162. 기상관측 및 통보
항공기상	170. 예보(Forecast), 이착륙 예보, METAR
항공기상	180. SIGMET · AIRMER 정보, 비행장 경보
항공기상	190. 항공과 기상, 비행안전에 관련된 항공 기상
비행이론	000. 대기의 성질
비행이론	001. 유체의 성질과 법칙(베르누이의 정리)
비행이론	010. 유체흐름의 형태
비행이론	012. 초음속 흐름과 충격파
비행이론	020. 에어포일
비행이론	021. NACA 표준 에어포일
비행이론	023. 후퇴날개의 특성(비)
비행이론	025. 실속특성
비행이론	030. 양력
비행이론	031. 항력
비행이론	032. 유도항력(Induced drag)
비행이론	040. 공력 · 풍력 중심

비행이론	041. 무게중심
비행이론	050. 항력과 동력(공기력, 필요 · 이용 · 잉여 마력)
비행이론	051. 수평비행(항속거리 · 시간, 프롭 및 제트의 특성)
비행이론	052. 상승 성능
비행이론	053. 순항 성능
비행이론	054. 기동 성능(실속 · SPIN 비행 등)
비행이론	055. 선회 성능
비행이론	056. 강하 및 활공
비행이론	057. 이륙 성능
비행이론	058. 착륙 성능
비행이론	059. 불안정으로 인한 비행 현상
비행이론	060. 안정성의 정의(정안정, 동안정 등)
비행이론	061. 종안정
비행이론	062. 횡안정
비행이론	063. 방향안정
비행이론	064. 조종과 트림
비행이론	070. Wing Tip Vortex
비행이론	080. Ground Effect
비행이론	090. 개요 및 용어(Terminology)
비행이론	101. 고항력 장치와 특성
비행이론	110. Single Engine Performance
비행이론	120. Airplanes
비행이론	121. The Powerplant and Related Systems
비행이론	122. Flight Instruments
비행이론	130. Performance Data
비행이론	140. 회전익 특성
비행이론	141. 비행 중 힘의 작용
비행이론	142. 제자리 비행(Hovering)
비행이론	143. 로터의 변환(Translation)
비행이론	143A. 전이양력
비행이론	143B. 양력 불균형
비행이론	144. 기동 및 성능
비행이론	145. 비정상 상황(Emergencies)

비행이론	145A. 오토로테이션
비행이론	146. 무게와 균형
비행이론	147. 탑재(Loads)
교통통신	000. 무선통신 용어(ATC Radio Communication Phraselog
교통통신	001. 통신기법(ATC Radio Communication Technigues)
교통통신	002. 공항운영 절차(Airport Operation)
교통통신	003. ATC 비행 인가(ATC Clearance)
교통통신	004. ATC 간격분리(ATC Separation)
교통통신	006. 조종사가 이용할 수 있는 관제업무(1)(Services)
교통통신	010.비행 전 절차(1)(Preflight)
교통통신	013. 출항 절차(1)(Departure Procedures)
교통통신	015. 항로비행 절차(Enroute Procedures)
교통통신	016. 입항 절차(Arrival Procedures)
교통통신	017. 조종사/관제사의 역할 및 책임
교통통신	018. 영공 방위/보안 및 요격 절차(1)
교통통신	019. 영공 방위/보안 및 요격 절차(2)
교통통신	020. 조종사를 위한 비상지원 업무
교통통신	021. 조난 및 긴급 절차(Distress & Urgency Procedures
교통통신	022. 송수신 무선통신 두절(Two-Way Radio Communicati
교통통신	030. 항행 안전 무선시설
교통통신	031. 레이더 시설 및 운항 절차
교통통신	032. 공항 등화 시설
교통통신	033. 항공 장애등과 항행등
교통통신	034. 비행장 표지 시설과 표시
교통통신	040. 관제공역(Controlled Air Space)
교통통신	042. 특수공역
교통통신	050. 항공정보 업무 일반
교통통신	051. 항공정보 간행물(AIP)
교통통신	052. 항공정보 회람(AIC)
교통통신	053. 항공 고시보(NOTAM)
교통통신	060. 항로 Chart
교통통신	070. PILOT/CONTROLLER GLOSSARY(1)
교통통신	080. SAFETY OF FLIGHT

⑧ 사업용 조종사 비행 과정과 체크비행

1) 응시자격

(1) 연령 : 만 18세 이상

(2) 자격증명의 취소처분을 받고 그 취소일부터 2년이 경과되지 아니한 자

2) 비행 경력

구분		비행 경력 기타의 경력
기본 응시요건		• 자가용 자격 소지자 • 외국 정부 발행 운송용 조종사 자격증명 소지자 • 외국 정부 발행 사업용 조종사 자격증명 소지자
총 비행 경력		200시간(전문 교육기관 이수자는 150시간) ※ 지방항공청장이 지정한 모의 비행장치 비행훈련 시간 10시간 인정 ※ 다른 종류의 항공기 비행시간 3분의 1 또는 50시간 중 적은 시간 인정
기타 의 경력	기장 경력	100시간 (전문교육기관 이수자는 70시간)
	야외비행 경력	기장으로서 20시간
	계기비행 경력	기장 또는 부조종사로서 10시간 지방항공청장이 지정한 모의 비행장치 비행 훈련 시간 5시간 인정
	야간비행 경력	기장으로서 이륙과 착륙이 각각 5회 이상 포함된 5시간

 울진비행교육원에서는 약 30여 시간의 사업용 조종사 비행 과정을 운영하고 있고, 체크비행은 총 1회를 실시하게 된다. 전반적인 사업용 조종사로서의 능력에 대한 평가이다. 체크비행 평가 항목은 다음과 같다.

(1) 체크비행 평가 항목

① 비행 전 준비(PREFLIGHT PREPARATION)

- 자격증명 및 탑재서류(CERTIFICATES AND DOCUMENTS)
- 기상정보(WEATHER INFORMATION)
- 야외비행 계획(CROSS-COUNTRY FLIGHT PLANNING)
- 국내 공역체계(NATIONAL AIRSPACE SYSTEM)
- 비행성능 및 제한사항(PERFORMANCE AND LIMITATIONS)
- 항공장비의 운용(OPERATION OF SYSTEMS)
- 항공의학적 요소(AEROMEDICAL FACTORS)
- 야간비행 시 생리학적 현상(PHYSIOLOGICAL ASPECTS OF NIGHT FLYING)
- 야간비행 시 등화와 장비(LIGHTING AND EQUIPMENT FOR NIGHT FLYING)

② 비행 전 절차(PREFLIGHT PROCEDURES)

- 비행 전 점검(PREFLIGHT INSPECTION)
- 조종실 관리(COCKPIT MANAGEMENT)
- 엔진 시동(ENGINE STARTING)
- 지상 활주(TAXIING)
- 이륙 전 점검(BEFORE TAKEOFF CHECK)

③ 비행장 운영(AIRPORT OPERATIONS)

- 무선통신과 ATC 빛총신호(RADIO COMMUNICATIONS AND ATC LIGHT SIGNALS)
- 비행장주(TRAFFIC PATTERN)
- 비행장과 활주로 표지 및 등화시설(AIRPORT, TAXIWAY, AND RUNWAY SIGNS, MARKINGS, AND LIGHTING)

④ 이·착륙 및 복행(TAKEOFFS, LANDINGS, AND GO-AROUNDS)

- 정풍 및 측풍에서의 이륙과 상승(NORMAL AND CROSSWIND TAKEOFF AND CLIMB)
- 정풍 및 측풍에서의 접근과 착륙(NORMAL AND CROSSWIND APPROACH AND LANDING)
- 단거리 활주로 이륙과 상승(SHORT FIELD TAKEOFF AND CLIMB)
- 단거리 활주로 접근과 착륙(SHORT FIELD APPROACH AND LANDING)
- 복행(GO-AROUND.)

⑤ 성능 기동(PERFORMANCE MANEUVERS)

- 급선회(STEEP TURNS)
- CHANDELLES
- LAZY EIGHTS

⑥ 지형지물 참조 기동(GROUND REFERENCE MANEUVER)

- EIGHTS ON PYLONS

⑦ 항법(NAVIGATION)

- 지문항법 및 추측항법(PILOTAGE AND DEAD RECKONING)
- 항법장비와 레이더의 이용(NAVIGATION SYSTEMS AND ATC RADAR SERVICES)
- 회항(DIVERSION)
- 위치상실 시의 절차(LOST PROCEDURE)

⑧ 저속비행과 실속(SLOW FLIGHT AND STALLS)

- 저속비행 기동(MANEUVERING DURING SLOW FLIGHT)
- 무동력 실속(POWER-OFF STALLS)
- 유동력 실속(POWER-ON STALLS)
- SPIN의 인지(SPIN AWARENESS)

⑨ 기초 계기비행(BASIC INSTRUMENT MANEUVERS)
- 직진 수평비행(STRAIGHT-AND-LEVEL FLIGHT)
- 정속 상승(STRAIGHT, CONSTANT AIRSPEED CLIMBS)
- 정속 강하(STRAIGHT, CONSTANT AIRSPEED DESCENTS)
- 지정된 침로로의 선회(TURNS TO HEADINGS)
- 비정상 비행자세로부터의 회복(RECOVERY FROM UNUSUAL FLIGHT ATTITUDES)
- 무선통신, 항법장비 및 시설, 레이더의 이용(RADIO COMMUNICA-TIONS, NAVIGATION SYSTEMS/FACILITIES, AND RADAR SERVICES)

⑩ 비상절차(EMERGENCY OPERATIONS)
- 비상강하(EMERGENCY DESCENT)
- 비상 접근 및 착륙(EMERGENCY APPROACH AND LANDING)
- 계통 및 장비의 고장(SYSTEMS AND EQUIPMENT MALFUNCTIONS)
- 비상장비 및 구조장비(EMERGENCY EQUIPMENT AND SURVIVAL GEAR)

⑪ 비행 후 절차(POSTFLIGHT PROCEDURES)
- 착륙 후 절차(AFTER LANDING)
- 주기와 안전 확보(PARKING AND SECURING)

(2) 체크비행 합격 여부

체크비행에서 훈련생은 안전하게
① 정해진 기준 내에서 실기영역을 수행하고
② 각 과목을 수행함에 있어 절대 의심이 가지 않는 숙달된 비행기 조작을 보여주어야 하고
③ 기준을 만족하는 능숙한 기술을 보여주어야 하고
④ 올바른 판단을 보여주어야 하며
⑤ 비행기가 조종사 1인에 의해서 비행이 가능하도록 승인된 것이라면,

단독조종 능력을 보여주어야 한다.

훈련생이 수행한 어떠한 항목이 표준서의 기준을 만족하지 못했다고 시험위원이 판단했다면, 그 항목은 통과하지 못한 것이며 실기시험은 불합격 처리가 된다. 이러한 경우 시험위원이나 응시자는 언제든지 실기시험을 중지할 수 있다. 다만 응시자의 요청에 의하여 시험은 계속될 수 있으나 자격증명이 부어되지는 않는다.

실기시험 불합격에 해당하는 대표적인 항목들은

① 응시자가 비행안전을 유지하지 못하여 시험위원이 개입한 경우

② 비행기동을 하기 전에 공역확인을 위한 공중경계를 간과한 경우

③ 항목의 목적에서 규정한 조작의 최대 허용한계를 지속적으로 벗어난 경우

④ 허용한계를 벗어났을 때 즉각적인 수정 조작을 취하지 못한 경우 등이다.

⑨ 멀티엔진(다발) 비행 과정과 체크비행

멀티엔진(다발) 항공기는 엔진이 두 개 이상인 항공기를 의미한다. 울진 비행교육원에서는 약 10여 시간의 멀티엔진 비행 과정을 운영하고 있고, 체크비행은 총 1회 실시하게 된다. 전반적인 다발 항공기 조종사로서의 능력에 대한 평가이다. 체크비행 평가 항목은 다음과 같다.

① 비행 전 준비(PREFLIGHT PREPARATION)
- 자격증명 및 탑재서류(CERTIFICATES AND DOCUMENTS)
- 기상정보(WEATHER INFORMATION)
- 야외비행 계획(CROSS-COUNTRY FLIGHT PLANNING)
- 국내 공역체계(NATIONAL AIRSPACE SYSTEM)

- 비행 성능 및 제한사항(PERFORMANCE AND LIMITATIONS)
- 엔진 부작동 시 비행원리(PRINCIPLES OF FLIGHT - ENGINE INOPERATIVE)
- 항공장비의 운용(OPERATION OF SYSTEMS)
- 항공의학적 요소(AEROMEDICAL FACTORS)
- 야간비행 시 생리학적 현상(PHYSIOLOGICAL ASPECTS OF NIGHT FLYING)
- 야간비행 시 등화와 장비(LIGHTING AND EQUIPMENT FOR NIGHT FLYING)

② 비행 전 절차(PREFLIGHT PROCEDURES)
- 비행 전 점검(PREFLIGHT INSPECTION)
- 조종실 관리(COCKPIT MANAGEMENT)
- 엔진 시동(ENGINE STARTING)
- 지상 활주(TAXIING)
- 이륙 전 점검(BEFORE TAKEOFF CHECK)

③ 비행장 운영(AIRPORT OPERATIONS)
- 무선통신과 ATC 빛총신호(RADIO COMMUNICATIONS AND ATC LIGHT SIGNALS)
- 비행장주(TRAFFIC PATTERNS)
- 비행상, 활주로 표지 및 등화시설(AIRPORT, TAXIWAY, AND RUNWAY SIGNS, MARKINGS AND LIGHTING)

④ 이·착륙 및 복행(TAKEOFFS, LANDINGS, AND GO-AROUNDS)
- 정풍·측풍 이륙과 상승(NORMAL AND CROSSWIND TAKEOFF AND CLIMB
- 정풍·측풍 접근과 착륙(NORMAL AND CROSSWIND APPROACH AND LANDING)

- 단거리 활주로 이륙과 상승(SHORT FIELD TAKEOFF AND CLIMB)
- 단거리 활주로 접근과 착륙(SHORT FIELD APPROACH AND LANDING)
- 복행(GO-AROUND)

⑤ 성능 기동(PERFORMANCE MANEUVERS)
- 급선회(STEEP TURNS)

⑥ 항법(NAVIGATION)
- 지문항법 및 추측항법(PILOTAGE AND DEAD RECKONING)
- 항법장비와 레이더의 이용(NAVIGATION SYSTEMS AND ATC RADAR SERVICES)
- 회항(DIVERSION)
- 위치상실 시의 절차(LOST PROCEDURE)

⑦ 저속비행과 실속(SLOW FLIGHT AND STALLS)
- 저속비행 기동(MANEUVERING DURING SLOW FLIGHT)
- 무동력 실속(POWER-OFF STALLS)
- 유동력 실속(POWER-ON STALLS)
- SPIN의 인지(SPIN AWARENESS)

⑧ 기초 계기비행(BASIC INSTRUMENT MANEUVERS)
- 직진 수평비행(STRAIGHT-AND-LEVEL FLIGHT)
- 정속 상승(CONSTANT AIRSPEED CLIMBS)
- 정속 강하(CONSTANT AIRSPEED DESCENTS)
- 지정된 침로로의 선회(TURNS TO HEADING)
- 비정상 자세로부터의 회복(RECOVERY FROM UNUSUAL FLIGHT ATTITUDES)
- 무선통신, 항법장비 및 시설, 레이더의 이용(RADIO COMMUNICA-TIONS, NAVIGATION SYSTEMS/FACILITIES AND RADAR SERVICES)

⑨ 비상절차(EMERGENCY OPERATIONS)

- 비상강하(EMERGENCY DESCENT)
- 한 개 엔진 부작동 시 기동(MANEUVERING WITH ONE ENGINE INOPERATIVE)
- 엔진 부작동-방향유지 상실 시범(ENGINE INOPERATIVE - LOSS OF DIRECTIONAL CONTROL DEMONSTRATION)
- 엔진 부작동 시 접근 및 착륙 〔APPROACH AND LANDING WITH AN INOPERATIVE ENGINE (SIMULATED)〕
- 계통 및 장비의 고장(SYSTEMS AND EQUIPMENT MALFUNCTIONS)
- 비상장비 및 구조장비(EMERGENCY EQUIPMENT AND SURVIVAL GEAR)

⑩ 다발 엔진 비행기의 운영(MULTIENGINE OPERATIONS)

- 비행 중 엔진 고장〔ENGINE FAILURE DURING FLIGHT(By Reference To Instruments)〕
- 엔진 작동 시 계기접근〔INSTRUMENT APPROACH-ALL ENGINE OPERATING(By Reference To Instrument)〕
- 한 개 엔진 부작동 시 계기접근 〔INSTRUMENT APPROACH-ONE ENGINE INOPERATIVE(BY Reference To Instruments)〕

⑪ 비행 후 절차(POSTFLIGHT PROCEDURES)

- 착륙 후 절차(AFTER LANDING)
- 주기와 안전 확보(PARKING AND SECURING)

계기비행 과정이 완료되고 계기한정 필기시험도 합격했다면, 교통안전공단 홈페이지에서 계기비행 증명 실기시험 면제 우편신청을 해야 한다(전문교육기관인 울진비행교육원의 경우).

※ 계기비행 증명 학과시험에 합격했다고 자동으로 실기시험이 면제되는

것이 아니라, 반드시 서류상으로 신청해야 함에 유의해야 한다.

교통안전공단 홈페이지에서 고객참여→알림마당→시험정보→항공 종사자→계기비행 증명 실기시험 면제 우편신청 방법으로 들어가면 신청방법을 알 수 있다. 응시원서를 작성하고 전문 교육기관 이수 증명서, 비행경력 증명서를 비행학교로부터 발급받아 우편으로 제출하면 되는데, 이때 통상환이라는 것을 구매해서 함께 보내야 한다. 통상환이란 공공기관에서 현금 대신 사용되는 전표 같은 것인데, 우체국에서 11,000원 어치를 구입해서 동봉하여 보내면 된다. 우편을 보낸 후 며칠이 지나면 교통안전공단 홈페이지로 그인→자격시험→항공시험→나의 시험관리→보유자격 현황→항공 종사자 자격증명 보유 자격에서 계기비행 증명 한정사항이 취득되었는지 확인이 가능하다.

⑩ 사업용 조종사(다발) 구술면접

사업용 비행과정과 멀티(다발) 비행 과정이 모두 끝나면 드디어 사업용 조종사(다발) 구술면접을 볼 수 있다. 사업용 조종사 구술면접은 다발과 단발 2가지가 있다. 교관 과정에 지원할 것이 아니라면 다발만 합격하면 된다. 단, 교관은 단발, 다발 모두 합격해야 한다. 구술면접 신청비만도 1회당 10만 원에 달하므로 반드시 합격하도록 해야 한다.

교통안전공단(www.ts2020.kr)에서 구술면접을 접수하면 되는데, 오직 서울에서만 시험을 치를 수 있다. 많은 지원자가 몰리므로 원서접수를 가능한 한 빨리 해두는 것이 좋다. 접수 시작일의 21:00부터 접수가 가능하므로 미리 대기했다가 클릭을 빠른 속도로 해야 한다. 시험은 한 달에 7회 정도 실시된다.

구술면접 내용은 이전의 자가용 조종사보다는 어려운 편으로, 면접관은 주로 항공사 기장 또는 교통안전공단 직원이다. 기장님들은 학생의 틀린 답변에 대해 주로 관대한 편이며, 시험의 목적보다는 지식 하나라도 더 자세히 알려주려는 목적으로 시험 감독을 한다. 그러나 교통안전공단 직원이 걸리면 꽤나 까다로울 수 있다. 세목별로 하나하나 꼼꼼히 묻고 점수도 박한 편이다. 구술면접비는 상당히 고가이므로 떨어지지 않게 공부를 열심히 하도록 하자.

과목	실시 범위
사업용 조종사 구술면접	조종기술 무선기기 취급법 공지통신 연락 항법기술 당해 자격의 수행에 필요한 기술 등

➡ 사업용 구술면접 세목
비행 전 준비, 자격증명 및 탑재서류

비행 전 준비, 기상정보

비행 전 준비, 야외비행 계획

비행 전 준비, 국내 공역체계

비행 전 준비, 비행성능 및 제한사항

비행 전 준비, 엔진 부작동 시 비행원리

비행 전 준비, 항공장비의 운용

비행 전 준비, 항공의학적 요소

비행 전 준비, 야간비행 시 생리학적 현상

비행 전 준비, 야간비행 시 등화와 장비

비행 전 절차, 비행 전 점검

비행 전 절차, 조종실 관리

비행 전 절차, 엔진 시동

비행 전 절차, 지상 활주

비행 전 절차, 이륙 전 점검

비행장 운영, 무선통신과 ATC 빛총신호

비행장 운영, 비행장주 B

비행장 운영, 비행장과 활주로 표지 및 등화시설

이착륙과 복행, 정풍·측풍 이륙과 상승

이착륙과 복행, 정풍·측풍 접근과 착륙

이착륙과 복행, 단거리 활주로 이륙과 상승

이착륙과 복행, 단거리 활주로 접근과 착륙

이착륙과 복행, 복행(GO-AROUND)

성능 기동, 급선회(STEEP TURNS)

항법, 지문항법 및 추측항법

항법, 항법장비와 레이더의 이용

항법, 회항

항법, 위치 상실 시의 절차

저속비행과 실속, 저속비행 기동

저속비행과 실속, 무동력 실속

저속비행과 실속, 유동력 실속

저속비행과 실속, SPIN의 인지

기초 계기비행, 직진 수평비행

기초 계기비행, 정속 상승

기초 계기비행, 정속 강하

기초 계기비행, 지정된 침로로의 선회

기초 계기비행, 비정상 자세로부터의 회복

기초 계기비행, 무선통신, 항법장비 및 시설, 레이더의 이용

비상절차, 비상강하

비상절차, 한 개 엔진 부작동 시의 기동

비상절차, 엔진 부작동-방향유지 상실 시범

비상절차, 엔진 부작동 시 접근 및 착륙

비상절차, 계통 및 장비의 고장

비상절차, 비상장비 및 구조장비

다발 엔진 비행기의 운용, 비행 중 엔진 고장

다발 엔진 비행기의 운용, 엔진 작동 시 계기 접근

다발 엔진 비행기의 운용, 한 개 엔진 부작동 시 계기 접근

비행 후 절차, 착륙 후 절차

비행 후 절차, 주기와 안전 확보

기타사항, 판단력 및 비행 적성

기타사항, 승무원 협조 관련 사항

구술면접에 최종 합격되면 사업용 조종사 면장을 취득할 수 있다. 구술면접 결과는 바로 다음날 조회 가능하므로 합격하면 자격증 카드를 신청할 수 있다. 사업용 조종사가 되면 자가용 조종사와 달리 아래와 같은 업무가 가능하다. 즉 민간 항공사에 부기장으로 취직할 수 있는 모든 자격요건을 갖추게 된 것이다.

- 자가용 조종사의 자격을 가진 자가 할 수 있는 행위
- 보수를 받고 무상운항을 하는 항공기를 조종하는 행위
- 항공기 사용 사업에 사용하는 항공기를 조종하는 행위
- 항공 운송사업에 사용하는 항공기(1인의 조종사가 필요한 항공기에 한한다)를 조종하는 행위
- 기장 외의 조종사로서 항공 운송사업에 사용하는 항공기를 조종하는 행위

⑪ 교관 과정 지원자

울진비행교육원에서 사업용 조종사 과정으로 모든 비행을 끝마치면 약 170여 시간의 비행시간을 갖추게 된다. 하지만 이러한 경력으로는 지원할 수 있는 항공사가 에어부산, 제주항공뿐인데, 그마저도 합격하면 별도로 자비를 들여 80시간의 타임빌딩을 해야 하고 B737 레이팅도 취득해야 한다. 비용이 최소 3,000만 원 정도는 더 필요한 것이다. 게다가 이들은 저비용 항공사이기 때문에 채용규모도 크지 않고, 더구나 취직 후 대형 항공사보다 대우가 떨어지기 마련이다.

대형 항공사에 가장 최소한의 비용으로 확실하게 들어갈 수 있는 방법은 교관을 하는 것이다. 교관 과정을 취득하려면 대략 1,000만 원 이하의 비용이 필요한데, 보통 500여 시간 정도의 경력만 쌓게 된다면 대한항공을 제외한 그 어느 항공사도 쉽게 들어갈 수 있다(대한항공의 경우 1,000시간을 비행하면 들어갈 수 있다).

그렇다면 문제는 이 좋은 교관 과정에 취직할 수 있는 자리가 얼마나 되느냐이다. 결론은 '취직할 수 있는 곳이 많다'이다. 조종사들의 수요가 최근 급증하고 있는 추세이기 때문에 기존 교관 조종사들이 경력이 400여 시간만 되어도 항공사로 가버리게 된다. 즉 본인이 교육받을 때 비행했던 170~250시간을 제외한다면, 단순 계산상 학생 한 명 정도만 교육시키고 본인은 항공사로 가버린다는 것이다. 그렇기 때문에 여러 비행학교들이 교관 수요에 목말라하고 있다. 이러한 추세는 향후 몇 년간 유지될 것으로 보인다. 취직할 수 있는 비행학교로는 울진비행교육원(항공대/한서대), 김포공항의 여러 비행학교들(이웨스트, 조종사교육원), 한국항공직업학교 등이 있다.

자격을 취득하려면 먼저 사업용 조종사(단발) 구술면접에 합격해야 한다. 면접 질문의 구성은 사업용 조종사(다발) 구술면접과 정확히 일치하기 때문에, 다발시험에 합격했다면 별도로 큰 준비를 하지 않아도 합격한다. 그리고 비행 과정은 15시간밖에 되지 않아 수월하게 비행이 끝나지만, 학술 교육의 양이 방대하고 기간이 길다. 마지막으로 교육증명 과정 구술면접에 합격하면 교관으로서 면장을 취득하게 된다.

〈항공 종사자 자격증명 취득 현황〉

기간	조종사			경량 항공기 조종사
	운송용	사업용	자가용	
2000	290	267	24	0
2001	292	449	20	0
2002	175	408	46	0
2003	48	424	49	0
2004	37	381	32	0
2005	76	371	257	0
2006	309	445	340	0
2007	342	438	355	0
2008	317	375	386	0
2009	240	408	258	267
2010	261	307	364	210
2011	264	379	380	141
2012	361	598	391	94

출처 : 교통안전공단

⑫ 운송용 조종사

운송용 조종사 면장은 민항기의 기장이 될 수 있는 자격을 부여하는 자격증이다. 법적으로 최소 비행시간이 1,500시간은 되어야 지원 할 수 있지만, 보통 항공사 내에서 4,000시간 이상의 부기장들을 대상으로 교육시킨다. 기장으로 승급되기까지 대한항공 같은 대형 항공사들은 10년 이상의 시간이 필요한 데 반해 제주항공, 에어부산 등 저비용 항공사는 6년밖에 필요하지 않아서, 최근 저비용 항공사로 많은 조종사들이 몰리는 추세이다.

⑬ New EPTA(English Proficiency Test For Aviation)

항공사에서 조종사로서 일을 하려면 EPTA(항공영어 구술능력 증명시험)는 필수로 취득하고 있어야 한다. EPTA 4급 이상을 가지고 있으면 항공사 입사 시 가산점을 얻을 수 있기 때문에 자가용 비행 과정이나 계기비행 과정 때에 미리 5급 이상을 취득해놓는 것이 좋다. 시험은 다음 두 기관에서 실시되는데, 어느 곳을 선택해도 무방하다.

- 항공영어 구술능력 증명시험(www.air.gtelp.co.kr)
- IAES(www.iaes.co.kr)

웹사이트에 미리 공개된 문제은행에서 그대로 출제되므로 20개의 기출 문제지를 달달 외우면 된다. 대충 준비하면 4급이 나오므로 최소한 5급을 받도록 노력해야 한다. 6급은 원어민 수준이라 한국인으로서는 받는 경우가 드물다. 참고로 미국에서 조종사 면장을 취득하면 4급이 자동으로 나온다. 소문에 의하면, 두 시험장 중 가락동에서 시험을 보면 5, 6등급이 잘 나온다는 소문이 있다.

1) 6등급

발음	발음 · 강세 · 리듬 및 억양이 모국어 또는 지역 특성에 따라 영향을 받지만, 이해하는 데 거의 지장이 없다.
문법	간단하거나 복잡한 문법구조를 사용하여 문장 패턴이 지속적으로 잘 조절된다.
어휘력	어휘 범위와 정확성이 다양한 주제에 대하여 효과적으로 대화하는 데 충분하며, 관용적 표현과 뉘앙스가 있는 감각적인 어휘를 사용한 다.

유창성	자연스럽게 힘들이지 않고 긴 문장을 말할 수 있으며, 강조하기 위하여 말의 흐름에 변화를 준다. 자연스럽게 적절한 신호단어를 사용한다.
이해력	이해력이 거의 모든 문맥에서 언어적·문화적인 미묘한 점을 포함하여 전체적으로 정확하다.
응대 능력	거의 모든 상황에서 쉽게 응대하고, 관련된 언어 또는 비언어적 암시 능력에 민감하며 적절히 그것에 반응한다.

2) 5등급

발음	발음·강세·리듬 및 억양이 모국어 또는 지역 특성에 따라 영향을 받지만, 이해하는 데 지장을 줄 정도는 아니다.
문법	기본적인 문법구조와 문장 패턴이 일괄되게 잘 조절된다. 복잡한 문법 구조를 사용하려고 하나, 가끔 의미 전달에 오류가 있다.
어휘력	공통되거나 명확한 업무 관련 주제에 대한 대화에 충분한 어휘력과 정확성이 있으며, 대체로 성공적으로 고쳐 말하기를 한다. 어휘는 때때로 관념적이다.
유창성	익숙한 주제에 대하여 상대적으로 쉽고 길게 말할 수 있으나, 문어체와 같이 말의 흐름에 변화가 없다. 적절한 신호단어를 사용한다.
이해력	업무와 관련된 주제에 대한 대화는 구체적이고 정확하며, 언어상 상황이 복잡하거나 예상하지 못한 상황에 대하여 화자가 거의 정확한 언어를 구사한다. 다양한 화두의 범위(방언·억양)를 이해할 수 있다
응대 능력	즉시, 적절히 응대하고 정보를 전달한다. 듣는 사람과 말하는 사람의 관계를 효과적으로 관리한다.

3) 4등급

발음	발음·강세·리듬 및 억양이 모국어 또는 지역 특성에 따라 영향을 받고 간혹 이해하는 데 방해를 받는다.
문법	기본적인 문법구조와 문장 패턴이 독창적으로 사용되고 일반적으로 잘 조절되나, 일상적이지 않거나 예상하지 못한 상황에서는 오류가 있을 수 있으며, 드물게 의미 전달에 방해가 된다.
어휘력	공통되고 명확한 업무 관련 주제에 대한 대화는 충분한 어휘와 정확성이 있으나, 일상적이지 않거나 예상되지 않는 상황에서는 어휘력이 부족하여 자주 고쳐 말하기를 한다.

유창성	적절한 속도로 장황하게 말하여, 다시 말하는 과정이나 무의식적인 대응에 대한 공식적인 연설 시에는 유창함이 떨어지지만, 효과적인 대화를 하는 데 방해받지는 않는다. 신호단어를 한정하여 사용한다. 삽입어가 혼란을 주지는 않는다.
이해력	사용된 강세나 변화가 국제 사용자들이 충분히 알아들을 수 있는 수준이며, 공통되고 명확한 업무 관련 주제에 대한 이해력은 대체로 정확하다. 화자가 언어적 또는 상황적으로 복잡한 상태이거나 예상하지 못한 대답 상황에서는 이해력이 느려지거나 확실하게 하기 위한 방법이 요구된다.
응대 능력	대체로 즉시 응대하고 정보를 전달한다. 기대하지 않은 대화에서도 대화를 시작하거나 유지할 수 있다. 확인을 통하여 잘못 이해한 부분을 명확히 할 수 있다.

항공영어 구술능력 등급 기준(항공법규 별표19)

제4부

인맥이 없으면 알기 힘든
비행 노하우 대공개

〈입문 편〉

이 장에서는 필자의 비행 노하우를 공개한다. 처음 비행을 시작하는 예비 조종사에게 조금이나마 도움이 되고자 이 장을 마련하게 되었다. 학술교육 과정(그라운드스쿨)은 책을 보며 열심히 공부하면 어느 정도 따라갈 수 있는 반면, 실기비행 노하우는 단시간에 깨닫기가 매우 힘들다. 그리고 항공대, 한서대 등을 졸업해서 노하우를 전수받을 인맥이 있는 것이 아니라면 체크비행 시험 때 너무나 어이없이 탈락하고 만다. 그러한 초보 조종사들의 어려움 때문에 이 책을 집필하기로 결심하게 되었고 이렇게 출판을 진행하게 되었다. 개인마다 조종을 대하는 방법론이 달라서 필자의 방법이 틀렸다는 둥 잘못되었다는 둥 많은 말이 오갈 수 있지만, 이 방식으로 많은 예비 조종사들에 조금이나마 도움이 되었으면 하는 바람이다. 완전히 이해 못 하더라도, 수박 겉핥기식으로라도 각 과정 전에 미리 예습하고 비행에 임한다면 실제 상황에서도 당황하지 않는다. 체크비행 시 우수한 성적을 얻어서 부기장의 꿈에 한 발 더 다가가자.

제1장

비행 시 필수품

조종연습 허가서, 화이트카드, 항공 무선통신사, 이 세 가지를 비행 때마다 반드시 소지하고 있어야 한다. 항공 무선통신사의 경우는 교관과 학생 둘 중에 한 명만 있으면 되긴 하지만, 학생의 솔로 비행(교관 없이 단독으로 비행하는 것) 때는 학생이 반드시 항공 무선통신사 자격증을 소지하고 있어야 한다. 나안시력 1.0 이하인 학생 조종사들은 안경을 2개 이상 소지하고 있어야 한다.

- 조종연습 허가서
- 화이트카드
- 항공 무선통신사 자격증
- 안경 2개(해당자)

제2장

Three Axes of Flight

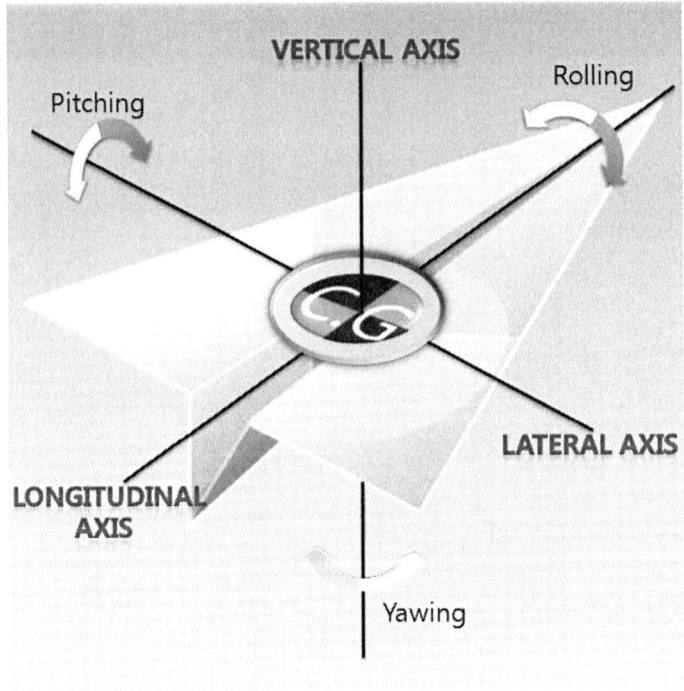

〈그림 4-1〉 three axis of airplane

항공기는 무게중심(C.G:Center of Gravity)을 지나는 세 개의 축을 중심으로 움직일 수 있는데, 이 세 개의 축을 〈그림 4-1〉과 같이 Longitudinal Axis, Lateral Axis, Vertical Axis라고 한다.

(1) Rolling

Longitudinal Axis를 기준으로 좌우로 회전하는 것을 Rolling이라고 하며 기울어진 각도는 Bank라고 한다. 예를 들어 항공기가 Longitudinal Axis를 기준으로 좌측으로 10° 기울어져 있으면 좌측 Bank가 10°라고 한다. 조종간(Yoke)으로 조작할 수 있다.

(2) Pitching

Lateral Axis를 기준으로 위아래로 회전하는 것을 Pitching이라고 한다. 비행기의 Nose(앞부분)이 들리면 +pitch이고, 비행기의 Empennage(꼬리부분)이 들리면 -pitch이다. 예를 들어 Nose가 위로 10°만큼 들려있으면 +10° pitch라고 한다. 조종간(Yoke)로 조작할 수 있다.

(3) Yawing

Vertical Axis를 기준으로 좌우로 회전하는 것을 Yawing이라고 한다. 바람이 불지 않는 상태라면 Yawing이 항공기 진행방향과 같은 방향이어야 기체에 무리가 가지 않고 안정적으로 운항할 수 있다. 바람이 불고 있다면 바람 쪽으로 Yawing이 약간 틀어진 상태로 비행하면 된다. 러더(Rudder : 발로 차는 페달 2개)로 조작할 수 있다.

더 공부해보기

Private Pilot(Jeppesen)
　　pp. 3-23 Three Axes of Flight

제3장
항공기의 기본 조작법(Yoke, Rudder)

〈그림 4-2〉 Yoke의 control

① Yoke(조종간)

1) 조작법

Yoke는 앞뒤 방향으로 누르거나 당겨서 Pitching을 Control하고, 좌우로 회전시켜서 Rolling을 Control할 수 있다. Yoke를 앞으로 push하면 pitch가 -방향으로 내려가고, 뒤로 당기면 pitch가 +방향으로 올라간다. Yoke를 좌회전시키면 Roll이 들어가서 왼쪽으로 Bank가 지게 되고, 우회전시키면 오른쪽으로 Bank가 지게 된다.

조작에 있어서 한 가지 주의할 점은, Yoke의 좌우회전은 자동차 핸들의 그것과 다르다는 것이다. 자동차 핸들의 경우 돌리는 만큼 자동차 운전방향이 비례해서 회전하게 되지만, Yoke의 경우는 좀 다르다. Yoke를 살짝만 회전시키고 기다리고 있어도 Roll이 계속 들어가서 Bank가 점점 커지게 된다. 즉 회전의 정도가 Rolling의 속도를 의미한다고 보면 된다. 원하는 Bank에 도달하면 Yoke의 회전을 즉시 풀어주어 중립으로 놔두어야 한다. 자동차 핸들은 오히려 뒤에 나오는 Rudder의 조작법과 비슷하다.

2) 잡는 법

Yoke는 왼손의 엄지, 검지, 중지 이 세 손가락으로만 가볍게 잡는 것이 원칙이다. 왼손의 팔꿈치는 왼쪽 벽이나 팔걸이에 가볍게 내려놓고 Small Correction(미세하게 Yoke를 움직이는 것)을 하는 것이 핵심이다. 〈그림 4-2〉에서 표시된 화살표 1이 가리키는 홈에 왼손 엄지손가락을 가볍게 올려놓고, 검지와 중지는 Yoke를 감싸며 화살표2가 가리키는 곳에 놓아두면 된다. 이때 검지는 Yoke 뒤쪽에 있는 마이크 작동 버튼에 올려두고 있으면 된다. 검지로 마이크 버튼을 누르면 헤드셋의 마이크가 작동해서 무선교신을 송신(Transmit)할 수 있다.

3) 원리-Aileron, elevator

〈그림 4-3〉 Aileron의 움직임

Yoke를 좌우로 회전시키면 양 날개 끝에 장착된 Aileron(에일러론)이 상하로 움직이게 된다. Yoke를 좌회전시키면 왼쪽 날개의 Aileron이 위로 올라가고 오른쪽 날개의 Aileron은 아래로 내려간다. Aileron이 날개 주위의 공기흐름을 방해하면서 결과적으로 비행기는 왼쪽으로 bank가 지게 된다. 반대로 Yoke를 우회전시키면 오른쪽 날개의 Aileron이 위로 올라가고 왼쪽 날개의 Aileron은 아래로 내려간다. Aileron이 날개 주위의 공기흐름을 방해하면서 결과적으로 비행기는 오른쪽으로 bank가 지게 된다. 〈그림 4-3〉의 경우는 왼쪽 날개의 Aileron이 위로 올라간 모습이다.

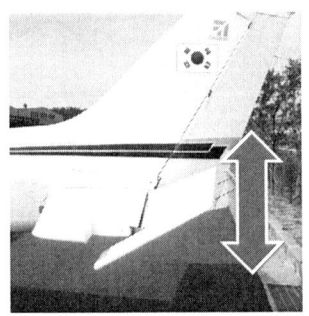

〈그림 4-4〉 elevator의 움직임

Yoke를 밀거나 당기면 항공기 꼬리 쪽의 elevator가 상하로 움직이게 된다. Yoke를 앞으로 밀면 elevator가 아래로 내려가서 공기의 흐름을 방해해 비행기의 Pitch가 아래로 향하게 한다. 반대로 Yoke를 뒤로 당기면 elevator가 위로 올라가서 공기의 흐름을 방해해 비행기의 Pitch가 위를 향하게 된다. 〈그림 4-4〉의 경우는 elevator가 위로 올라가 있는 모습이다.

Aileron과 elevator 모두 공기의 흐름을 이용하는 장치인 만큼, 항공기의 속도가 저속이라면 Aileron과 Elevator를 많이 움직여야 원하는 자세를 얻을 수 있다. 반대로 항공기의 속도가 고속이라면 Aileron과 Elevator를 조금만 움직여도 원하는 자세를 얻을 수 있다.

더 공부해보기

C172R POH
  pp. 7-7 Flight Controls
C172S POH
  pp. 7-8 Flight Controls

② Rudder

〈그림 4-5〉 Rudder Pedal

1) 조작법

Rudder를 조작하기 위해 조종석 아래쪽 발을 놓는 위치에 두 개의 페달이 위치하고 있다. Rudder의 기능은 다음과 같이 크게 3가지가 있다.

(1) 공중에서 Yawing control의 역할

이 Rudder로는 yawing을 control할 수 있다. 왼쪽 Rudder를 차면 항공기가 yaw가 왼쪽을 향하게 되고, 오른쪽 Rudder를 차면 항공기가 yaw가 오른쪽을 향하게 된다.

(2) 지상에서의 Nose gear(앞바퀴)의 회전 control

지상에 있을 때 Rudder를 차게 되면 Nose gear가 자동차의 앞바퀴처럼 좌우로 움직인다. 단 좌우 $10°$ 내로만 바퀴가 움직일 수 있어서 급한 회전을 하기에는 제한이 있다. 이때는 한쪽 브레이크를 사용하는 식으로 해서 회전해야 한다. 브레이크를 사용하면 좌우 $30°$의 회전이 가능하다.

(3) 지상에서의 Main wheels(뒷바퀴)의 Brake control

Rudder의 윗부분을 차게 되면 랜딩기어의 브레이크가 작동한다. 사용방법은 Rudder를 차는 것과 약간 다른데, 아래의 '(2)Rudder 차는 법'에 설명되어 잇다.

2) Rudder 차는 법

〈그림4-5〉의 rudder를 자세히 보면 움푹 들어간 윗부분과 튀어나온 아랫부분으로 구성된 것을 확인할 수 있다. 윗부분은 브레이크를 control하는 데 사용되고, 아랫부분은 rudder를 control하는 데 사용된다.

(1) Rudder

Rudder를 사용할 때는 발뒤꿈치를 바닥에 완전히 붙인 뒤 Rudder 페달에 살며시 양발을 얹어놓으면 된다. 양쪽 발을 각각의 Rudder 위에 부드럽게 없은 상태에서 원하는 쪽의 페달을 살며시 밀어준다. 반드시 양쪽 발뒤꿈치가 모두 바닥에 닿아야 하는 점에 유의해야 한다. 유능한 조종사의 구두 뒷부분이 닳아 있는 이유이기도 하다. 다시 한 번 강조하지만, 반드시 발뒤꿈치는 바닥에 닿아 있어야 한다. Rudder의 파인 홈에 구두의 앞부분을 끼워 넣어 발뒤꿈치가 바닥으로부터 떨어져 있으면 안 된다. 이는 가장 많이 하는 실수 중 하나이다.

(2) Brake

Brake를 사용할 때는 바닥에 붙어 있던 발뒤꿈치를 살짝 위로 뗀 후 발 앞부분으로 rudder의 움푹 들어간 윗부분을 살며시 눌러주면 된다.

3) 원리-Rudder

〈그림 4-6〉 Rudder의 움직임

Rudder는 비행기 꼬리부분의 Vertical Stabilizer(수직 안정판) 끝에 붙어 있다. Rudder는 조종사가 페달을 밟는 쪽으로 움직이게 된다.

Rudder는 공기의 흐름을 이용하는 장치인 만큼, 항공기의 속도가 저속이라면 Rudder를 많이 움직여야 원하는 자세를 얻을 수 있다. 반대로 항공기의 속도가 고속이라면 Rudder를 조금만 움직여도 원하는 자세를 얻을 수 있다.

더 공부해보기

C172R POH
    pp. 7-7 Rudder Control System
    pp. 7-12 Ground Control
C172S POH
    pp. 7-8 Rudder Control System
    pp. 7-21, Ground Control
Pilot's Handbook of Aeronautical Knowledge
    pp. 5-7 Rudder

제4장

콕핏의 계기 설명

〈그림 4-7〉 전체 Cockpit

Cockpit은 〈그림 4-7〉과 같이 복잡한 계기들로 이루어져 있다. 예비 조종 사로서 Cockpit의 계기와 조종간의 사용법 정도는 기본으로 알고 있어야 하기 때문에 Knowledge를 다루는 이 책 제4부의 처음 장으로 삼았다. 비행학교 입교 전에 충분히 예습을 하도록 하자.

1) O.A.T(Outside Air Temperature) Indicator & Digital Clock

〈그림 4-7〉 Cockpit의 왼쪽 위를 보게 되면 5개의 작은 계기를 확인할 수 있다. 가장 위쪽에 있는 것은 시계 및 외부 대기온도계(OAT : Outside Air Temperature)이다. 현재시각과 비행 시 외부 대기온도를 알 수 있다. 외부 온도가 중요한 이유는 Icing(날개 등 비행기에 얼음조각 등이 들러붙는 현상)의 위험 때문이다.

〈그림 4-8〉 날개에 얼어붙은 Icing

Icing은 비행기 표면에 생기는 Structural Icing과 엔진 내부에 생기는 Induction Icing이 있는데, 특히 Structural Icing이 날개에 생기면 양력을 반감시켜 굉장히 위험하다. Icing의 성질로는 Clear Ice와 Rime Ice로 구분할 수 있다. Clear Ice는 무색투명한 얼음조각으로 영상 3도에서 −15도 사이에서 생기는데, 상대적으로 무거워서 더 위험하다. 게다가 무색투명한 얼음조각이기 때문에 발견도 쉽지 않다. Rime Ice는 새하얀 얼음조각으로 -15도에서 -40도 사이에서 생긴다. 상대적으로 가볍지만 위험하기는 마찬가지다. Icing은 몇 초 만에도 순식간에 날개에 얼어붙을 수 있으므로 겨울에 비행할 때는 특히 주의해서 날개를 살펴야 한다. 야간에도 손전등을 이용해서 살피는 것이 좋다.

만약 OAT가 영상 3도 이하를 나타낸다면 Visible Moisture(구름이나 안개 등)에 절대 다가가서는 안 된다. 순식간에 Icing에 걸리기 때문이다.

C172R/S 항공기에는 De-icing이나 Anti-icing 장치가 없다. 중형 항공기의 경우 알코올을 프로펠러나 날개에 미리 분사해서 얼음을 방지하는 장치가 많이 이용된다. 드문 경우로, 날개에 부풀어 오를 수 있는 고무 튜브를 장착해서 Icing이 걸릴 시 튜브를 이용해 물리적으로 얼음을 깨는 경우도 있다. 대형 항공기의 경우에는 Jet Engine의 뜨거운 Bleed Air를 이용해서 얼음을 녹이는 Thermal Anti-Ice System이 일반적이다.

더 공부해보기

Pilot's Handbook of Aeronautical Knowledge
   pp. 6–37 Anti–Ice and De–Ice Systems
   pp. 11–24 Icing
Instrument Commercial(Jeppesen)
   pp. 11–36 Ice Control Systems

---

2) Fuel Quantity Indicator

〈그림 4-7〉의 1번 부분에서 가운데 왼쪽에 위치한 계기는 연료의 양을 알 수 있는 Fuel Quantity Indicator이다. C172R/S의 경우 날개 양쪽에 각 한 개

씩 연료 탱크가 있어서 계기에 양쪽 모두가 표시된다. 연료는 다음과 같은 유종을 사용한다.

- 100LL Grade Aviation Fuel(Blue)
- 100 Grade Aviation Fuel(Green)

C172 항공기의 경우 최대 56갤런의 연료가 탑재될 수 있으며, 이 중 3갤런은 비행 시 사용하지 못하는 양이다. 그래서 비행할 때는 최대 53갤런까지 사용할 수 있다. 보통 비행 시에는 44갤런의 연료를 탑재하는 게 일반적인데, 오른쪽 날개에는 26.5갤런을 가득 넣고 왼쪽 날개에는 17.5갤런만 넣는다. 양쪽에 비대칭적인 양을 사용하는 이유는 Left Turning Tendency 때문에 그러하다. 프로펠러가 하나인 항공기는 자꾸 왼쪽으로 돌아가는 특성이 있기 때문인데, 이에 관해서는 뒤에서 자세히 설명하도록 한다. 17.5갤런을 정확히 주유하려면 주유구의 Fuel filler Indicator Tab을 확인하면 된다. 이 탭의 끝부분에 기름이 살짝 닿으면 약 17.5갤런의 연료가 있는 것이니 눈으로 보고 확인할 수 있어야 한다. 그리고 오른쪽 날개에 26.5갤런을 가득 주유해도 계기에는 이보다 약간 낮은 수치가 표시되는데, 이는 오차가 발생하기 때문이다. 연료 위에 가벼운 공을 띄워서 연료를 측정하는데, 24갤런 이상에서는 공이 날개 상부 구조물에 닿아서 연료량이 늘어나도 계기가 더 이상 상승하지 못한다. 따라서 가득 채운 양은 연료 캡을 열고 눈으로 직접 확인해야 하며, 계기를 신뢰해서는 안 된다. 또한 이러한 구조적 특성 때문에 비행 중에 자세를 기울이게 되면 계기는 남은 연료량을 정확하게 표시하지 못한다.

더 공부해보기

C172R POH
    pp. 7-23 Fuel System
    pp. 8-16 Fuel
C172S POH
    pp. 7-39 Fuel System
    pp. 7-44 Reduced Tank Capacity

3) EGT(Exhausted Gas Temp) & Fuel Flow Indicator

〈그림 4-7〉의 1번 부분에서 오른쪽 가운데에 있는 계기는 EGT(Exhausted Gas Temp)와 Fuel Flow Indicator이다. EGT는 배기 가스의 온도를 측정하는 것으로, 최적의 연료 효율을 판단할 때 주로 이용된다. Fuel Flow는 시간당 사용하는 연료의 양을 나타낸다. 단위는 Gal/hr로 시간당 Gallon을 의미한다.

4) Oil Temperature & Oil Pressure Indicator

〈그림 4-7〉의 1번 부분에서 왼쪽 아래에 있는 계기는 Oil temp indicator와 Oil pressure indicator이다. 여기서 Oil은 연료가 아니라 윤활유를 의미한다. 자동차와 마찬가지로 항공기도 Oil의 온도와 압력이 중요하다. 총 9Quarts의 Oil이 탑재될 수 있고, Sump에는 8Quarts가 들어 있다. 계기를 보면 붉은색과 녹색 마킹을 볼 수 있는데, 각각 Red Line, Green Arc라고 부른다. Red Line은 한계치이며, Green Arc는 정상 범위이다. Oil temp의 경우 화씨 100~245도가 Green Arc이고, 245도 이상은 Red line이다. pressure의 경우 50~90psi가 Green Arc이고, 20psi 이하 또는 115psi 이상은 Red line이다.

Oil의 기능은 윤활·냉각·기밀·완충·방녹·청정 등 6가지가 있다. Oil이 엔진 구석구석을 계속 순환하면서 부드럽게 돌아가도록 윤활작용을 해주며 과열된 엔진을 식혀준다. 그리고 엔진 실린더 틈으로 가스 등이 누출되지 않도록 기밀작용도 해준다. 너무 격한 움직임을 방지하는 완충작용이나 녹이 스는 것을 방지하는 방녹, 기타 청결을 유지하는 청정기능도 매우 중요하다.

Oil 시스템의 경우엔 크게 Wet sump와 Dry sump로 나뉜다. Sump란 Oil이 채워져 있는 통을 의미하는데, Wet sump의 경우 통에 Oil이 채워져 있으면 중력 기반으로 자연스럽게 Oil이 아래쪽으로 흘러가서 엔진으로 공급된다. 그러나 비행기가 급격한 기동을 하거나 위아래가 뒤집힌 기동을 하게 되면 중력이 반대로 되기 때문에 Wet sump를 이용할 수 없다. 그래서 곡기비행(Aerobatic)을 많이 하는 비행기들은 별도의 pump를 이용해서 Oil을 공급하는 Dry sump 시스템을 이용한다.

C172R/S 항공기의 경우 비행기 앞쪽에 위치한 엔진이 Engine Cowl이라는 금속성 재질의 부품으로 덮여 있다. Cowl 오른편에 보면 손바닥만 한 문이 있는데, 이곳에서 Oil Dipstick으로 oil의 잔량을 확인할 수 있다. Dipstick은 기다란 쇠막대같이 생겼는데, 이를 Sump에 집어넣으면 Dipstick에 표시된 눈금에 Oil이 묻어나와 잔량을 확인할 수 있다. 정확한 측정을 위해 Sump에 넣기 전에 Dipstick에 묻어 있는 Oil을 수건 등으로 깨끗이 닦아야 한다. 최소 5 quart 이상의 Oil이 있어야 비행이 가능하며, Long Cross Country 비행의 경우 7quart는 있어야 한다.

〈그림 4-9〉 Dipstick의 이용

더 공부해보기

C172R POH
     p1-6 OIL
     p2-6 Powerplant Limitations
     p8-15 Capacity of Engine Sump
C172S POH
     p1-7 OIL
     p2-6 Powerplant Limitations
     p8-14 Capacity of Engine Sump
Pilot's Handbook of Aeronautical Knowledge
     p6-15 Oil System

5) Vacuum Gage & Ammeter

〈그림 4-7〉의 1번 부분에서 오른쪽 아래에 있는 계기는 Vacuum Gage와 Ammeter이다. 많은 비행 계기들이 자이로 등의 원리를 이용하는데, 이때 Vacuum을 동력으로 사용한다. Vacuum이란 엔진의 힘으로 공기를 계속해서 빨아들이는 것을 의미한다. Green Arc는 4.5~5.5in.Hg이다. Ammeter는 비행기 내부 배터리의 충전 상태를 나타내는 계기로, 충전 중이면 +값을, 방전 중이면 -값을 나타낸다. 비행 중에 배터리가 방전이라도 된다면 전기를 필요로 하는 모든 계기 장치들이 사용이 불가하므로, 시동이 걸려 있으면 항상 +값을 나타내야 한다. 엔진 동력으로 Alternater가 28Volt의 전압으로 배터리를 충전하고, 전기 장치들은 24Volt의 전압으로 전력을 공급받는다.

더 공부해보기

C172R POH
     pp. 2-6 Powerplant Instrument Markings
     pp. 7-34 Ammeter
C172S POH
     pp. 7-54 Ammeter

② 기장석(Pilot in command) 정면

〈그림 4-10〉 기본 6계기

1) Airspeed Indicator

기장석 정면에 보이는 6개의 대표적인 계기들을 흔히 6pack이라고 부르고, Airspeed Indicator는 이 중 왼쪽 위에 위치하고 있다. 항공기의 속도를 나타내는 계기로 단위는 노트(KT)이다. 1KT는 1시간에 1nautical mile (1nautical mile=1.852km)을 간다는 의미이다.

속도를 측정하려면 dynamic pressure의 정도를 측정하면 되는데, pitot-static system을 이용한다. pitot-static system에서 pitot tube는 비행기의 앞쪽을 향해 있으면서 바람을 직접적으로 맞아 dynamic pressure와 static pressure의 합한 값을 측정한다. 그리고 static port는 비행기의 측면을 향하면서 비행기가 앞으로 나아가면서 맞는 바람을 맞지 않으면서 static pressure를 측정한다. 즉 dynamic pressure는 pitot tube의 측정치에서 static port의 측정치를 빼면 되는 것이다.

(1) 속도의 종류

① IAS(Indicated Airspeed)

Pitot-static system을 이용해서 측정된 속도로 Airspeed Indicator에 표시되는 값이다. 여러 오류 값들도 포함하고 있는 수치이다.

② CAS(Calibrated Airspeed)

IAS에서 installation error와 instrument error를 제거한 값이다. 주로 저속인 상황에서 IAS에 오류 값이 많이 들어가게 된다. 저속에서 수평 비행하려면 피치를 위로 많이 올린 상태로 앞으로 나아가게 되는데, 그러면 pitot tube가 relative wind를 직접적으로 맞지 못하고 위로 살짝 틀어져서 맞게 되어, 실제보다 작은 pressure가 측정되어 작은 IAS 값이 나온다. 이러한 오류들을 수정한 것이 CAS다.

③ EAS(Equivalent Airspeed)

200KT 이상의 속도로 운용하는 항공기들은 비행할 때 항공기 앞의 공기가 압축된 상태로 있게 된다. 워낙 고속으로 움직여서 항공기에 부딪힌 공기가 뒤로 흘러가지 못하고 순간적으로 압축이 되는데, 그러면 pressure도 높아져서 실제보다 큰 속도가 측정된다. 이러한 오류를 CAS에서 제거한 것이 바로 EAS다. 그래서 EAS는 CAS보다 적은 값을 가지고 있다. 그러나 보통 훈련기로 사용되는 C172 같은 경우에는 저속에서 운용되므로 EAS는 필요하지 않다.

④ TAS(True Airspeed)

CAS를 altitude(고도)와 nonstandard temperature를 고려하여 수정한 값이 TAS이다. 고도가 높아질수록 공기밀도가 희박해져서 공기저항이 줄어들어 TAS는 빨라지게 된다. CAS는 이러한 고도에 따른 오류가 있기 때문에 TAS가 중요하다. ISA(sea level, 섭씨 15도, 기압 29.92inHg) 조건이라고 가정하면, TAS는 고도가 1000ft 올라갈 때마다 약 2%씩 증가한다. TAS는 Flight Plan에서 이용되므로 굉장히 중요하다.

⑤ GS(Ground Speed)

Ground Speed는 지면을 기준으로 한 항공기의 실제속도를 의미한다. TAS에서 바람의 영향을 수정해주면 GS가 나온다. 맞바람(Headwind)을 맞으며 비행기가 비행하면 GS는 감소하고, 뒤에서 부는 바람(Tailwind)를 맞으며 비행하면 GS가 증가한다.

(2) 속도계로 TAS 구하기

TAS는 Navigation에서 굉장히 중요하게 사용되는 속도이므로 비행 중에 정확한 TAS값을 구할 필요가 있다. 속도계의 왼쪽 아래에 동그란 노브가 하나 있는데, 이를 돌리면 속도계 위쪽에 판이 돌아가게 되어 있다. 판 위아래에는 PRESS ALT, TEMP라고 적혀 있는데, 이 두 가지 값만 가지고서 TAS를 구할 수가 있다. 원리는 E6B Flight Computer와 동일하다.

6개의 계기 중 오른쪽 위에 있는 Altimeter(고도계)에 노브를 돌려 기압치를 29.92Hg 또는 1013.2mb의 값을 세팅하면 Press ALT(Pressure Altitude) 값을 알 수 있다. 그리고 온도는 계기판 왼쪽 상단에 있는 OAT를 참고하면 된다.

예를 들어 pressure altitude가 6000ft이고 OAT가 30도라면, 노브를 돌려 6과 30˚가 만나도록 하면 된다. 노브를 돌리면 속도계 아래에 있는 판도 돌아가게 되는데, 이 판이 TAS를 나타낸다. 예를 들어 그림 4-3에서 계기판의 바늘이 100KT를 가리키고 있다면 TAS는 110KT가 된다.

(3) Airspeed Indicator Markings

① Green arc

속도계를 보면 녹색으로 표시된 부분을 확인할 수가 있다. 일반적인 항공기의 운용 속도를 의미하는데, 녹색 선의 시작 부분은 Vs₁(stall speed)이라고 해서, 실속에 걸리지 않으며 비행을 유지할 수 있는 최저 속도를 의미한다. 녹선 선의 끝부분은 Vno(Maximum structural Cruising Speed)라고 하는데, 노란 선과 맞닿아 있다. smooth air(급격한 바람이나 turbulence가 없는 기상 상태)가 아닌 이상 이 한계속도를 절대 넘기면 안 된다.

② White arc

흰색으로 표시된 부분은 Flap operating range인데, Flap은 날개에 있는 고양력장치를 의미한다. Flap은 자유롭게 펼치거나 접는 게 가능한데, 펼치게 되면 바람에 대해 날개의 받음각(Angle of Attack)이 커져서 같은 속도 대비 큰 양력을 만들어낸다. 저속에서 착륙을 할수록 안전하기 때문에 Flap은 착륙할 때 주로 사용한다. Flap을 사용하면 실속속도(Vs_0)도 Vs_1보다 감소하게 된다. 착륙하려고 Flap과 Landing gear를 내린 상태를 Landing configuration이라고 하고, 일반적인 순항을 위해 Flap과 Landing gear를 올린 상태를 Clean Configuration이라고 하는데, 이 Landing Configuration의 실속속도를 Vs_0라고 한다.

White arc를 벗어나 Flap을 내린 채 고속으로 운항한다면 플랩이 고장 나게 되어 있으니 주의해야 한다. 플랩을 펼친 채로 V_{FE}(Maximum speed with the flaps extended) 이상의 속도를 내지 않도록 해야 한다.

③ Yellow arc

Vno에서 Red line까지의 속도를 표시하는데, 이 속도에서는 반드시 Straight-level(직진 수평비행) 상태로만 비행해야 하며 smooth air인 기상 상태여야 한다. 또한 Maneuver(기동)는 금지된다.

④ Red line

Vne(Never Exceed Speed)를 표시하며, 절대 넘어서는 안 되는 속도이다. 이 이상 속도가 올라가면 항공기에 구조적인 문제가 발생한다.

C172R Marking	Range
White Arc	33(Vs0)~85(V_{FE})KT
Green Arc	44(Vs1)~129(Vno)KT
Yellow Arc	129(Vno)~163(Vne)KT
Red Line	163(Vne)KT

C172S Marking	Range
White Arc	40(Vs0)~85(VFE)KT
Green Arc	48(Vs1)~129(Vno)KT
Yellow Arc	129(Vno)~163(Vne)KT
Red Line	163(Vne)KT

(4) Airspeed Limitation

① V_A(Maneuvering Speed)

V_A는 비행기 구조에 과도한 하중(Load Factor)이 걸리지 않도록 하는 최대 속도이다. 그러므로 순간적으로 과도한 Load Factor가 비행기 구조에 가해지기 쉬운 gusty하거나 turbulent한 기상에서는 V_A 이하의 속도로 감속해야 한다. V_A 이하의 속도로 비행하게 되면, 과도한 Load Factor가 비행기에 걸리기 전에 Stall(실속)이 일어나서 비행기 구조를 보호할 수 있다. 비행기의 무게가 커질수록 V_A는 늘어난다. 구하는 공식은 다음과 같다.

$$V_A = V_{Amax} \times \sqrt{\frac{current\ weight}{Max.\ weight}}$$

(V_{Amax} : Max weight일 때의 V_A값 POH에 주어짐)

다시 말하면, 비행기가 가벼울수록 V_A는 줄어든다. gusty하거나 turbulent한 기상에서는 가벼운 비행기일수록 turbulence나 gust에 의한 급격한 가속에 빠지기 쉽기 때문이다.

V_A는 속도계에 따로 표시가 되어 있지 않으므로 비행 전에 미리 구해 가야한다. 비행기의 무게에 따라 값이 달라지기 때문에 몇 명의 사람이 탑승할 것인지, 연료는 얼마나 탑재할 것인지에 따라 정확히 계산해야 한다. 다만 비행 후에 연료 소비로 인해 무게가 가벼워져 V_A가 달라지니, V_A를 구할 때는 비행 후의 연료량을 가지고 계산하는 것이 좋다. 더 가벼운 무게를 기준으로

더 낮은 V_A 값으로 비행해야 더 안전하기 때문이다.

② Vx(Best Angle-of-climb speed)

항공기가 Vx의 속도로 상승하면 가장 가파른 각도로 상승할 수가 있다. 전방에 산 같은 장애물이 있어서 안전을 위해 급히 상승할 때 이용할 수 있다.

③ V_Y(Best Rate-of-Climb speed)

항공기가 V_Y의 속도로 상승하면 가장 빨리 목표 고도에 도달할 수 있다. 상승할 때 가장 많이 이용하는 속도로, 주어진 시간당 가장 높은 고도에 도달할 수 있는 이점이 있다. 상승 각도는 Vx보다는 완만한 편이다.

④ V_R

항공기의 Rotation이 일어나는 속도이다. 쉽게 말하면 이륙하기 위해 지면에서 속도를 높이며 활주하다가, V_R의 속도에 다다르면 피치를 올려 상승 자세를 잡게 되고 이내 이륙하게 된다. V_R은 이 상승 자세를 잡게 되는 속도이다. 쉽게들 이륙하려고 랜딩기어를 지면에서 떼는 순간이라고 착각을 하는데, 이것은 V_{LOF}이지 V_R이 아니다.

⑤ V_{LOF}(Lift-off speed)

항공기가 공중에 뜨는 순간의 속도로, 랜딩기어가 지면으로부터 떨어지는 순간의 속도를 의미한다.

⑥ V_1(Decision speed 또는 Critical Engine Failure speed)

V_1과 V_2는 민간 항공사의 대형 항공기에서 주로 사용하는 속도이다. V_1은 결심속도라고 하는데, 이륙을 위해 지상에서 활주하는 중 속도가 V_1에 이르기 전에 한쪽 엔진이 Fail되면 즉시 이륙을 Abort(중지)해야 한다. V_1 이후에는 한쪽 엔진이 Fail되더라도 이륙을 위한 활주를 계속하게 된다.

⑦ V_2(Takeoff Safety Speed)

이륙 후에 상공에 떠서 활주로 끝단에 도달하였을 때 지면으로부터 35ft

높이에서의 최저 안전속도이다.

속도	C172R	C172S
VA	항공기 무게(pound) 2450lbs : 99KT 2000lbs : 92KT 1600lbs : 82KT	항공기 무게(pound) 2550lbs : 105KT 2200lbs : 98KT 1900lbs : 90KT
Vx	60KT	Clean : 62KT Flap 10° : 56KT
VY	79KT	74KT
VFE	Flap 10° : 110KT Flap 10°~30° : 85KT	Flap 10° : 110KT Flap 10°~30° : 85KT
VR	55KT	55KT

더 공부해보기

C172R POH
　　　　pp. 2-4 Airspeed Limitaions
C172S POH
　　　　pp. 2-4 Airspeed Limitaions
Pilot's Handbook of Aeronautical Knowledge
　　　　pp. 7-8 Airspeed Indicator
　　　　pp. 10-27 Takeoff planning
Instrument Commercial(Jeppesen)
　　　　pp. 2-16 Airspeed Indicator
　　　　pp. 2-17 V-speed and Color Codes
Private Pilot(Jeppesen)
　　　　pp. 3-63 Maneuvering Speed

2) Attitude Indicator

자세계(Attitude Indicator)는 6개의 기본 계기 중 가운데 위쪽에 자리 잡고 있다. 푸른 부분은 하늘을 의미하고 갈색 부분은 지면을 의미한다. 그리고 가운데 주황색 선은 Miniature Airplane이라고 해서 비행기를 의미한다.

비행기의 자세가 달라질 때마다 자세계의 표시도 변하게 되는데, 다음의 〈그림 4-11〉을 참고하면 이해하기 편하다.

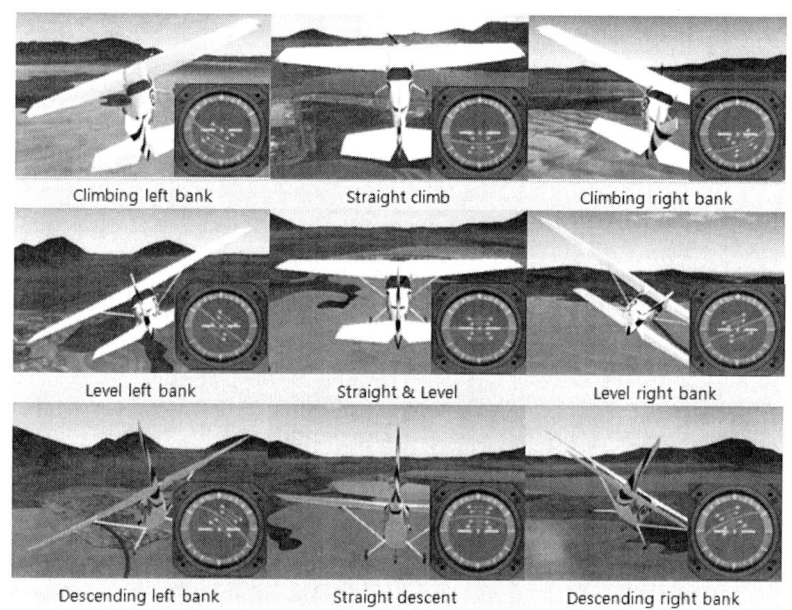

〈그림 4-11〉 Attitude Indicator의 해석

자세계는 엔진에서 동력을 얻은 Vacuum(진공 상태)로 구동되는데, Gyro(자이로)가 핵심 부품이다. 자세계는 6개의 계기 중에서 가장 정밀하며 부품 가격도 비싼 것이 특징이다. Gyro는 Vacuum으로 인해 계속 회전하게 되는데, 그러면 우주 공간에 대해서 계속 일정한 자세를 유지하게 된다 (Rigidity). 비행기가 기동을 하며 자세를 바꿔도 자세계의 Gyro는 항상 일정한 자세를 유지하므로 정확한 자세의 표시 기능을 수행할 수 있다.

자세계상의 피치의 눈금은 하나당 10도씩을 의미한다. 그리고 Miniature Airplane의 Bar 두께는 피치2 만큼을 의미한다. 이 두께를 기준으로 몇 도 피치를 움직일지 가늠하면 좋다.

뱅크량은 자세계 위쪽의 삼각형 표시로 알 수가 있는데, 작은 눈금은 10°이고 큰 눈금은 30°을 의미한다. 갈색 부분의 사선은 각각 15°와 45°를 의미한다.

왼쪽 부분에 붉은색으로 둥글게 휘어진 선이 삐져나온 것을 확인 할 수 있는데, p. 136의 〈그림 4-10〉처럼 이 Tag가 나오면 자세계가 고장 나서 신뢰할 수 없다는 의미이다. 〈그림 4-10〉은 비행기의 엔진을 끈 상태에서 찍었기 때문에 나와 있다. 비행 중에 저런 Tag가 보인다면 자세계를 신뢰해서는 안 된다.

자세계 아래의 노브를 움직이면 Miniature Airplane이 상하로 움직이게 된다. 항공기 엔진 시동 후 5분 뒤에 Miniature를 Horizon(푸른색과 갈색 부분이 맞닿은 가운데 선)에 일치시키면 된다.

최근에는 기계식인 Gyro를 이용하지 않고 Laser system을 이용한 AHRS(Attitude and Heading Reference System)가 개발되어 Glass Cockpit (전자 계기판)을 이용하는 추세이다.

더 공부해보기

Pilot's Handbook of Aeronautical Knowledge
        pp. 7-15 Gyroscopic Flight Instruments
        pp. 7-18 Attitude Indicator
Instrument Commercial(Jeppesen)
        pp. 2-5 Attitude indicator

---

3) Altimeter

Altimeter(고도계)는 6개의 기본 계기 중 오른쪽 위에 자리 잡고 있다. Altimeter는 static port로부터 항공기 외부의 기압을 측정해서 현재의 고도를 알려주는 계기이다. 고도가 높아질수록 기압이 낮아지는 원리를 이용한 것이다.

노브를 돌리면 Altimeter의 오른쪽에 있는 판이 움직이면서 기압치를 맞출 수가 있다. 가장 가까운 곳의 기압 수치를 무선으로 듣고 맞춰야 정확한 고도를 알 수가 있다. 이를 Altimeter Setting이라고 한다. 항공기 간의 충돌 방지나 Obstacle Clear(장애물 회피), 착륙 시에는 정확한 고도를 아는 것이 중요하므로 정확한 Altimeter Setting 값을 알아내는 것이 중요하다. 시간에 따라 기상의 변화로 수시로 값이 달라지므로 체크해야 한다.

(1) 항공에서 기압수치 3가지(QNH, QNE, QFE)

① QNH(barometric pressure adjusted to sea level)

QNH란 현지 기압을 해수면 높이에서의 기압으로 변환한 수치이며 가장 광범위하게 이용된다. 보통 훈련기의 Altimeter Setting 값은 바로 이 QNH를 이용한다. Q는 Q-code를 의미하고, NH는 Nautical Height라는 의미이다.

② QNE

QNE란 해당 지역의 기압치와는 상관없이 무조건 altimeter setting 값에 표준 기압치인 29.92inHg(1013.2mb)를 이용하는 것이다. 전이고도 (Transition altitude) 이상의 높은 고도에서 사용하도록 되어 있다. 참고로 우리나라와 일본은 전이고도가 14,000ft, 미국은 18,000ft이며, 유럽은 3,000에서 5,000ft 사이이다.

③ QFE

QFE란 실제 현지 기압치를 의미한다. 즉 해수면 기준에서의 기압치가 아니라 실제 공항표고에서의 기압치를 의미한다. Q는 Q-code이고, FE는 Field Elevation(지표면 높이)을 의미한다.

(2) 고도의 종류

① Indicated altitude

altimeter에 표시된 고도로, 실제와는 차이가 있을 수 있다.

② True altitude(MSL:Mean Sea Level)

평균해수면 높이로부터 측정한 고도로, 가장 일반적으로 쓰이는 고도이다. 항공 차트 등에서 많이 이용된다.

③ Absolute altitude(AGL:Above ground level)

항공기 바로 밑 지표로부터 측정한 고도이다.

④ Pressure Altitude

Altimeter Setting을 29.92inHg(1013.2mb)로 했을 때 altimeter가 나타내는 수치이다. 즉 기상이 ISA(해수면 기온15 C, 기압29,92inHg) 상태일 때의 변환치이다. 항공기의 Performance와 관련된 True Altitude, TAS(True Airspeed) 등을 계산할 때 사용된다.

공식 : PA(ft) = (29.92inHg-Current Pressure)x1000+FE

(FE : Field Elevation)

공식에서도 알 수 있듯이 기압 1inHg 당 고도 1000ft만큼 차이가 난다.

⑤ Density Altitude

Density Altitude도 항공기의 Performance와 관련되어 사용되는 고도로, 현지 기온에 맞게 Pressure Altitude를 수정한 고도치이다. 만약 지표면 기온이 15 C라면 Pressure Altitude와 Density Altitude는 값이 일치한다. 온도가 15˚C보다 높으면 Density Altitude는 커지고, 온도가 15˚C보다 낮으면 Density Altitude는 작아진다.

공식 : DA(ft) = (Current Temp-15˚)x120+PA

⑥ Cold Weather Altimeter Errors

날씨가 더우면 Altimeter가 실제보다 낮은 고도를 나타내고, 날씨가 추우면 Altimeter가 실제보다 높은 고도를 나타내게 된다. 문제는 추운 날씨인데, 실제보다 높은 고도를 Altimeter가 표시하게 되어서 지표의 장애물과 충돌할 가능성이 높아진다. 그래서 ICAO(International Civil Aviation Organization)에서는 ICAO Cold Temperature Table을 사용하는 것을 권장한다. 이 내용은 비행교육원에서 훈련할 때는 사용되지 않고 민간 항공사에서 사용되는 것이므로 참고만 하도록 하자.

⑦ Altimeter Setting 잘못했을 경우 Altimeter의 오류

Altimeter Setting을 잘못된 값을 넣었거나 주변 기압이 변할 경우 Altimeter는 올바른 고도를 지시하지 못한다. Altimeter Setting보다 기압이 높으면 Altimeter는 실제고도보다 낮은 고도를 지시한다. 반대로 Altimeter setting보다 기압이 낮으면 Altimeter는 실제고도보다 높은 고도를 지시해 지면과 충돌 위험이 있다. 쉽게 말하면 Altimeter setting 값에 큰 값을 넣으면 높은 고도를 나타내고, 작은 값을 넣으면 낮은 고도를 나타낸다.

더 공부해보기

Pilot's Handbook of Aeronautical Knowledge
　　　　pp. 7-3 Altimeter
　　　　pp. 7-6 Types of Altitude
Instrument Commercial(Jeppesen)
　　　　pp. 2-18 Altimeter
　　　　pp. 2-20 Altimeter Setting
Instrument Flying Handbook
　　　　pp. 3-5 ICAO Cold Temperature Error Table

4) Vertical speed Indicator(VSI)

6개의 주요 계기 중 VSI는 오른쪽 아래에 위치해 있다. 비행기의 상승률과 하강률을 fpm(feet per min) 단위로 표시해준다. Static port의 static pressure를 이용하는 VSI는 계기의 작동원리상 오류가 많이 나는 계기여서, 상승이나 하강 자세를 취한 후 수초 이후에 나타나는 값을 신뢰할 수 있다(계기 자체의 반응 속도가 느리다). 막 상승 하강을 시작한 단계라면 정확한 값

을 나타내지 못하므로 주의해야 한다. 또한 Level off(상승이나 하강 중이다가 직진 수평비행으로 전환하는 것)할 때 VSI를 참고하면 안 된다. 오차가 심하기 때문이다. 따라서 Level off 할 때는 Altimeter를 보며 level이 잘 잡혔는지 봐야 한다.

더 공부해보기

Pilot's Handbook of Aeronautical Knowledge
　　　pp. 7-7 Vertical Speed Indicator
Instrument Commercial(Jeppesen)
　　　pp. 2-21 Vertical Speed Indicator

5) Directional Gyro(Heading indicator)

6개의 기본 계기 중 가운데 아래에 위치해 있는 나침반 역할을 하는 계기이다. p. 129의 〈그림 4-7〉에서 4번으로 표시된 부분에 나침반이 있기는 하지만, 요동치는 항공기 안에서 나침반을 효과적으로 이용하기엔 무리가 따른다. 그래서 Directional Gyro라는 계기가 개발되었다. 원리는 Attitude Indicator와 같이 Gyro를 이용한다. Gyro는 우주 공간에 대해 일정 자세를 유지하기 때문에 요동치는 나침반보다 훨씬 정확한 방향 정보를 제공할 수 있다.

항공기 엔진에 시동이 걸리면 gyro에 vaccuum 동력이 전달되어 Directional Gyro가 작동하게 된다. 이때 Directional Gyro의 왼쪽 노브를 돌려서 나침반과 일치시켜주어야 한다.

오른쪽에 있는 노브로는 Heading Bug를 움직일 수 있다. 주황색의 뭉툭한 화살표 모양으로 생겼는데, Directional Gyro의 방위 위에서 특정 방위를 표시해주는 역할을 한다. 선회를 시작하기 전에 가려고 하는 목표 방위에 Heading Bug를 미리 돌려두고 선회를 해야 한다.

Gyro는 우주 공간에 대해서 일정한 자세를 유지하므로 지구의 자전을

Directional Gyro는 반영하지 못한다. 따라서 매 15분마다 나침반을 보고 Directional Gyro를 계속 수정해주어야 한다. 수정할 때는 Straight and level flight(직진 수평비행)할 때만 가능하다. 그렇지 않으면 나침반이 요동쳐서 정확한 방위를 알기 힘들기 때문이다. Glass cockpit같이 전자계기를 쓰는 최신 항공기들은 Flux valve라는 장치를 가지고서 지구의 자기장을 탐지해 매 순간마다 Diretional Gyro를 자동으로 수정해준다. G1000 장비를 가진 C172S는 날개에 Flux valve가 장치되어 있다.

더 공부해보기

Pilot's Handbook of Aeronautical Knowledge
    pp. 7-20 Heading Indicator
Private Pilot(Jeppesen)
Instrument Commercial(Jeppesen)
    pp. 2-7 Heading Indicator

---

6) Turn Coordinator & Inclinometer

Turn Coordinator는 6개의 기본 계기 중 왼쪽 아래에 위치하고 있다. Turn Coordinator도 gyro를 이용하지만 Attitude indicator와 Directional Gyro와는 다르게 Vacuum 대신 전기를 동력으로 이용한다.

전기로 구동되는 Gyro는 약간 기울어져 설치되어 있어서 Rate of turn(선회의 질 : 시간 당 선회하는 각도)과 선회 방향을 감지할 수 있다. Bank의 정도는 감지하지 못한다.

Miniature airplane이 기울어져서 L과 R 바로 위의 눈금에 날개가 다다르게 되면, 이는 Rate of turn이 Standard-rate turn이라는 뜻이다. Standard-rate turn은 1초당 3°의 선회를 하는 것을 의미한다. 즉 1분에 180°만큼 선회하고, 2분이면 한 바퀴를 돌 수 있다. 그래서 자세히 보면 Turn Coordinator 아래에 2 MIN.이라고 쓰인 것을 확인할 수 있다.

선회를 할 때 이 Standard-rate turn이 많이 쓰이는데, 선회할 때 Bank를 다음과 같이 하면 된다.

$$\text{Angle of bank} = \frac{TAS}{10} + 5$$

C172R/S의 경우 대략 15 의 Bank를 유지하면 된다. 비행기 기종에 따라 위의 공식의 5는 7이 될 수도 있는데, 더 자세히 공식을 풀어보면 다음과 같다.

$$\text{Angle of bank} = \frac{TAS}{10} + (\frac{TAS}{10}) X \frac{1}{2}$$

Turn Coordinator의 아래 부분을 보면 등유가 차 있는 유리관에 검은색 볼 하나가 들어 있는 것을 볼 수 있다. Inclinometer라는 장치인데, 항공기의 Slip/Skid를 알 수 있다. Slip/Skid는 선회할 때 러더가 잘못 사용되어 Yaw가 틀어지면 생기는 현상이다. 비행할 때는 항상 이 볼의 움직임을 눈여겨보면서 왼쪽으로 볼이 튀면 왼쪽 러더를, 오른쪽으로 볼이 튀면 오른쪽 러더를 차주면 된다. 즉 볼이 항상 가운데에 있게 하는 것이다. 볼 안의 등유에 공기방울 같은 불순물이 들어 있으면 안 되며, 지상에서 miniature airplane은 항상 수평을 유지하고 볼은 가운데에 있어야 한다.

더 공부해보기

Pilot's Handbook of Aeronautical Knowledge
　　　pp. 7-17 Turn Coordinator
Instrument Commercial(Jeppesen)
　　　pp. 2-8 Turn Indicator

7) Annunciator Panel

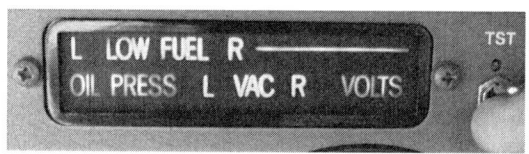

〈그림 4-12〉 Annunciator Panel의 Test

Annunciator Panel은 altimeter 바로 위에 있는 직사각형 모양의 전자식 패널이다. 항공기에 이상이 있을 때 조종사에게 다음과 같이 4종류의 경고 메시지를 표시해준다.

L LOW FUEL R

LOW VOLTS

LOW OIL PRESSURE

LOW VACUUM

(1) L LOW FUEL R

연료가 부족할 때 나오는 메시지로서 노란색으로 표시된다. C172R/S에는 연료 탱크가 양쪽 날개에 각 한 개씩 있는데, 각 탱크마다 5gal 이하의 연료가 60초 이상 지속될 때 메시지가 뜬다. 왼쪽 연료 탱크가 부족하면 L LOW FUEL이라고 표시되고, 오른쪽이 부족하면 LOW FUEL R이라고 표시된다. 한쪽 탱크의 연료가 많이 남아 있다면 cockpit 바닥 가운데에 있는 Fuel Selector Valve를 이용해서 한쪽 연료 탱크만 사용할 수가 있다. 단 Straight and Level Flight(직진 수평비행)인 경우만 가능하다.

(2) LOW VOLTS

항공기의 voltage가 24.5 volts 이하로 유지되면 나오는 메시지로서 붉은 색으로 표시된다. 다음과 같이 수행하면 된다.

① Avionics Master Switch - off

② Alternator Circuit Breaker - check

③ Master Switch - off

④ Master Switch - on

⑤ Low Volts Annunciator - check

⑥ Avionics Master Switch - on

그래도 Low Volts 나타난다면

⑦ Alternator - off

⑧ 불필요한 Radio & equipments - off

⑨ 가능한 한 빨리 Landing

(3) LOW OIL PRESSURE

Oil의 압력이 20psi일 때 나타나는 메시지로서 붉은색으로 표시된다. 이 경우에는 해결책이 다음 두 가지의 경우로 나뉜다.

① Oil Pressure Indicator의 수치가 낮고, Oil temperature Indicator는 정상 범위일 때 - 계기 센서 고장이나 Relief valve 등의 고장이므로 가까운 공항에 빨리 Landing하기

② Oil Pressure Indicator의 수치가 Total Loss(아예 0값)이고, Oil temperature Indicator가 높은 수치일 때 - 곧 Engine Failure 상황이 닥치니 power 즉시 줄이고 최소한의 power로 주변에 착륙하기 좋은 위치를 찾기

(4) LOW VACUUM

Vacuum의 압력이 3.0inHg 이하일 때 나타나는 메시지로서 노란색으로 표시된다. Vacuum이 없으면 Directional Gyro와 Attitude Indicator도 작동을 멈춘다.

Annunciator Panel 오른쪽에 보면 TST, BRT, DIM 중 하나를 선택할 수 있는 스위치가 하나 있다. 이 스위치의 용도는 다음과 같다.

• TST(Test) : 비행을 하기 전에 하는 Pre-Flight Inspection에서 사용하는 것으로, 패널에 불이 잘 들어오나 테스트하는 스위치이다.

- BRT(Bright) : 일반적으로 이곳에 스위치가 가 있어야 한다. 패널 불 밝기를 밝게 세팅할 때 사용한다.
- DIM(Dim) : 패널의 불 밝기를 어둡게 세팅하는 것으로 야간비행 때 사용한다.

더 공부해보기

C172R POH
  pp. 3-21 Low Oil Pressure
  pp. 3-23 Insufficient Rate of Charge
  pp. 7-20 Engine Instrument
  pp. 7-25 Fuel Indicating
  pp. 7-26 Fuel Selector Valve
  pp. 7-35 Low Volatage Annunciation
  pp. 7-43 Vacuum System and Instruments
C172S POH
  pp. 3-35 Low Oil Pressure
  pp. 3-37 Insufficient Rate of Charge
  pp. 7-32 Engine Instrument
  pp. 7-39 Fuel Indicating System
  pp. 7-45 Fuel Selector Valve
  pp. 7-55 Low Volatage Annunciation
  pp. 7-65 Vacuum System and Instruments

8) Tachometer

〈그림 4-13〉 Tachometer

VSI 바로 아래에 있는 계기가 바로 Tachometer이다. 프로펠러의 회전수를 rpm(revolution per min) 단위로 나타낸다. 이 rpm 수치는 엔진의 파워와 관련이 있다고 생각하면 간단하다. 기본적으로 Throttle(두 조종간 사이에 있는 검은 손잡이 모양 : 자동차의 가속 페달 역할임)을 넣고 뺌에 따라서 rpm이 증감하게 된다. 다음은 상황별로 많이 쓰이는 rpm 기준이다.

	C172R	C172S
Green Arc (Normal Operating)	1900 to 2400 rpm	2100~2700 rpm
Red Line	2400 rpm	2700 rpm
Climb (보통 80KT)	rpm 상관없이 무조건 Full Power (100ft 이상 상승 시)	rpm 상관없이 무조건 Full Power (100ft 이상 상승 시)
Straight & level flight (날씨에 따라 rpm 유동적임)	2100±50 rpm (95KT cruise의 경우)	2350±50 rpm (100KT cruise의 경우)

	C172R	C172S
Descent (보통 100KT)	1500rpm 으로 Power 줄임 (하강 시 red line 넘지 않도록 주의)	1500~1800rpm 으로 Power 줄임 (하강 시 red line 넘지 않도록 주의)

특히 C172S의 경우 2700 rpm이 넘으면 프로펠러의 끝부분(Prop wingtip)의 움직이는 속도가 음속(약330m/s)을 돌파하게 된다. 음속을 돌파하는 순간 공기저항이 급격하게 상승하므로 프로펠러에 과도한 힘이 가해지게 된다. 따라서 2700 rpm(red line)을 절대로 넘지 않도록 주의해야 한다.

Tachometer의 아래 부분을 보면 시간이 기록되는 부분이 있다. 엔진이 가동될 때마다 계기에 있는 숫자가 늘어나게 된다. 단위는 Hour지만 일반적인 시간개념과는 다르다. 엔진 회전수에 비례해서 늘어나는 단위이니 주의해야 한다. 일정 시간이 지나면 항공기 엔진 정비를 반드시 해야 하므로, 정확한 수치를 매 비행 전후 모두 기록해야 한다.

(1) C172R/S의 엔진

C172는 R(Romeo) 버전과 S(Sierra) 버전 모두 IO-360-L2A라는 엔진을 사용한다. 각 알파벳의 의미는 다음과 같다.

I : Fuel Injection System을 장착한 엔진이라는 뜻이다. C172의 엔진은 reciprocating engine(왕복 기관)인데, Carburetor와 Fuel Injection 이렇게 두 가지 방식이 있다.

• Carburetor 방식의 원리

Carburetor는 연료와 공기가 혼합되는 큰 통을 의미한다. 여기서 공기와 혼합된 연료는 combustion chamber로 유입되어 연소된다. 처음 공기가 Carburetor로 유입되면 폭이 좁은 통로인 Venturi를 지나게 된다. 빠르게 흐르는 공기가 좁은 Venturi를 지날 때 공기의 흐르는 속도는 빨라지고 압력은 낮아진다(Venturi effect). 연료가 저장되어 있는 Float chamber는 가느다란

관으로 Venturi에 연결되어 있는데, Float chamber는 항상 외부 기압이 유지되고 있다. Venturi의 압력이 공기가 흐르면서 낮아지면 압력차로 인해서 Float Chamber의 연료가 자동으로 Venturi에 유입되며 공기와 연료가 서로 섞이는 것이다.

• Carburetor 방식의 단점

Carburetor 방식은 단순한 구조로 연료와 공기를 혼합할 수 있지만 Carburetor ice라는 문제점이 있다. 연료가 공기와 섞이는 과정에서의 연료 증발과 Venturi의 낮은 압력으로 인해 온도가 급격히 떨어져 Carburetor 내부에 얼음이 눌러 붙는 것이다. 이 얼음은 엔진의 rpm을 떨어뜨리고 Throttle(엔진의 파워를 조절하는 장치)에 연결된 장치들에도 엉겨 붙어 위험한 상황을 일으킬 수 있다. 주로 외부 기온이 21℃ 이하이고 상대습도가 80% 이상일 때 이 Carburetor ice가 생길 확률이 크다. 이러한 Carburetor ice를 제거하기 위해 칵핏에서 Carburetor Heat 밸브를 열면 뜨거운 배기가스를 외부 공기와 혼합해 Carburetor로 공급해 얼음을 녹일 수 있다. Carburetor Heat을 사용하면 rpm이 살짝 줄었다가 얼음이 녹으면서 rpm이 다시 증가하게 된다. 하지만 Carburetor Heat의 원리가 배기가스를 다시 엔진으로 유입하는 것이므로 엔진의 출력을 줄어들게 만든다. 그래서 이륙 시에는 사용하지 못하고 조작법도 까다로운 단점이 있다.

• Fuel Injection

Carburetor Ice의 단점을 보완하기 위해 개발된 것이 Fuel Injection System이다. Fuel Injection system은 연료 공급을 위한 Carburetor 자체가 없다. 쉽게 말하면 연소가 일어나는 엔진의 실린더에 펌프가 직접 뿌려주는 구조이다.

➡ Fuel Injection의 장점
   ① Icing의 위험이 없다.
   ② 정확한 양의 연료를 펌프가 뿌려주기 때문에 연비가 좋다.

③ 엔진의 Horse Power(마력)이 좋다.

④ 운용 온도가 낮다.

⑤ 엔진 수명이 길다.

⑥ fuel flow가 좋다.

⑦ Throttle 반응속도가 빠르다.

⑧ Mixture(연료 혼합) control이 정교하다.

⑨ 여러 개의 실린더에 각각 같은 양의 연료를 공급할 수 있다.

⑩ 추운 날씨에서도 시동이 잘 걸린다.

➡ Fuel Injection의 단점

① 날씨가 더울 때 연료가 기화되어 Vapor Lock(기화된 공기방울이 연료 관을 막는 현상) 현상을 일으켜 시동이 잘 안 걸리게 한다. 그래서 시동을 걸기 위한 전기구동 펌프가 추가로 필요하다.

- O : Opposed-Piston Engine을 의미한다. 연료의 연소가 일어나는 실린더들이 가로로 누워 있는 형태로 좌우에 쌍으로 존재한다(자동차의 경우는 실린더가 수직으로 세워져 있는 것이 일반적이다). 세스나는 실린더가 총 4개여서 4기통 엔진인데, 앞 열에 2개, 뒤 열에 2개가 가로로 눕혀져 있다. 이 Opposed-Piston Engine은 상대적으로 작은 크기의 엔진과 가벼운 Crankcase(엔진 부품 중 하나)로 높은 Horse Power(마력)를 얻을 수 있다.

- 360 : 360 cubic inches를 의미한다(cc 단위로 표현하면 약 5800cc). 피스톤이 1행정(피스톤이 위아래로 한번 움직이는 것)하는 동안에 소비되는 가스의 부피를 의미한다.

- L : 항공기 앞에서 봤을 때 왼쪽으로 회전하는 프로펠러를 의미한다.

- 2 : 2개의 blade가 있는 프로펠러를 의미한다.

(2) Horse Rating and Engine speed

- C172R : 160BHP(Brake Horse Power: 브레이크를 걸어놓고 엔진의 힘을 측정하는 단위로서 제동마력이라고도 한다) at 2400 rpm
- C172S : 180BHP at 2700 rpm

(3) Static RPM

Static RPM이란 항공기가 지상에서 정지한 상태로 낼 수 있는 엔진의 최고 rpm을 의미한다. C172R는 2060~2160 rpm이고, C172S는 2300~2400 rpm이다.

(4) 4행정

IO-360-L2A 엔진은 4행정 기관이다. 즉 엔진의 피스톤이 한 번 움직일 때마다 Intake, Compression, Power, Exhaust. 이렇게 총 4단계를 거쳐 연소된다. Intake 단계에서는 intake valve가 열려 연료가 섞인 공기가 들어오게 된다. 다음 Compression 단계에서는 들어온 공기를 압축하고, Power 단계에서 spark plug가 불꽃을 전기적으로 점화하여 연료를 연소시킨다. 그리고 마지막으로 Exhaust 단계에서는 연소가 끝난 가스를 exhaust valve를 열어 방출하게 된다.

(5) Engine Cooling System

엔진이 연소를 계속하면 열이 발생하고 시간이 지나면 과열되기 마련이다. 엔진이 과열되면

① 출력이 낮아지고,

② 엔진오일의 양이 줄어들고,

③ Detonation(연소가 Spark plug에 의해 일어나지 않고 높은 온도와 압력으로 인해 자연적으로 발화되어 연소되는 현상. 엔진이 과열되거나 규정보다 낮은 등급의 연료를 사용하였을 때 발생한다. Knocking이라고도 한다)이 발생하고,

④ 엔진 부품에 악영향을 미치게 된다.

엔진오일이 엔진 내부를 순환하며 어느 정도 엔진을 식혀주기는 하지만 이로는 충분치 않다. 그래서 외부 공기를 이용해 엔진을 식히는 공랭식 엔진이나 엔진 내부의 냉각수를 이용하는 수랭식 엔진을 사용해야 하는데, C172R/S는 공랭식 엔진을 사용한다.

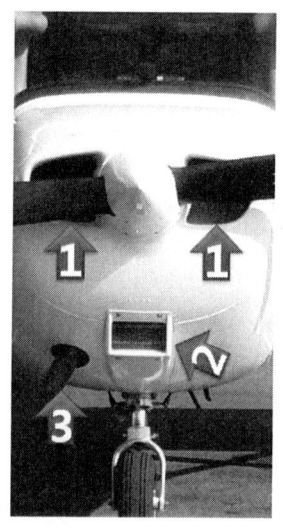

〈그림 4-14〉 C172R의 정면

〈그림 4-14〉에서 1번 화살표가 표시하는 프로펠러 바로 뒤에 있는 Intake는 엔진을 냉각시키기 위해 공기를 들이는 통로이다. 참고로 2번 화살표(air inlet : 필터가 있어서 불순물이 엔진 안으로 들어가는 것을 방지함)로 들어간 공기는 엔진 내부로 들어가 연료와 함께 연소되고, 3번 화살표(Exhausted Gas Muffler)로는 연소된 가스가 배출된다.

항공기가 빠르게 움직여야 Air Inlet 안으로 많은 공기가 들어가서 효과적으로 엔진을 식혀줄 수 있는데, 만약 그렇지 못하고 항공기의 속도가 느리다면 엔진이 과열될 수 있다. Takeoff(이륙), Go-Around(착륙을 포기하고 바로 상승함)같이 저속에서 높은 엔진파워를 유지하는 기동은 엔진의 과열을 불러올 수 있다.

반대로 빠른 스피드와 낮은 엔진파워를 유지하는 기동은 엔진의 과냉각을 불러일으킨다. 특히 파워를 IDLE(Throttle을 다 잡아당겨서 최저의 엔진 출력을 유지하는 것) 상태로 하강할 때는, 고속이어서 Air Inlet으로 많은 공기가 들어오지만 엔진은 IDLE 상태이므로 Shock cool engine이 될 수 있다. 그래서 이러한 상황에서는 1000ft 하강할 때마다 한번씩 Throttle을 앞으로 밀어 넣었다가 다시 IDLE로 해야 한다.

C172R/S 항공기에는 없지만 규모가 더 큰 항공기에는 Cowl Flap이라는 장치가 있다. 열고 닫을 수 있는 별개의 Air Inlet이라고 생각하면 된다. 엔진이 과열됐을 때는 이 Cowl Flap을 열어서 엔진을 식혀줄 수 있다.

C172R/S처럼 Cowl Flap이 없을 경우에는

① Throttle을 잡아당겨 엔진파워를 줄이고,

② Mixture(연료의 농도를 조절하는 장치)를 enrich(연료 농도를 고농도로 함)시키고,

③ 하강하여 속도를 증가시키면 된다.

(6) C172R/S의 프로펠러

C172R/S 항공기의 프로펠러는 2개의 blade가 있고, blade의 각도가 변하지 않는 Fixed pitch이다. 알루미늄 재질로 제작되었으며 지름은 76inch이다.

프로펠러를 자세히 보면, 프로펠러 중심으로부터 끝부분까지 Twist된 것을 확인할 수 있다. 프로펠러의 위치마다 angle of incidence를 달리한 것이다. 이는 blade의 모든 길이에 대해서 일정한 추진력을 얻기 위한 디자인이다. 왜냐하면 프로펠러 중심에 가까운 blade 부분은 저속으로 회전하고 프로펠러 끝부분의 blade는 고속으로 회전하기 때문에, angle of incidence를 달리해줘야 blade 전 부분에서 고루 일정한 추진력을 얻을 수 있기 때문이다.

항공기의 시동이 꺼졌을 때 절대 장난으로 프로펠러를 돌리면 안 된다. 예

비 조종사의 대부분이 이러한 장난을 쳐보고 싶어 하는데, 굉장히 위험한 행동이다. 시동이 꺼진 상태에서 프로펠러를 돌리면 갑자기 시동이 걸릴 확률이 매우 크다. 미국에서는 이러한 장난으로 사망사고도 있었으니 주의해야 한다.

(7) Pre-ignition & Detonation

• Detonation

연소가 Spark plug에 의해 일어나지 않고 높은 온도와 압력으로 인해 자연적으로 발화되는 현상을 의미한다. 망치로 때리듯 큰 소리가 나기 때문에 Knocking이라고도 불린다. Detonation이 엔진의 실린더 내부에서 일어나게 되면 과도한 열과 압력으로 엔진에 무리가 가게 되고

① overheating(과열)

② roughness(엔진이 매끄럽게 작동하지 않는 현상)

③ loss of power를 유발하게 된다.

Detonation의 원인으로는

① 규정보다 낮은 등급의 연료 사용

② 과열된 엔진(이륙같이 낮은 속도에서 높은 power setting인 상황)

③ 높은 power setting에 비해 극도로 lean한 mixture setting(공기 중에 연료를 너무 조금만 혼합한 것) 등이 있다.

만약 이륙이니 상승 자세에서 Detonation이 의심된다면,

① pitch를 살짝 내려서 속도를 높이고

② Cowl Flap이 있다면 열어주고,

③ Mixture(연료의 농도를 조절하는 장치)를 enrich(연료 농도를 고농도로 함)시켜서 엔진을 냉각시켜야 한다.

• Preignition

Preignition은 글자 그대로 연료혼합 공기가 발화될 timing 이전에 먼저 발

화되는 현상을 말한다. 연료가 불완전 연소되어서 검은 Carbon deposit(탄소 찌꺼기) 등이 실린더에 남아 있으면 preignition 현상이 자주 발생한다.

preignition이 발생하면 연소가 되어야 할 정확한 시점에 연소가 되지 않고 엔진의 움직임에 방해가 되므로

① 엔진 출력이 떨어지고,

② 엔진 온도가 상승한다.

Detonation과 Preignition 모두 같은 환경에서 발생하기 때문에 주로 둘 다 동시다발적으로 일어나게 된다. 이 둘을 구분하는 것은 쉽지가 않다. 그리고 Preignition이 발생할 때의 대처법은 detonation과 같다.

C172R/S의 POH(Pilot's Operating Handbook)에는 preignition의 원인인 Carbon deposit을 제거하는 procedure가 있다. LEANING FOR GROUND OPERATIONS라고 명명되어 있는데, 이 방법을 사용하면 실린더 내부의 Carbon deposit을 말끔히 청소할 수 있다. 주로 시동을 켜자마자 바로 지상에서 하는 것이 좋다. 절차는 다음과 같다.

LEANING FOR GROUND OPERATIONS

① Throttle을 밀어 넣어 엔진파워를 1200rpm으로 맞추기

② Mixture로 leaning을 하여 rpm이 최대가 될 때까지 하기

③ Throttle을 다시 당겨서 엔진파워를 800~1000rpm으로 감소시키고 기다리기

시동을 걸고로 파워를 세팅한다. 그러나 위의 절차에서는 1200rpm이라는 비교적 높은 파워 세팅을 이용하므로 예열이 필요한 겨울철에 Ground Leaning을 이용하면 일석이조의 효과를 얻을 수 있다.

(8) Supercharger & Turbo-supercharger

소형 비행기에 장착되어 있는 왕복 기관엔진(reciprocating engine)은 엔진의 출력 자체가 그리 높지 않고 고도가 높아질수록 연소할 산소의 농도가 희박해지기 때문에, 대형 비행기에는 효과적이지 못하다. 하지만 이러한 문

제들을 Supercharger나 Turbo-supercharger를 이용함으로써 해결할 수 있다. 이 장치들은 C172R/S에는 없지만, 많은 다른 항공기에서 사용하고 있고 시험에도 자주 나오니 공부해두는 것이 좋다.

• Supercharger

Supercharger는 엔진의 동력을 이용한 air pump나 compressor를 이용해 평소보다 더 많은 공기를 엔진에 주입해준다. 외부 기압보다 더 높은 압력으로 엔진에 산소를 공급해주기 때문에 엔진의 출력이 높아지고 더 높은 고도에서 효과적으로 비행할 수가 있다. C172R/S의 service ceiling(운용 가능한 가장 높은 고도)은 14,000ft인데, Supercharger를 사용하는 다른 항공기는 이보다 더 높은 고도에서 비행이 가능하다.

Supercharger에는 MAP(Manifold Pressure Gauge)라는 계기가 칵핏에 따로 설치되어 있어서 엔진에 들어가는 공기의 압력을 측정할 수 있다. 보통 해수면에서의 평균기압이 29.92inHg이다. 그런데 고도가 1000ft씩 높아질수록 보통 1.00inHg씩 대기압이 줄어든다(엔진에 들어가는 산소의 양이 줄어든다는 뜻). 그러나 Supercharger를 사용하는 항공기는 엔진 동력으로 엔진에 흡입되는 공기를 압축해서 엔진에 넣어주기 때문에, MAP 계기에서 외부 대기압보다 더 높은 압력의 공기를 주입해주는 것을 확인할 수 있다.

• Turbocharger

Turbocharger는 supercharger의 단점을 보완한 기기이다. supercharger는 공기를 압축할 때 엔진 동력을 사용하기 때문에 엔진외 출력이 낮아지는 특성이 있다. 그러한 단점을 보완하기 위해 Turbocharger는 공기를 압축시킬 때 엔진의 동력을 이용하지 않고 방출되는 배기가스의 동력을 이용한다. 방출되는 배기가스가 지나는 통로에 Fan을 설치해 동력을 얻는 것이다. 이러한 Turbocharger는 Manifold pressure를 30inHg 까지 상승시킬 수 있다.

9) ★Cross Check(6Packs+Tachometer)

계기들이 의미하는 바를 정확이 이해하는 것도 중요하지만 계기들이 표시하는 수치들을 빠른 시간 안에 캐치하는 것 또한 파일로트의 중요한 기술이다. 최대한 빠른 시간 내에 6Pack 계기들을 파악해야 하는데, Analog 계기를 이용하는 Conventional cockpit의 경우에는 2초, Electronic Display를 이용하는 Glass cockpit의 경우에는 1초 이하이다. 이렇게 단시간 안에 계기의 수치를 해석해야 하는데, 이를 Cross Check라고 한다. 비행마다 늘 Cross check를 계속 반복해야 한다.

(1) Cross Check Techniques

① ★V Cross Check

처음 비행을 시작하는 학생 조종사에게 가장 효과적인 Cross Check 방법이므로, 처음 비행교육원에 입과하는 자가용 과정 훈련생에게 추천된다. 비행은 바깥풍경을 참조하며 비행하는 VFR(Visual Flight Rules)과 저시정 상황에서 계기만을 의존하며 비행하는 IFR(Instrument Flight Rule), 이렇게 두 가지로 나눌 수 있는데, V cross check는 VFR 비행에서만 사용할 수 있다. 자가용 조종사 비행 과정은 VFR 비행만 진행하므로 V cross check만 제대로 할 줄 알아도 자가용 조종사 자격 취득에 문제가 없다.

V cross check의 방법은 다음과 같은 방식으로 2초 안에 수행해야 한다.

바깥풍경→Airspeed Indicator→Directional Gyro→Altimeter
+ 가끔씩 여유 있을 때 Turn Coordinator의 ball 봐주기

→ Attitude Indicator는 바깥풍경을 보면서 어느 정도 파악하는 것이 가능하므로 Airspeed Indicator, Directional Gyro, Altimeter만 빠르게 체크하는 것이다.

→ 다만 선회기동 등 항공기의 bank가 중요한 상황에서는 자세계를 한 번씩 봐주는 것이 필요하다.

→ VSI(Vertical Speed Indicator)는 자가용 조종사 과정에서는 자주 이용되지 않으므로 참고하지 않아도 무방하다.

→ V cross check의 경우 가장 많이 실수하는 것은 바로 Yawing이다. Cross Check 중에 Turn Coordinator를 확인하지 않기 때문이다. 그래서 따로 간간이 Ball을 확인해주는 것이 필요하다. 또한 Rudder 차는 양을 비행 때마다 머리에 각인시키는 것이 필요하다. C172R/S같은 왕복 기관엔진을 탑재한 항공기는 Yaw가 자꾸 왼쪽으로 틀어지는 경향(Left turning tendency)이 있어 오른쪽 Rudder로 받쳐줘야 하는 경우가 많다(상승, 이륙 또는 착륙을 위해 approach하다가 활주로 바로 위

에서 기수를 들어 Flare하는 것 등). Rudeer는 고속일 때는 민감하게 control되지만 저속에서는 둔해서 많이 차줘야 한다는 것도 유념해야 한다. 이러한 기술들을 많이 연습해서 볼을 안 보고서 비행기의 자세가 바뀔 때마다 감으로 러더를 차는 능력이 필요하다. 처음에는 이게 어렵게 느껴지겠지만, 자꾸 Ball을 보며 비행 때마다 연습하면 약100시간의 비행 후에는 자연스럽게 몸에 익혀진다.

→ Tachometer의 rpm도 Throttle의 밀어넣는 양과 엔진의 소리를 듣고 감으로 캐치할 수 있는 능력을 차차 길러야 한다. Ball과 rpm만 감으로 잘 익혀두면 Cross check할 때에 Tachometer에 큰 신경을 쓰지 않아도 되어, 적은 업무 부담으로 Cross Check를 수월하게 할 수 있다.

② Selected Radial Cross Check

Cross Check를 할 때 80~90%의 비중을 Attitude Indicator에 두고 나머지 계기는 quick glance(힐끗 보기)로 확인하는 방법이다. 주로 IFR (Instrument Flight Rule) 비행 과정에서 사용한다.

③ ★Rectangular Cross Check

Cross Check를 할 때 6Pack 계기들을 시계방향 또는 반시계방향으로 전부 확인하는 방법이다. 주로 IFR(Instrument Flight Rule) 비행 과정에서 사용한다. Cross Check하는 순서는 다음과 같다.

Attitude Indicator→Airspeed Indicator→Turn Coodinator→Directional Gyro→Vertical Speed Indicator→Altimeter

→ 업무의 부담을 줄이기 위해서 활용도가 낮은 Turn coordinator와 VSI(Vertical Speed Indicator)는 가끔 빼먹어도 무방하다.

④ Glass Cockpit(Electronic Display)에서의 Cross Check

Analog Instrument가 있는 Conventional Type Cockpit과는 달리 전자식 LCD 화면을 이용하는 Glass Cockpit의 Cross check는 숙련된 조종사라면 1초 안에 모든 계기를 Cross Check할 수 있을 정도로 업무 부담이 덜하다.

Glass Cockpit의 경우 일반적으로 6pack 계기들의 배치는 다음과 같다. 해석하는 방법은 Glass Cockpit만을 설명하는 다른 장에서 설명되어 있으므로, 이 페이지에서는 계기들의 위치와 Cross Check 방법만을 알아보자.

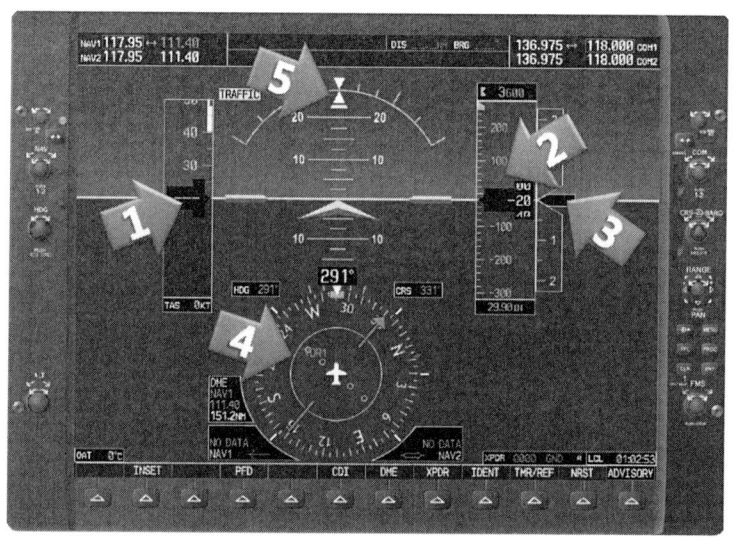

1 : Airspeed Indicator
2 : Altemeter
3 : VSI(Vertical Speed Indicator)
4 : Directional Gyro
5 : Ball

〈그림 4-15〉 Glass Cockpit

Cross Check 순서는 다음과 같다.

Airspeed Indicator→Altimeter→Directional Gyro→Ball

Attitude Indicator는 위의 4개의 어느 계기를 보든지 함께 볼 수 있으므로 늘 보고 있다고 생각하면 된다.

더 공부해보기

Instrument Flying Handbook
      pp. 4-10 Instrument Cross-Check
      pp. 4-24 Instrument Cross-Check

1) Course Deviation(VOR Indicator) and Glide Slope indicators

다시 p. 129의 〈그림 4-7〉로 돌아와서 3번 사각형을 살펴보자. 이 세 계기들은 항공기의 Navigation(항법)에 관련된 계기이다. 위에서 첫 번째 계기와 두 번째 계기는 VOR(Very High Frequency Omni-directional Range)을 이용하는 계기로 NAV 1, NAV 2라고 한다. 두 계기의 기능은 동일하다. 비상시나 조종사의 편의를 위해서 두 개의 동일한 장치가 설치되어 있는 것이다. 다만 NAV 1의 경우에 특이하게 가로로 하얀 줄이 하나 더 그어져 있는 것을 확인할 수 있다. 이는 Glide Slope라는 장치가 추가되어서 그런 것인데, 이 장비는 계기비행 과정에서 사용되며 자가용 조종사 과정에는 불필요하므로 다른 장에서 설명하기로 한다.

(1) VOR(Very High Frequency Omni-directional Range)

공항이나 항로 등지에 설치된 항법 시스템으로 전 방향으로 전파를 방출하게 된다. 이 전파를 항공기에서 수신해 항로 등 현재 위치를 파악하는 것이다. 전 세계적으로 가장 흔하게 사용되는 VOR은 VHF(Very High Frequency) 전파 주파수 중 108.00~117.95MHz 영역을 이용한다.

항공 전자장치		사용 주파수
통신장치	초단파(VHF) 통신장치 비상 주파수 : 121.50MHz	118~137MHz
	단파(HF) 통신장치	2~25 MHz
항법장치	전 방향 표지시설(VOR)	108~117.95 MHz
	거리측정 장치(DME)	960~1215 MHz
	무지향 표지시설(NDB)	190~1750 KHz
관제장치	계기착륙 시설(ILS)	108~112 MHz

출처 : 항공정보매뉴얼

(2) VOR의 종류

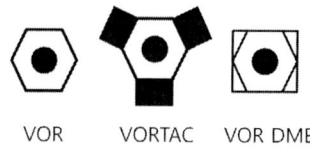

〈그림 4-16〉 VOR의 종류

· VOR

VOR은 차트에는 위와 같이 표시된다.

· VORTAC

VORTAC(VHF Omni-directional Range Tactical Air Navigation)은 VOR 중 가장 흔한 형태로 군용인 UHF(Ultra High Frequency)와 민간용인 VHF(Very High Frequency)를 동시에 이용하는 VOR로서 거리를 측정할 수 있는 DME 장비도 갖추고 있다. 차트에는 위와 같이 표시된다.

· VOR DME

VOR에 DME 장비가 합쳐진 형태이며 차트에는 위와 같이 표시된다.

• DME(Distance Measuring Equipment)

DME(Distance Measuring Equipment)는 전파를 이용해서 VOR이나 ILS(Instrument Landing System)로부터 항공기까지의 거리를 알려주는 장비로 GPS(Global Positioning System)와 함께 항공에서 가장 널리 쓰인다.

199nautical mile(Line of sight의 고도일 경우)까지 reliable signal을 수신 가능하며, 오차는 0.5mile 또는 3% 중 큰 것 이내이다. 즉 VOR로부터 최소 1nm 이상 떨어져 있으면 오차가 크지 않다고 생각하면 된다. 오차가 생기는 이유는 DME는 VOR로부터 항공기까지 기울어진 각도로 거리를 재기 때문이다. 예를 들어 VOR DME로부터 1nm 거리에 항공기가 6,000ft(1nm은 약 6,000ft)의 고도에 있다고 하자. 그러면 항공기의 DME 장비는 거리를 1nm이 아닌 1.4nm를 나타낼 것이다. 수평거리가 아닌 VOR로부터 항공기까지 기울어진 거리를 재어 더 큰 값이 나오는 것이다. 만약 항공기가 VOR DME 시설의 바로 위 6,000ft 상공에 있다면 DME는 1nm을 나타낼 것이다.

(3) Service Volumes

VHF 전파는 직진성(Lind of sight)이 있어서 VOR로부터 직선으로 뻗어 나가게 된다. 지구는 둥글게 생겼으므로 VOR로부터 아주 먼 거리에 있으면 전파를 수신하지 못하게 된다. 따라서 유효한 수신 범위가 따로 지정되는데 다음과 같다.

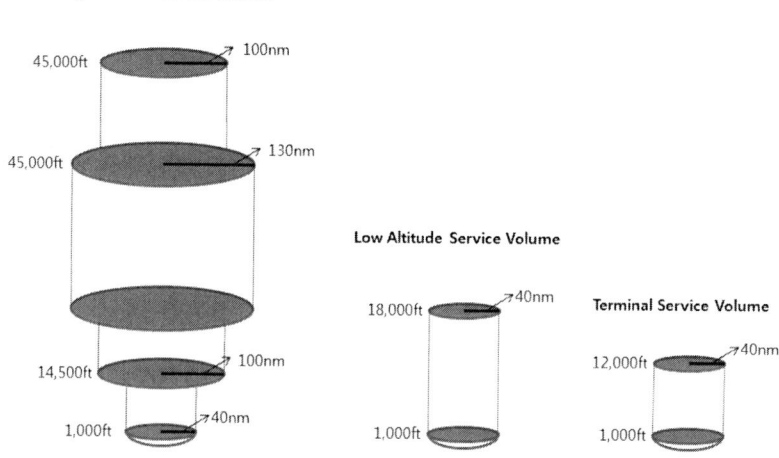

High Altitude Service Volume

45,000ft — 100nm

45,000ft — 130nm

Low Altitude Service Volume

18,000ft — 40nm

14,500ft — 100nm

Terminal Service Volume

12,000ft — 40nm

1,000ft — 40nm

1,000ft

1,000ft

고도 기준은 VOR station의 AGL높이 기준

출처 : FAR/AIM

〈그림 4-17〉 VOR의 Service Volume

High Altitude VOR과 Low Altitude VOR은 항로 전용 VOR이고 Terminal VOR은 공항·비행장 전용 VOR이다.

(4) Tune & Identification

VOR의 이름은 세 글자의 알파벳으로 이루어져 있고, 이 세 알파벳은 Voice Transmission을 통해 Morse code로 계속 반복되어 전파로 방송된다. 만약 VOR이 maintenance(점검 및 수리)에 들어가 신뢰할 수 없는 상태이면, Voice Transmission의 Morse Code가 아예 없거나 TEST(- ● ●●● -)를 Morse Code로 전송하게 된다. 따라서 VOR이 신뢰할 수 있는 전파를 송신하고 있는지 알아보려면 반드시 VOR Identification(VOR의 이름을 Voice Transmission의 Morse code를 듣고 확인하는 것)을 해야 하는 것이다. 이를 소홀히 여겨 발생한 안전사고도 종종 발생하므로 주의를 기울여야 한다.

문자	약어	모스부호	약어의 발음방법
A	Alfa	• −	AL FAH
B	Bravo	− • • •	BRAH VOH
C	Charlie	− • − •	CHAR LEE
D	Delta	− • •	DELL TAH
E	Echo	•	ECK OH
F	Foxtrot	• • − •	FOKS TROT
G	Golf	− − •	GOLF
H	hotel	• • • •	HOH TELL
I	India	• •	IN DEE 모
J	Juliett	• − − −	JEW LEE ETT
K	Kilo	− • −	KEY LOH
L	Lima	• − • •	LEE MAH
M	Mike	• •	MIKE
N	November	− •	NO VEM BER
O	Oscar	− − −	OSS CAH
P	Papa	• − − •	PAH PAH
Q	Quebec	− − • −	QUE BECK
R	Romeo	• − •	ROW ME OH
S	Sierra	• • •	SEE AIR RAH
T	Tango	−	TANG GO
U	Uniform	• • −	YOU NEE FORM
V	Victor	• • • −	VIK TAH
W	Whiskey	• − −	WISS KEY
X	X−ray	− • • −	ECKS RAY
Y	Yangkee	− • − −	YANG KEY
Z	Julu	− − • •	ZOO LOO
1	One	• − − − −	WUN
2	Two	• • − − −	TOO
3	Three	• • • − −	TREE
4	Four	• • • • −	FOW−ER
5	Five	• • • • •	FIFE
6	Six	− • • • •	SIX

문자	약어	모스부호	약어의 발음방법
7	Seven	− − ● ● ●	SEV−EN
8	Eight	− − − ● ●	AIT
9	Nine	− − − − ●	NIN−ER
0	Zero	− − − − −	ZEE−RO

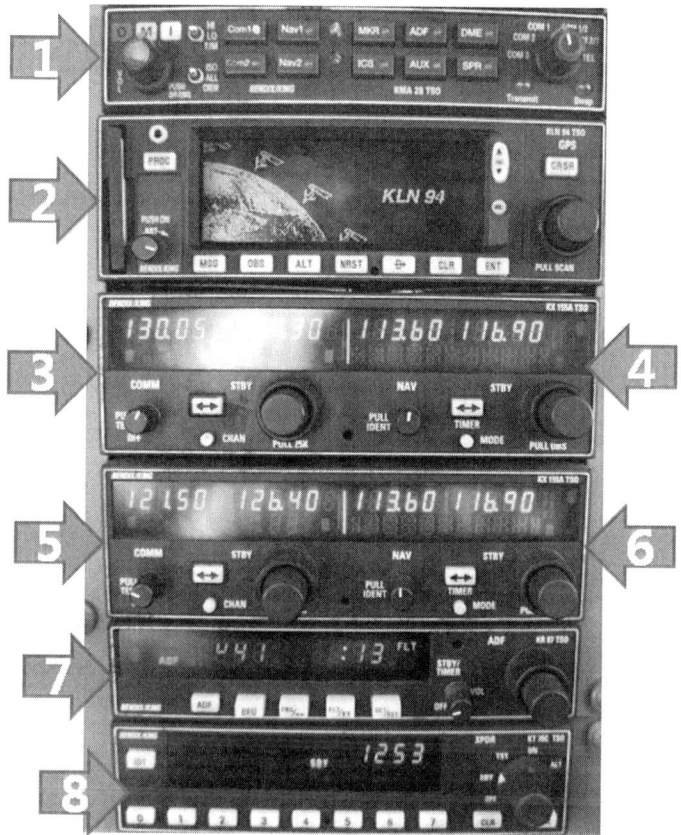

〈그림 4-18〉 Comm & Navigation

먼저 주파수를 tune하려면 〈그림 4-18〉의 4번 화살표(NAV 1)나 6번 화살표(NAV 2)의 장비를 이용해야 한다. NAV 1과 NAV 2의 작동법이 동일하기 때문에, 여기서는 NAV 1을 기준으로 설명하기로 한다.

예를 들어, NAV 1에 포항 VORTAC의 주파수인 112.50을 세팅해보자. 일단 맨 오른쪽에 동그란 노브가 보인다. 바깥쪽의 큰 노브와 안쪽의 작은 노브로 구성되어 있는데, 큰 노브를 돌려서 1의 자릿값을 세팅할 수 있고, 작은 노브를 돌려서 소수점 이하의 값을 세팅하게 된다. 반시계 방향으로 돌리면 숫자가 작아지고, 시계 방향으로 돌리면 숫자가 커진다. 디지털화면 왼쪽의 숫자는 현재 사용 중인 VOR의 주파수이며 숫자 아래에 NAV라고 표시되어 있다. 오른쪽의 숫자는 새로 변경할 VOR의 주파수를 세팅하는 곳으로 아래에 STBY(standby)라고 쓰여 있다. 노브를 돌리면 STBY에 있는 숫자가 변하게 되고, 이 새로운 주파수를 ↔ 버튼을 눌러 NAV와 STBY의 주파수를 서로 바꾸면 새로운 주파수가 세팅된다.

일단 주파수가 NAV 1에 세팅되면, 세팅한 VOR의 전파를 신뢰할 수 있는지 Identification을 해야 한다. IDENT(Identification)을 하는 방법은 간단하다. 먼저 〈그림 4-18〉의 1번 4 화살표가 지시하는 장비에서 Nav 1 버튼을 누른다(NAV 1의 신호를 헤드셋으로 들을 수 있게 해준다). 다음 다시 4번 화살표가 지시하는 장비로 돌아와서 PULL IDENT라고 쓰인 부분의 바로 왼쪽에 있는 작은 노브를 잡아당겨 뺀다. 그러면 헤드셋으로부터 VOR의 Morse Code를 들을 수 있다. Morse Code가 포항 VORTAC의 이름인 KPO(- • - • - - • - - -)가 들리는지 확인하면 이 VOR의 전파를 신뢰할 수 있는 것이다.

국내 VOR의 주파수는 AIS(Aeronautical Information Service)에서 자유롭게 열람이 가능하다.

http://ais.casa.go.kr/ →AIP→AD(Aerodromme)→

공항별 visual approach charts

공항 VOR	공항 ID	VOR	Morse Code	Frequency
인천	RKSI	NCN	−• −•−• −•	113.80 MHz
인천	RKSI	WNG	•−− −• −−•	112.90 MHz
김포	RKSS	KIP	−•− •• •−−•	113.60 MHz
제주	RKPC	YDM	−•−− −•• −−	109.00 MHz
김해	RKPK	KMH	−•− −− ••••	113.90 MHz
청주	RKTU	CHO	−•−• •••• −−−	109.00 MHz
양양	RKNY	YAG	−•−− •− −−•	110.60 MHz
대구	RKTN	DOC	−•• −−− −•−•	116.50 MHz
광주	RKJJ	KWA	−•− •−− •−	114.40 MHz
여수	RKJY	YSU	−•−− ••• ••−	115.70 MHz
울산	RKPU	USN	••− ••• −•	111.40 MHz
포항	RKPU	NPH	−• •−−• ••••	109.60 MHz

공항 VOR	공항 ID	VOR	Morse Code	Frequency
정석(제주)	RKPK	JDG	• − − − − • • − − •	117.90 MHz
무안	RKJB	MUN	− − • • − − •	111.00 MHz
울진	RKTL	UJN	• • − • − − − − •	115.30 MHz

출처 : Aeronautical Information Service(주파수의 경우 변경될 수도 있음)

항로 VOR	VOR	Morse Code	Frequency
안양	SEL	• • • • • − • •	115.50 MHz
제주	CJU	− • − • • − − − • • −	116.10 MHz
강원	KAE	− • − • − •	115.60 MHz
군산	KUZ	− • − • • − − • − −	112.80 MHz
광주(TACAN)	KWJ	− • − • − − • − − −	100.90 MHz
광주	KWA	− • − • − − • −	114.40 MHz
송탄	SOT	• • • − − − −	116.90 MHz

항로 VOR	VOR	Morse Code	Frequency
포항	KPO	– • – • – – • – – –	112.50 MHz
부산	PSN	• – – • • • • – •	114.00 MHz
달성(대구)	TGU	– – – • • • –	112.20 MHz
예천	CUN	– • – • • • – – •	114.80 MHz

출처 : Aeronautical Information Service(주파수의 경우 변경될 수도 있음)

Aeronautical Information Service 홈페이지를 보면 자료가 상당히 많은데, 자가용 과정의 훈련생은 AD(공항) 섹션에서 훈련하는 공항의 TEXT와 CHART의 Visual Apch Chart를 다운받아 공부하면 된다.

(5) Course Deviation Indicator(VOR Indicator)의 해석

Course Deviation Indicator는 VOR을 이용하는 항공기의 가장 기본적인 Navigation(항법) 계기이다. 해석 방법이 조금 어렵기 때문에 비행을 막 시작한 훈련생에게는 이해하기가 조금 까다롭다. 다음을 찬찬히 읽어보면서 계기의 작동원리를 이해하도록 하자.

① Course & Radial

먼저 〈그림 4-19〉과 같은 평면을 생각해보자. 중심에는 VOR 시설이 있다. 가고자 하는 항로가 VOR 직 상공을 바로 지나면서 030° 방향으로 가야 한다고 가정해보자. 즉 항공기의 Course가 030°가 되는 것이다(VOR로부터 030° 방향으로 진행해야 한다. 반대 방향인 210°가 아님에 유의하자). 참고로 Course Deviation Indicator는 항공기의 Heading과는 관계없이 VOR로부터의 항공기의 위치에 따라서만 반응한다.

Radial은 VOR을 기준한 방위로서 VOR로부터의 각도를 의미한다. Course와 Radial을 서로 착각하지 않도록 해야 한다. Course는 항공기가 향해야 할 방향을 기준으로 한 방위이고, Radial은 VOR을 기준으로 한 방위이다.

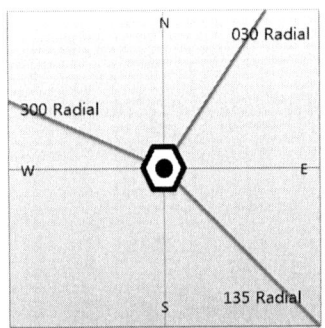

〈그림 4-19〉 Radial

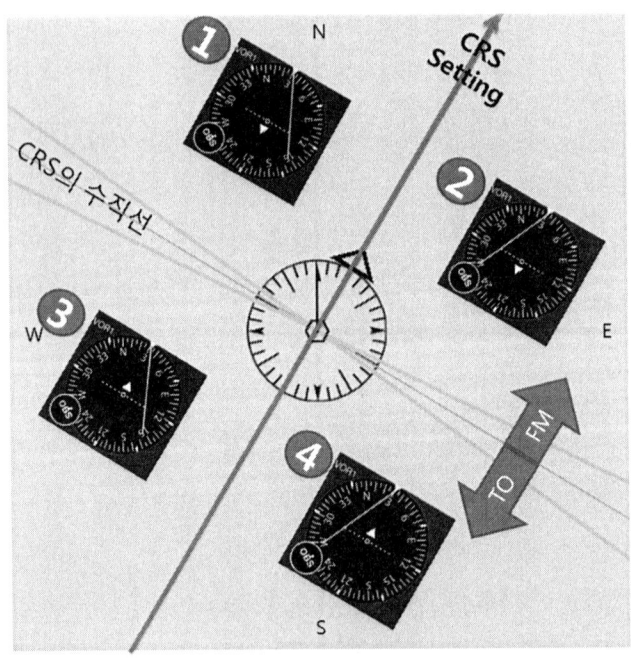

〈그림 4-20〉 VOR Navigation

② CDI needle

먼저 계기의 OBS(Omni-Bearing Selector) 노브를 돌려서 Course Index 에 〈그림 4-20〉의 1, 2, 3, 4의 계기들과 같이 030°를 맞추어준다. 그러면 항공기의 위치에 따라서 CDI(Course Deviation Indicator) needle(하얀색 실선)이 좌우로 튀게 된다. 항공기가 VOR 기준 Course의 왼쪽에 있으면 〈그림 4-20〉 1, 3과 같이 CDI needle이 오른쪽으로 튀게 된다. 즉 가고자 하는 항로가 항공기의 오른편에 있으니 오른쪽으로 기수를 돌려(Diretional Gyro의 Heading을 031°~120° 이내로 한다) 항로에 합류해야 한다는 의미이다. 반대로 〈그림 4-20〉 2, 4와 같이 항공기가 Course의 오른쪽에 있으면 CDI needle은 왼쪽으로 튀게 된다. 만약 항공기가 정확히 Course에 있으면 CDI needle은 가운데에 위치하게 된다.

③ Reverse Sensing

Reverse Sensing은 가장 흔하게 나타나는 오류이다. 예를 들면 〈그림 4-20〉과 같은 상황에서 실수로 Course Index에 정확한 값인 030°를 넣지 않고 정반대 값인 210°를 넣었을 때 Reverse Sensing이 발생한다. 이러한 경우엔 CDI needle이 반대 방향으로 튀게 된다. CDI needle을 중앙에 오게 하려고 아무리 항공기의 방향을 CDI가 튄 쪽으로 이동해도 Course에는 합류할 수 없고 오히려 점점 더 멀어지게 되는 것이다. 아주 흔하게 나타나는 실수이니 주의해야 한다.

④ To/From Indicator

계기를 보면 삼각형 모양 화살표 모양의 Indicator를 볼 수 있다. To/From indicator는 △, ▽, NAV(또는 TO, FR, NAV) 이렇게 세 가지 문양을 나타내게 된다. p. 178의 〈그림 4-20〉에서 항공기가 CRS(Course)의 수직선을 기준으로 아래쪽에 있으면 TO indicator가 나타나고, 위쪽에 있으면 FR(From) indicator가 나타나게 된다. 즉 Course 방향을 기준으로 해서 VOR 쪽으로 가게 되면 TO이고, VOR을 지나 멀어지게 되면 FR이다.

CRS의 수직선 주변에 삼각형 모양으로 표시된 지역은 Zone of Ambiguity 이다. 이 지역에서는 계기의 오류로 TO/FR의 명확한 구분이 되지 않는다. 이 지역에서는 NAV라는 표시가 뜨게 되고, 이 표시를 보면 곧 TO/FR indicator가 바뀔 것으로 예상하면 된다.

⑤ CDI Needle의 눈금

CDI needle은 좌우로 각각 5개씩의 눈금이 있다. 이 눈금들은 하나당 2˚를 의미한다. 예를 들어 〈그림 4-20〉의 2번 위치에서 세 번째 눈금에 needle이 위치해 있다면, course의 오른쪽으로 6˚ 벗어났다는 의미이다. 즉 VOR로부터 036˚ Radial에 있다는 뜻이다. 4번 〈그림 4-20〉의 위치에서도 만약 세 번째 눈금에 needle이 있다면 오른쪽으로 6˚ 벗어났다는 의미이므로, 174˚ Radial 에 항공기가 위치하고 있다는 의미이다.

참고 1 dot 차이는 1nm당 200ft 벗어남을 의미함

⑥ Inbound & Outbound

VOR 항법에서는 Inbound와 Outbound라는 개념을 자주 사용한다. Inbound는 VOR을 향해서 들어가는 것이고, Outbound는 VOR로부터 반대로 멀어지는 것이라고 이해하면 편하다.

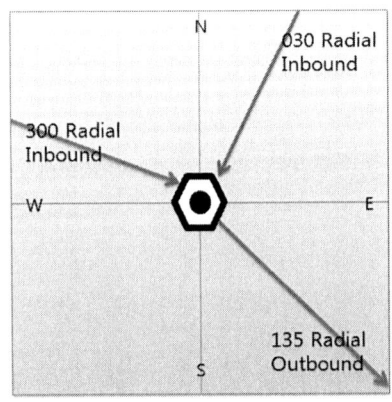

〈그림 4-21〉 Inbound & Outbound

• Inbound의 경우

예를 들어서 관제사로부터 다음과 같은 지시를 받았다고 가정해보자.

Air Traffic Controller : KoreanAir 000, UJN Tower, Intercept Inbound
030 radial from UJN VOR

Inbound의 경우 VOR로 들어가는 경우라서 항공기 Course의 반대 방향
이 될 수밖에 없다. 따라서 Course Index에 Radial±180°의 값을 세팅해준다.
그 다음은 CDI needle이 튄 쪽의 30°로 항공기의 Heading(Directional
Gyro)을 세팅하면 된다. 여기서는 Heading 값을 240°로 하면 된다.

〈그림 4-22〉 VOR Navigation

다음 〈그림 4-23〉은 Nav1과 Heading을 정확히 세팅한 후의 비행기 모습
이다. Inbound 030 radial 쪽으로 곧 합류함을 알 수 있다. Course에 접근해
서 CDI needle이 중심에 오게 되면 Heading을 다시 Course인 210°으로 바꾸
면 된다.

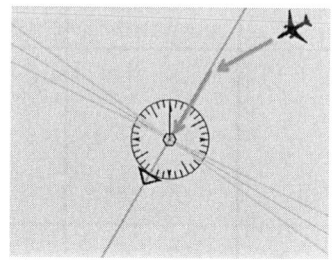

〈그림 4-23〉 Inbound

• Outbound의 경우

예를 들어서 관제사로부터 다음과 같은 지시를 받았다고 가정해보자.

Air Traffic Controller : KoreanAir 000, UJN Tower, Intercept Outbound
135 radial from UJN VOR

Outbound는 VOR로부터 멀어지는 경우라서 항공기 Course의 같은 방향
이 된다. 따라서 Course Index에 Radial의 값을 그대로 세팅해준다.

그 다음은 CDI needle이 튄 쪽의 45˚(Outbound의 경우, VOR로부터 멀어
지는 경우이기 때문에 Intercept를 위해 더 가파른 각도로 합류한다)로 항공
기의 Heading(Directional Gyro)을 세팅하면 된다. 여기서는 Heading 값을
090˚로 하면 된다.

〈그림 4-24〉 VOR Navigation

〈그림 4-25〉은 Nav1과 Heading을 정확히 세팅한 후의 비행기 모습이다.
Outbound 135 radial 쪽으로 곧 합류함을 알 수 있다. Course에 접근해서 CDI
needle이 중심에 오게 되면 Heading을 다시 Course인 135˚로 바꾸면 된다.

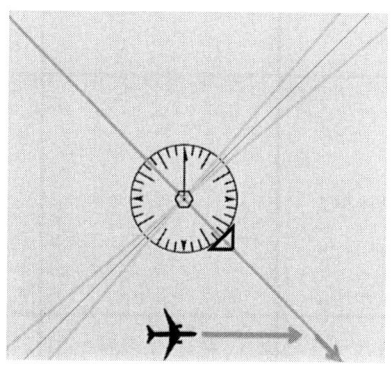

〈그림 4-25〉 Outbound

(6) VOR 항법 연습용 어플리케이션

지금까지 배운 내용을 좀 더 다양한 예를 들어서 공부하고 싶으면 아이폰이나 안드로이드의 무료 어플리케이션인 'Nav Trainer Basic'을 참고하면 좋다. Fleminger Media LLC에서 만든 연습용 어플리케이션으로서 VOR 항법을 이해하는 데 많은 도움이 된다.

(7) VOR 항법의 오류 5가지

① Reverse Sensing

Course Index에 정확한 값을 넣지 않고 180° 정반대 값을 넣었을 때 발생하는 현상. CDI needle이 반대 방향으로 튀게 되어 정확한 Course에 합류하는 데 혼란이 발생한다.

② Line of Sight

VHF 전파의 직진성 때문에 발생하는 오류. VOR 항법에서 이용하는 VHF(Very High Frequency) 전파는 직선으로 움직이기 때문에, 산과 같은 장애물이 있으면 전파 수신에 방해를 받게 된다. 그리고 지구는 둥글기 때문에 일정 거리 이상에서부터는 VOR의 전파를 제대로 수신하지 못한다. 경우에 따라선 원활한 전파 수신을 위해 높은 고도로 올라가야 하는 경우도 있다(p. 170 Service Volumes를 참고).

③ Cone of Confusion

VOR 직상공 근처에서 CDI Needle이나 TO/FR Indicator가 Fluctuate(출렁이는) 하는 현상

④ Zone of ambiguity

p. 178의 〈그림 4-20〉에서 CRS의 수직선 주변에 삼각형 모양으로 표시된 지역으로, 이곳에서는 계기의 오류로 TO/FR 의 명확한 구분이 되지 않는다. 이 지역에서는 TO/FR 대신에 NAV라는 표시가 뜨게 되고, 이 표시를 보면 곧 TO/FR indicator가 바뀔 것으로 예상하면 된다.

⑤ Propeller Modulation

프로펠러의 특정 rpm이 전파의 주파수와 동일하게 되어 간섭을 하는 현상. CDI Needle이 Fluctuate(출렁이게) 된다. rpm을 살짝 증감해주면 이 현상이 사라진다.

(8) HSI(Horizontal Situation Indicator)

〈그림 4-26〉 Horizontal Situation Indicator

최근에 들어서는 Directional Gyro와 VOR Indicator를 합친 HSI (Horizontal Situation Indicator)를 사용하는 추세이다. VOR Indicator를 움직이는 Directional Gyro에 올려놓은 형태로 해석방법은 기존의 VOR Indicator와 동일하다.

(9) RMI(Radio Magnetic Indicator)

〈그림 4-27〉 Radio Magnetic Indicator

RMI(Radio Magnetic Indicator)는 다른 방식의 VOR Indicator이다. 항상 화살표가 VOR의 위치를 가리키는 단순한 구조이다. 따라서 화살표의 머리 부분이 가리키는 방위로 항공기의 Heading을 돌리면 VOR의 위치로 갈 수 있다. 반대로 화살표의 꼬리 부분은 VOR로부터 항공기의 Radial을 의미한 다. 한 줄로 되어 있는 화살표와 두 줄로 되어 있는 화살표가 있는데, 한 줄은 NAV 1에 세팅된 VOR이고 두 줄은 NAV 2에 세팅된 VOR이다.

① RMI를 이용한 Inbound/Outbound

VOR Indicator 이외에도 RMI를 이용해서 Inbound와 Outbound Intercept를 할 수가 있다.

• Inbound with RMI(반원두커피30원)

예를 들어서 관제사로부터 다음과 같은 지시를 받았다고 가정해보자.

Air Traffic Controller : KoreanAir 000, UJN Tower, Intercept Inbound
030 radial from UJN VOR

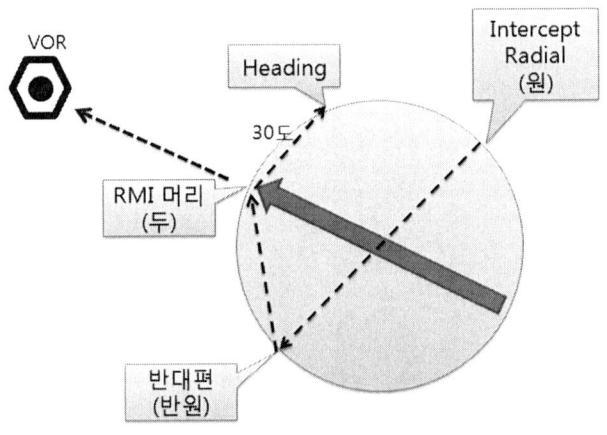

〈그림 4-28〉 Inbound with RMI

　　Inbound의 Rule of Thumb(조종사들이 자주 쓰는 비법 : 100% 들어맞는 이론은 아니지만 80~90% 정도는 들어맞는 간단한 법칙들을 의미한다)은 '반원두커피30원'으로 외우면 간단하다. 먼저 지시받은 레디얼을 RMI의 방위에서 찾는다. Inbound의 경우 VOR로 들어가는 경우라서 항공기 Course의 반대 방향이 될 수밖에 없다. 따라서 Radial±180°의 값을 찾으면 되는데, 이는 Radial의 정반대 방향을 찾으면 된다(〈그림 4-28〉에서 화살표를 따라가면 된다). Radial의 반대 방향에서 RMI 화살표의 머리 부분(두 : 頭)으로 시선을 움직인다. 그리고 같은 방향으로 다시 30만큼 움직인다. 그렇게 찾아진 값을 항공기의 Heading(Directional Gyro)으로 세팅하면 자연스럽게 Intercept가 가능해진다. 마지막으로 Course에 Intercept를 하게 되면(RMI 화살표가 점점 움직여 꼬리 부분이 '원(Radial)' 부분으로 왔을 때), Heading을 Radial±180°인 course로 바꾸면 된다.

• Outbound with RMI(미원45원)

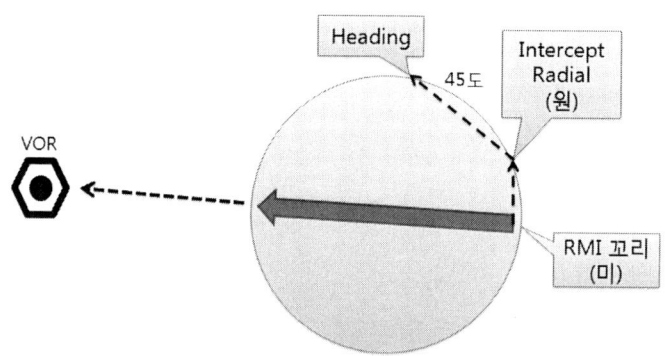

〈그림 4-29〉 Outbound with RMI

Outbound의 Rule of Thumb은 '미원45원'으로 외우면 간단하다. 먼저 RMI 화살표의 꼬리 부분(미 : 尾)을 찾는다. 다음 지시받은 레디얼을 RMI의 방위에서 찾아 시선을 옮긴다(〈그림 4-29〉에서 화살표를 따라가면 된다). 그런 다음 같은 방향으로 45도만큼을 움직여 Heading 값을 찾는다. 그렇게 찾아진 값을 항공기의 Heading(Directional Gyro)으로 세팅하면 자연스럽게 Intercept가 가능해진다. 마지막으로 Course에 Intercept를 하게 되면 (RMI 화살표가 점점 움직여 꼬리 부분이 '원(Radial)' 부분으로 왔을 때) Heading을 Radial인 course로 바꾸면 된다.

더 공부해보기

2012FAR/AIM
　　　p. 517 1-1-3 VHF Omni-Directional Range(VOR)
　　　p. 519 1-1-7 Distance Measuring Equipment(DME)
　　　p. 520 1-1-8 Navigational Aid service Volumes
Pilot's Handbook of Aeronautical Knowledge
　　　pp. 7-21 Flux Gate Compass System
Private Pilot(Jeppesen)
　　　pp. 9-20 VOR Navigation
　　　pp. 9-22 Airborne Equipment

참고 항공정보 매뉴얼은 교통안전공단 홈페이지에서 검색하면 무료로 다운받을 수 있다.

2) ADF Bearing Indicator

ADF(Automatic Direction Finder) Bearing Indicator는 NDB (Nondirectional radio beacons)를 이용하는 계기이다. C172R/S의 칵핏에서는 VOR2 Indicator 바로 아래에 위치하고 있다.

(1) NDB(Nondirectional radio beacons)

NDB는 VOR과 더불어 가장 흔히 사용되는 항법 시설이다. VOR 다음으로 많이 설치되어 있고, 국내에는 무안공항에 1기가 설치되어 있다. 시설 설치비가 저렴해서 전 세계적으로는 러시아같이 광활한 대지를 가진 국가들이 많이 사용하고 있으나, VOR 항법장비나 GPS 장비에 비해 성능이 좋지 않아 점차 없어지는 추세이다(1940년대 VOR 장비의 개발로 이전부터 이용해오던 NDB 장비가 계속해서 줄어들고 있다). 그래서 울진비행교육원에서도 ADF에 대해서는 교육하지 않는다. 따라서 이 장에서는 간단하게 소개하는 것으로 그치기로 한다.

VHF 대역을 사용하는 VOR과는 달리 VDB는 LF(Low Frequency)나 MF(Medium Frequency)를 사용하고, 그 대역은 190 kHz~535 kHz이다. LF와 MF는 VHF와는 달리 Lind of Sight에 제한되지 않으므로 VOR 신호를 받을 수 없는 낮은 고도에서도 NDB 전파를 수신할 수 있는 장점이 있다.

(2) NDB Service Volume

Class	Distance(Radius)	출력
Compass locator	15nm	25W
Medium Homing(MH)	25nm	50W 이하
Homing(H)	50nm	50~2000W
High Homing(HH)	75nm	2000W 이상

① ADF Bearing Indicator

ADF Bearing Indicator의 사용법은 간단하다. HDG(Heading)이라고 쓰인 노브를 돌려 ADF Bearing Indicator 상단에 현재의 Heading(Directional Gyro) 값을 세팅한다.

ADF Bearing Indicator의 화살표는 RMI처럼 NDB 시설의 위치를 가리킨다. RMI처럼 방향을 지시한다. RMI와 같은 원리로 해석하면 된다.

참고로 Bearing은 Radial의 반대 개념으로, Radial이 무선시설로부터의 방위를 의미한다면, Bearing은 항공기로부터의 방위를 의미한다. Radial은 VOR에서만 사용되고, Bearing은 NDB에서 사용된다.

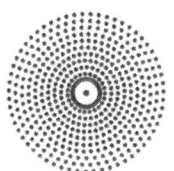

〈그림 4-30〉 Chart에서의 NDB 표시

더 공부해보기

2012FAR/AIM
    p. 520 Navigational Aid Service Volumes
Private Pilot(Jeppesen)
    pp. 9-34 ADF Navigation

4

1) Magnetic Compass

〈그림 4-31〉 Magnetic Compass

Magnetic Compass는 나침반으로 p. 129의 〈그림 4-7〉에서 4번 위치에 있다. 등유로 채워진 박스 안에 자석을 띄워놓은 형태이다. 전기나 Gyro 같은 Suction 동력이 필요 없는 독립적인 계기이다. 항공기의 Attitude(Bank:Roll가 18° 이상이면 작동이 안 됨)나 Maneuver(기동)에 영향을 많이 받아서 불안정하게 요동치기 때문에 Staight and Level Flight(직진 수평비행)에서만 이용할 수 있다. 그래서 FAA에서는 IFR flight에는 반드시 Directional Gyro를 갖출 것을 요구하고 있다.

(1) Variation(편차)

지구의 북극은 True North Pole과 Magnetic North Pole, 이렇게 두 가지로 나뉜다. True North Pole은 지리적인 북극을 나타내고, Magnetic North Pole은 지구의 자기장의 북극을 나타낸다. 이러한 차이로 실제 북쪽과 나침반이 가리키는 북쪽이 서로 차이가 나는데, 이를 Variation(편차)라고 한다. VFR(Visual Flight Rules) 비행의 경우에는 True North(진북) 기준의 Chart

를 사용하며, IFR(Instrument Flight Rules) 비행의 경우에는 Magnetic North(자북) 기준의 Chart를 사용한다. 항공기의 계기는 모두 Magnetic North를 따르기 때문에 바깥풍경을 참조하지 않고 오로지 계기에만 의존하는 IFR 비행은 Magnetic North를 이용한다. 그리고 VOR이며 NDB 같은 모든 항법 시설들도 Magnetic North를 기준으로 한다.

VFR Chart를 보면 True North와 Magnetic North의 차이를 Isogonic Line(등편각선)과 Agonic Line(무편각선)으로 기록해놓는다. Isogonic Line은 동일한 Variation을 가진 지역을 연결해놓은 선이고, Agonic Line은 Variation이 0dls 지역을 연결한 선이다. 이 Agonic Line은 인도네시아 근방과 미국 시카고 지방을 지나는데, 이 지역들에서는 True North와 Magnetic North가 일치함을 확인할 수 있다.

국내의 경우에는 7.5W Isogonic Line이 지나간다. Magnetic North가 True North로부터 +7.5 틀어져 있는 것을 의미한다. W는 west를 의미하며 +로 계산하고, E인 경우에는 -로 계산하게 된다.

TRUE Course+Variation(+W/-E)=Magnetic Course

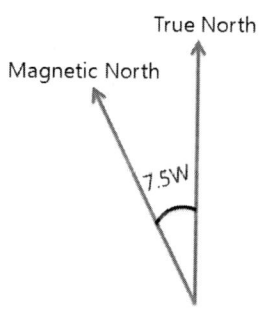

〈그림 4-32〉 자북/진북 (한국)

(2) Deviation

Magnetic Compass(나침반)는 자성을 띠는 물체이기 때문에 주변의 자기장의 간섭에 영향을 받게 된다. Deviation은 항공기의 금속 부품들이나 전자장비의 자기장에 의한 간섭을 의미한다. 항공기 부품 때문에 필연적으로 나타나는 error이므로 없애거나 줄이는 건 불가능하다.

p. 190의 〈그림 4-31〉의 Magnetic Compass를 자세히 보면 글씨가 적힌 하얀 카드 같은 것이 달려 있다. Compass Correction Card라는 것인데, 30° 방위마다의 대략의 오차를 계산해놓은 것이다. 이를 참고하면 정확한 방위를 아는 데 도움이 된다.

(3) Dip Errors(복각)

지구의 Magnetic North pole은 지면에 있지 않고 지구 내부 깊숙이 존재하고 있다. 그래서 Magnetic Compass도 등유에 떠 있을 때 수평을 이루지 못하고 지구 내부의 Magnetic North Pole을 향해 북쪽으로 약간 기울어진 모습을 취한다(북반구의 경우).

이렇게 Magnetic Compass가 수평을 이루지 못해서 생기는 오차가 Dip Errors(복각)이다. Dip Errors에는 Northerly Turning Error와 Acceleration Error가 있다.

• Northerly Turning Error(북선회 오차)

Northerly Turning Error는 북선회 오차라고 하는데, 북반구에서 일어난다.

① 북쪽으로 항공기의 Heading을 향하고 있다가 선회를 시작하면 Magnetic Compass가 선회 방향과는 반대 방향으로 잠깐 돌아갔다가 다시 선회 방향으로 회전하는 현상이다. 현재 선회하는 Heading보다 Magnetic Compass가 늦게 따라오게 되므로 Magnetic Compass가 원하는 방위에 오기 전에 Roll-out(선회를 끝마치는 것)을 해야 한다. 만약 선회를 계속하게 되면 오차가 점점 줄어들다가 East나 West에서 정확해진다.

② 남쪽으로 항공기의 Heading을 향하고 있다가 선회를 시작하면 Magnetic Compass는 선회 방향과 같은 방향으로 회전하지만 선회하는 속도보다 빠른 속도로 선회하게 된다. 따라서 Magnetic Compass가 원하는 방위를 넘어서서 선회하고 나서 Roll-out(선회를 끝마치는 것)을 해야 한다. 만약 선회를 계속하게 되면 오차가 점점 줄어들다가 East나 West에서 정확해진다.

Northerly Turning Error와 Acceleration Error는 남반구에서 위와 반대로 오차가 생기게 된다.

• **Acceleration Error(가감속 오차)**

Acceleration Error는 항공기가 가속하고 감속함에 따라 발생하는 오차이다. 항공기의 Heading이 East나 West를 향하면서 가감속할 때 발생하는데, ANDS(Acceleration North, Deceleration South)로 외우면 편리하다. 아래의 Rule of Thumb을 이해하면 편리하다.

West or East Heading인 상황에서

ANDS : Acceleration(가속하면) 나침반이 North 쪽으로 회전하고,
          Deceleration(감속하면) 나침반이 South 쪽으로 회전한다.

Magnetic Compass에서 북쪽을 가리키는 N이 쓰인 부분에 오차를 줄이기 위해 무게 추를 달아놓게 된다. 이 무게 추 때문에 Magnetic Compass의 무게중심이 틀어지게 되고 가감속 시 오류를 발생시키게 되는 것이다.

(4) Magnetic Compass Turn(국내)

Directional Gyro(Heading Indicator)의 Vacuum(suction)에 문제가 생겨서 사용하지 못할 경우에는 Magnetic Compass만을 가지고 선회할 수 있어야 한다. 다음의 방법은 오차들은 예상해서 Magnetic Compass를 이용한 선회 방법이다. 이 방법은 국내에서만 사용이 가능하다. Isogonic Line(등편각선)이 다른 외국에서는 적용되지 않는다. 그리고 선회 시 Bank는 반드시 Standard Rate Turn을 이용해야 한다(C172R/S의 경우 Bank를 약 15로 주면

적당하다).

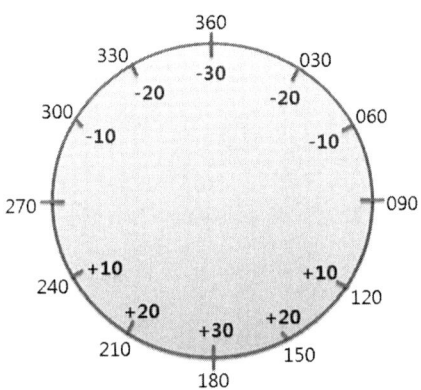

〈그림 4-33〉 Magnetic Compass Turn

우선 현재 어느 Heading으로 비행을 하고 있는지는 상관이 없다. 다만 선회하고자 하는 Heading이 중요하다. 〈그림 4-33〉을 미리 머릿속에 외워두고 선회를 해야 한다.

예를 들어서 060 Heading으로 비행을 하고 있다가 오른쪽으로 선회해서 Heading을 210로 바꾼다고 가정해보자. 〈그림 4-33〉에서 원하는 heading 값인 210을 보면 +20(20° 더 선회하라는 뜻)이라고 되어 있다. 이것은 Standard Rate Turn으로 선회하되 움직이는 Magnetic Compass가 230° (210+20)를 나타낼 때 Roll-out(Roll을 수평으로 원위치함)해서 선회를 멈추라는 의미이다.

다른 예를 들어보자. 300 Heading으로 비행을 하고 있다가 좌선회해서 210 heading으로 변경하고 싶다고 해보자. 이 역시 +20이라고 되어 있지만 계산은 조금 다르다. 230°(210+20)에서 Roll-out하는 것이 아니라 290° (210-20)에서 Roll-out해야 한다. +20의 의미는 20만큼 더 선회하라는 뜻이기 때문이다. 이 점에 유의해야 한다.

이 방식은 비행학교에서 훈련하는 내용이나 항공사에 입사하고 나서는 쓰이지 않는 방식이다.

더 공부해보기

Pilot's Handbook of Aeronautical Knowledge
      pp. 7-23 Magnetic Compass Induced Errors
      pp. 7-24 Dip Errors
Private Pilot(Jeppesen)
      pp. 2-70 Variation and Deviation
      pp. 2-72 Compass Errors

1) Audio Control Panel

Audio Control Panel은 p. 173의 〈그림 4-18〉에서 1번 위치에 있다. 맨 왼쪽에 있는 노브로는 돌려서 음량의 Volume을 조절할 수 있다. COM 1, COM 2 버튼으로는 무선교신을 할 수 있는 Communication #1, Communication #2 장비를 켜고 끌 수 있다. 비행기의 시동을 걸어 전자 장비들이 켜지게 되면 COM 1은 자동으로 켜지게 되지만 COM 2는 꺼져 있는 상태가 된다. 비행 중에는 항상 COM 1, COM 2를 모두 사용해야 하므로 COM 2 버튼을 눌러서 켜주는 것을 잊지 말아야 한다. NAV 1, NAV 2 버튼은 VOR Indicator의 Identification을 할 때 사용한다. 맨 오른쪽에 있는 노브로는 무선교신을 헤드셋의 마이크로 Transmit(송신)할 때 COM 1/COM 2를 선택할 수 있다. 기본적으로 COM 1에 세팅되어 있으면 된다. Yoke 왼쪽 손잡이 뒤편에 있는 Transmit 버튼을 누르면 조종사의 목소리가 송신이 되는데, 송신을 시작하면 〈그림 4-18〉 1번 오른편의 Transmit이라고 쓰인 전구가 켜지는 것을 확인할 수 있다.

2) GPS Receiver

GPS(Global Positioning System)은 미국의 인공위성 24개를 이용하는 항법 시스템이다. 지구상의 어느 위치에 있든지 최소 5개의 인공위성의 신호를 탐지할 수 있다. GPS Receiver는 삼차원 위치정보(Latitude : 위도, Longitude : 경도, Altitude : 고도)와 시간정보를 얻기 위해서 최소 4개의 인공위성의 DATA가 필요하다.

GPS Receiver는 p. 173의 〈그림 4-18〉에서 2번 위치에 있다. 맨 왼쪽에 위치한 작은 노브로는 돌려서 LCD 화면의 밝기를 조절할 수 있다. 야간비행 시에는 밝기를 줄여 Night Vision(cockpit을 어둡게 유지해야 야간에 바깥풍경을 효과적으로 살필 수 있다)을 유지해야 한다. 맨 오른쪽의 큰 노브로는 화면의 커서(Cursor)를 이동시켜서 선택을 할 수 있다. 기타 자주 쓰이는 버튼의 용도는 아래와 같다.

- NRST : Nearest의 뜻으로 항공기에서 가까운 VOR이나 NDB 등의 시설을 찾는다.
- ⎯Ð⟶ : Direct의 뜻으로 Cursor로 선택한 VOR이나 NDB 시설로 최단거리로 가는 Course를 GPS 상에서 세팅해준다.
- CLR : Clear의 뜻으로 실행취소를 하고 싶을 때 사용한다.
- ENT : Enter의 기능을 수행한다.

GPS System 이외에도 다음과 같은 선진 항법 시스템이 점차 도입되어 VOR/NDB를 대체해나갈 것으로 예상된다.

① SBAS(Satellite-based augmentation System)

미국에서는 WAAS(Wide Area Augmentation System)라고 한다. GPS signal의 정확성, 이용성, integrity를 높이기 위해 개발된 시스템으로 service area가 광범위한 지역을 커버하게 된다.

② GBAS(Ground Based Augmentation System)

미국에서는 LAAS(Local Area Augmentation System)라고 한다. GPS의 인공위성과 같은 장비를 우주 공간이 아닌 공항 등지의 지표에 한 개 더 설치해 정확성을 높인 시스템이다. GPS Signal과 Ground Station Signal을 함께 이용해서 Position/Integrity information의 질을 높이게 된다. 정확한 DATA를 이용할 수 있지만, 값비싼 위성 장비를 공항마다 배치해야 하는 단점이 있다.

③ PBN(Performance Based Navigation)

재래식 항법(VOR이나 NDB)과는 달리 인공위성을 이용한 RNAV(Area Navigation) system으로, 좌표 정보를 중심으로 비행을 하는 system을 의미한다. 기존의 항로 대신에 자유롭게 항로를 설정할 수 있어 비행거리 단축으로 인한 연료 절감을 꾀할 수 있으며, 항로 폭이 좁아 더 많은 항공기들이 동시에 공항에 접근할 수 있는 이점이 있다. 또한 지상에 VOR 같은 항법 시스템을 설치할 필요가 없어 비용 절감에도 도움이 된다.

④ 국내의 GPS 활용 현황

한국에서도 GPS 정보를 많이 활용하는 추세이나, 최근 몇 년 전부터 북한이 인천공항 등지로 GPS 전파를 교란시키는 행위를 함에 따라 오히려 conventional navigation도 중요해지고 있다.

더 공부해보기

2012FAR/AIM
 p. 550 1-1-20 Wide Area Augmentation System(WAAS)
 p. 554 Ground Based Augmentation System(GBAS)
Instrument Commercial(Jeppesen)
 pp. 8-67 Precision Approaches
항공정보매뉴얼
 p. 125 3-4-7 위성항법시설
2010 Gleim Private Pilot
 p. 286 10.4 Global Positioning System(GPS)

3) Nav/Com Radio #1 & #2

p. 173의 〈그림 4-18〉에서 3번, 4번, 5번, 6번 화살표가 표시하는 부분이다. 3번, 5번은 Com Radio장비이고, 4번, 6번은 Nav Radio 장비이다. 3번, 4번은 #1 장비이고, 5번, 6번은 #2 장비이다. #1과 #2는 동일한 기능을 가지고있으며 #2가 #1의 보조역할을 한다.

(1) COM Radio

Com Radio 장비의 사용은 간단하다. 오른쪽에 위치한 노브를 돌려서 STBY(Standby : 예비 주파수)에 있는 주파수 값을 수정한다. 노브는 바깥쪽의 큰 노브와 안쪽의 작은 노브로 이루어져 있는데, 큰 노브는 1의 자리의 값을 수정할 수 있고 작은 노브는 소수점 이하의 값을 수정할 수 있다. 원하는값이 STBY가 있는 LCD 화면에 입력되면 ↔ 버튼을 눌러 사용 중인 COMM 쪽으로 옮길 수 있다. 즉 COMM에 있는 주파수와 STBY의 주파수가 서로 Switch(교환)되는 것이다.

(2) 일반적인 주파수의 배치법

COM 1과 COM 2는 사용하는 주파수가 다르다. COM 1은 무선교신을 많이 하는 주사용 주파수를 이용하고, COM 2는 COM 1의 보조역할을 한다.

COM 1에는 주로 GRD, TWR, DEP, APP, ARR, 항공교통센터(Incheon Control)의 주파수를 세팅한다.

① GRD(Ground)

GRD Control은 공항 지표에서의 항공기와 차량의 움직임을 관제한다. 항공기의 경우는 Ramp(주기장)에서 시동 거는 것부터 Taxi를 해서 이륙을 위해 활주로로 진입하기 직전까지의 교신을 담당한다. 주기장에서 이동을 하려면 반드시 GRD의 Clearance(허가)를 받아야 한다. 익숙지 않은 공항이라서 길을 잘 모를 때에는 'Request Progressive Taxi'라고 교신하면 갈림길이나올 때마다 길을 관제사가 알려주게 된다. 규모가 작은 공항은 GRD 역할을

TWR가 대신하기도 한다.

② TWR(Tower)

공항에서 흔히 찾을 수 있는 관제탑을 의미한다. 공항 주위 일정 영역에 걸친 관제를 하게 된다(울진공항의 경우 반경 5nm 고도 2500ft AGL까지). 이륙 준비를 마친 항공기는 TWR에 Takeoff Clearance(허가)를 받아서 이륙할 수 있다. 각 공항별 관제 범위는 AIS(Aeronautical Information Service)의 홈페이지 http://ais.casa.go.kr/의 AIP 챕터 AD 항목에서 확인할 수 있다. Chart에서 Visual Approach Chart를 보면 Graphic으로 쉽게 알 수 있다.

③ DEP(Departure)

공항에서 이륙을 하고 TWR의 관제 영역을 벗어날 때 TWR에서 DEP로 관제권 이양이 된다. TWR 근처 일정 영역을 관제하게 된다.

④ APP(Approach)

착륙하려는 항공기에게 공항 근처의 일정 공역(DEP의 관제 공역과 일치한다. 같은 공역이지만 업무의 분담을 위해 주파수가 달리 운영되는 것이다. Inbound 항공기〔착륙을 위해 공항으로 들어오는 항공기〕들을 안전을 위해 적절히 seperation〔분리〕하고 sequence〔순서〕를 관제하게 된다. 필요시 Traffic Advisory나 Safety Alerts 업무도 제공한다. Inbound 항공기에는 반드시 Wind, Runway, Altimeter 정보를 제공하게 된다. 교통량이 많지 않은 공역인 경우 DEP와 APP의 주파수가 같은 곳도 있다)을 관리한다. 항공기가 공항에 점점 접근해서 TWR의 영역에 들어가게 되면 관제관 이양이 이루어지게 된다.

⑤ ARR(Arrival)

APP와 비슷한 개념으로 울진의 훈련 공역같이 특수한 곳에 일부 지정된다.

⑥ 항공교통센터(Incheon Control)

APP나 DEP의 관제 공역을 넘어서 항공기가 높이 상승하면 Incheon

Control이 관제를 하게 된다.

COM 2에는 보조적인 역할을 하는 주파수를 세팅하게 된다. 기본적으로 비상 주파수인 121.50을 항상 세팅해두고 STBY에는 ATIS같이 잠깐씩 이용하는 주파수를 준비시켜놓는다.

① 비상 주파수

COM 2에는 항상 비상 주파수인 121.50MHz을 세팅해두고 계속 청취하게 된다. Emergency 상황의 항공기들이 위급 상황을 알리려 사용하는 교신 채널이 121.50 MHz인 것이다. 선박에서의 비상 주파수도 121.50MHz라서 가끔 비행을 하다 보면 위급 상황에 빠진 선박들의 교신 내용이 들리기도 한다.

Emergency 상황은 위험성에 따라서 Distress와 Urgency로 나뉜다.

• Distress

Distress는 심각하고 즉각적인 위험에 노출되어 즉시 도움이 필요한 상황이다. 화재, Engine Failure, Structural Failure 등이 Distress 상황이다. 무선교신에서 "Mayday, Mayday, Mayday."라고 관제사에게 말한 후 상황을 설명하면 된다.

• Urgency

Urgency는 지금 당장은 문제가 없지만 시간이 흐름에 따라 위험할 수 있는 상황일 수도 있는 경우를 의미한다. 연료 부족, 기상 악화 등 비행 안전에 영향을 미치는 것들이 있다. 무선교신에서 "Pan, Pan, Pan."이라고 관제사에게 말한 후 상황을 설명하면 된다.

비행 중에는 현재 자신의 위치가 어디인지 길을 잃는 상황이 올 수 있다. 그러한 경우에는 Lost Procedure인 6C's를 기억해야 한다.

• Six C's(Climb, Circling, Communicate, Confess, Comply, and Conserve)

(a) Climb and Circling

먼저 무선교신과 항법 시설의 전파를 잘 수신할 수 있게 높은 고도로 원을 그리며 계속 상승해야 한다.

(b) Communicate

두 번째로, 교신이 가능한 관제 시설과 교신을 한다.

(c) Confess

세 번째로, 현재 Lost된 상황임을 관제사에게 솔직하게 밝혀야 한다. 많은 조종사들이 자신의 실수가 알려지는 것을 두려워하는데, 이는 잘못된 행동이다. 도움이 필요하면 언제든지 솔직하게 말할 줄 알아야 한다.

(d) Comply

네 번째로, 관제사의 Instruction을 따른다.

(e) Conserve

마지막으로, 착륙할 수 있는 공항까지 갈 수 있는 연료를 확보하기 위해 연료 낭비를 막는다. Throttle을 약간 줄이거나 Mixture를 세팅해서 최적의 연료 효율을 꾀한다.

② ATIS(Automatic Terminal information Service)

COM 2의 STBY 란에는 늘 ATIS(Automatic Terminal information Service) 주파수를 준비시켜둔다. 일정 규모 이상의 공항에서는 공항의 기상 정보를 음성으로 녹음해서 반복적으로 ATIS 주파수로 방송을 하게 된다. 그리고 ATIS는 매 시간마다 그 내용이 업데이트되며 기상, 활주로 제동상태, 사용 활주로, 계기접근 절차, NOTAM/PIREP/HIWAS 등의 변화가 있을 때도 업데이트된다.

필요시마다 조종사는 비행 중 가장 가까운 공항의 ATIS를 바쁘지 않은 틈에 잠깐씩 청취하며 기상 상황을 늘 파악하고 있어야 한다. 각 공항별 ATIS 주파수는 AIS(Aeronautical Information Service) 홈페이지(http://ais.casa.

go.kr/ →AIP→AD)에서 확인이 가능하다.

수신거리는 공항으로부터 최대 60nm, 25,000ft AGL까지 수신이 가능하도록 설계가 되었으나 주변 지형의 영향으로 제약적일 수 있다.

ATIS에서는 날씨정보가 업데이트된 시각, Ceiling(가장 낮은 구름층 [Broken, Overcast, Obscuration 등급의 구름]의 지표로부터의 높이), Sky condition, Visibility(시정거리 : statue mile로 방송됨), temperature, dew point(이슬점), 바람의 방향, 바람의 속도, altimeter setting 값, 기타 remarks, 사용하는 Runway(활주로) 정보, 필요시 활주로 제동상태, Windshear, LAHSO 등을 방송한다.

Ceiling이 5,000ft AGL 이하이고 Visibility가 5 statue mile 이상이면 ATIS 에서 Ceiling, Sky condition, visibility 등의 정보는 빠질 수 있다.

- ATIS의 예 : Ulsan Airport Information November. 0500 Zulu weather. Measured ceiling two thousand broken. Visibility four. Temperature one six. Wind three three zero at five. Altimeter two niner niner two. ILS runway three six approach in use. Advise you have information November.

- 해석 : 울산공항. ATIS의 이름은 November(Alpha부터 Zulu까지 이름 사용이 가능하며 ATIS가 업데이트될 때마다 이름이 바뀐다). UTC 시각으로 0500에 발표된 자료임(항공에서는 한국의 동경 기준시간을 쓰지 않고 UTC 시간을 쓴다. 영국 그리니치 표준시로 한국보다 9시간 느리다). ceiling은 2000ft AGL에 Broken type의 구름. 시정은 4 statue mile. 기온은 16. 바람은 330˚에서 5knot. Altimeter setting은 29.92inHg. 현재 사용 활주로는 36번 활주로.

인천, 김포, 김해, 제주공항은 전화를 걸어 ATIS를 확인할 수도 있다(기본 통화료 이외에 추가요금은 없다).

Airport	ICAO Code	IATA Code	ATIS Phone number
인천공항	RKSI	ICM	032-743-2676
김포공항	RKSS	GMP	02-2660-2676
김해공항	RKPK	PUS	051-974-2676
제주공항	RKPC	CJU	064-797-2676

조종사는 ATIS를 청취하고 나서 TWR와 initial contact를 할 때 ATIS information을 가지고 있다면 "with information November(ATIS의 이름으로 alpha부터 zulu까지 될 수 있음)"라고 말하면 무선교신의 부담을 조금이나마 덜 수 있다.

C172R/S같은 경량 항공기는 ATIS를 청취로 들어야 하지만, 대형 민항기 같은 경우에는 D-ATIS(Digital ATIS)의 Datalink를 통해 정보를 받아서 cockpit 내의 프린터에 의해 문자정보를 출력해 사용할 수 있다.

(3) NAV Radio

NAV Radio의 사용법은 p. 168의 (10) Course Deviation(VOR Indicator) and Glide Slope indicators를 참조하자(VOR 편 참고).

더 공부해보기

2012FAR/AIM
    p. 624 4-1-13 Automatic Terminal Information Service
Private Pilot(Jeppesen)
    pp. 5-26 Radar Facilities
    pp. 5-30 Lost Communication Procedures
    pp. 5-32 Emergency Procedures
항공정보 매뉴얼
    p. 251 제8절 공항정보 자동방송업무(ATIS) 절차

4) Radio Communication(무선교신 용어 및 기법)

조종사는 비행 중에 끊임없이 무선교신을 해야 한다. 공부해야 할 용어의

수도 광범위하고 정해진 규칙을 따라야 하기 때문에 조종사들이 까다롭게 생각하는 단원이다. 이 책에서 최대한 쉽게 설명하고자 노력하였으니 이 장을 숙독하도록 하자.

(1) General

Radio Communication의 주체인 조종사와 관제사 간에 원활한 의사소통이 기본적으로 되어야 한다. 조종사가 무엇을 원하는지, 관제사가 무엇을 원하는지 서로 명확하게 이해하고 있어야 한다.

• Language

국내 항공법에 따르면 무선교신은 영어 또는 한국어를 사용하도록 되어 있다. 그리고 국제비행의 경우에는 무조건 영어만 사용하도록 되어 있다. 외국인 조종사들이 국내에 많이 있기 때문에, 국내에서 비행을 한다 하더라도 기본적으로는 영어를 사용하고 Emergency 같은 긴급한 상황에서만 한국어를 사용하도록 노력해야 한다.

• Brevity

무선교신을 할 때에는 최대한 간결하게 해야 한다. 혼자 장황하게 말해서 주파수의 이용을 독차지한다면 다른 항공기들이 교신을 못 하기 때문이다. 또한 '어(er)'와 같은 주저하는 말도 삼가야 한다.

• Vigilance

조종사는 무선통신을 계속 경청하고 있어야 한다. 다른 항공기의 무선통신도 들으면서 전체적인 상황을 계속 알고 있어야 위험을 방지할 수 있다.

• Jam

다른 사람이 무선교신을 하고 있을 때 중간에 끼어들어 마이크를 작동시키면 안 된다. 그러한 경우 전파가 겹쳐 Jamming이 발생해서 잡음만 나오게 된다. 결국 모두가 방해를 받게 되는 것이다.

- Pause

주파수를 방금 변경했다면 2~3초 정도 무선교신을 모니터한 후 무선교신에 참여해야 한다. 주파수를 변경하자마자 바로 무선교신을 하면 이전에 무선교신을 하고 있던 다른 항공기의 무선교신 중간에 끼어들 수도 있기 때문이다.

- Listen

다른 항공기의 교신 내용이나 ATIS를 잘 들어놓음으로써 많은 비행 정보를 얻을 수 있다. 다시 말하면 정보를 얻으려 본인이 정보를 한 번 더 요청하지 않아도 된다는 것이다. 그래서 다른 항공기의 교신 내용을 모니터하는 것만으로도 불필요한 무선교신을 줄일 수 있다.

- Think

말할 내용을 먼저 충분히 생각하고 무선교신을 해야 한다. 마이크의 송신 버튼을 누르고 나서 생각하면 이미 말하는 속도가 늦어진다. 생각하는 시간이 있기 때문에 무선교신을 하려면 미리 말하고자 하는 바를 먼저 생각해두고, 말할 때는 신속하게 해야 한다.

- Wait

무선교신을 하려고 마이크의 송신 버튼을 누른 다음 바로 말하지 말고, 버튼을 누르고 약 1초간 기다렸다가 말을 해야 한다. 버튼을 누르자마자 바로 말을 시작하면 교신 내용의 첫 부분이 잘릴 가능성이 있기 때문이다.

- Stuck Mike

마이크의 송신 부분이 잘못되어 계속 눌려진 상태가 되지 않게 해야 한다. 누군가 계속 송신을 하고 있으면, 아무도 그 주파수에서는 교신을 할 수 없기 때문이다.

- Within Range

통신장비나 지상 무선시설에서 항공기가 너무 멀리 떨어지지 않았는지 확인해야 한다. 너무 먼 거리에서는 교신이 불가능하기 때문이다.

(2) Contact Procedure

• 무선교신 문장의 기본구조

무선교신에서는 말할 때 자유롭게 구술하는 것이 아니라 정해진 순서에 따라 말을 하게 되어 있다. 순서는 다음과 같다.

(a) 교신할 관제시설

(b) 항공기의 Call Sign

(c) 항공기의 위치 및 고도(Initial Contact과 Last Contact에서는 반드시 말해야 함)

(d) 전달사항 또는 요청사항(말하고자 하는 바)

위의 4가지가 무선교신을 할 때 한 문장의 기본구조가 된다.

예① 울진 TWR, KoreanAir080, 5 mile East of 울진 VOR at 2500, request Frequency Change.

　　해석 : 울진 TWR야, 나는 KoreanAir080인데, 울진 VOR로부터 5마일 동쪽에 있고, 고도는 2500ft이다. 주파수 변경을 요청한다.

예② 울진 ARR, Asiana035, over point Sierra at 3000, inbound for full-stop.

　　해석 : 울진 ARR야, 나는 Asiana035인데, Sierra 지점에, 고도 3000ft 이다. 공항에 착륙을 하고자 하는 의도가 있다.

예③ 울진 GRD, JejuAir003, at spot number 06, request engine start up and departure information.

　　해석 : 울진 GRD야, 나는 JejuAir003인데, 주기장의 06번 스팟에 주기 되어 있다.

• Responses words

- Roger : 지시 사항을 알았다 혹은 이해했다는 뜻이다.

- Wilco : 지시 사항을 이해했고, '반드시' 따르겠다는 뜻이다. 반드시 따르겠다고 하는 의미는 해당 지시 사항에 대해 조종사에게 책임이 있다는 것이다. 따라서 책임 회피의 목적 때문에 요즘은 잘 사용되지 않고, 대신 Roger가 널리 쓰인다.
- Affirmative : Yes의 의미이다.
- Negative : No의 의미이다.

예❶ Roger, KoreanAir045 (Initial Contact이 아닌 두 번째 교신부터는 교신할 관제시설의 이름을 빼도 무방하다. 이 경우 목적을 먼저 애기한 후 자신의 Call Sign은 맨 마지막에 붙인다.)

해석 : 이해했다. 나는 KoreanAir045

예❷ 포항 APP, Asiana016, Negative due to cloud,

해석 : 포항 APP야, 나는 Asiana016인데, 구름 때문에 불가하다.

• Read Back

관제사의 지시 중 안전과 관련된 부분은 Read Back(복창)을 해야 한다. 반드시 Read Back해야 하는 사항은 다음과 같다.

① ATC 비행로 허가
② 활주로 진입 e.g) Line up and wait
③ 착륙 e.g) Cleared to land
④ 이륙 e.g) Cleared to Takeoff
⑤ 활주로 옆 대기 e.g) Hold short of Echo1
⑥ Cross Taxi
⑦ Backtrack
⑧ 사용 활주로 e.g) Runway 36
⑨ Altimeter Setting e.g) altimeter 29.92
⑩ 2차 감시 레이더 코드
⑪ 수평비행(level) 및 speed 지시

⑫ Altitude(고도)

⑬ 사용 주파수 e.g) Contack 포항 APP, 124.25

단, 대형 항공기에 설치되어 있는 CPDLC(Controller Pilot Data Link Communication) 장비를 이용해서 Voice가 아닌 Text로 정보를 주고받는 경우 Read Back은 필요하지 않다.

• **Aircraft Call sign**

대한항공 : KoreanAir000

아시아나항공 : Asiana000

제주항공 : JejuAir000

진에어 : JinAir000

에어부산 : AirBusan000

항공대학교 : University0000

한서대학교 : HanseoFlight0000

참고 0000은 항공기 등록 부호이다. 국내의 모든 항공기는 HL0000 식으로 등록 부호를 받는다. 첫째 자리는 항공기 엔진의 종류에 따라, 둘째 자리는 엔진의 개수에 따라, 셋째, 넷째 자리는 일련번호에 따라 숫자가 결정된다.

항공기의 종류			등록 기호
활공기			0000~0599
비행선			0600~0799
비행기	Piston Engine	Single Engine	1000~1799
		Multi Engine	2000~2799
	Turbo Prop Engine	Single Engine	5100~5199
		2 Engine	5200~5299

항공기의 종류			등록 기호
		3 Engine	5300~5399
		4 Engine	5400~5499
	Turbo Jet Engine	Single Engine	7100~7199
		2 Engine	7200~7299 7500~7599 7700~7799 8200~8299
		3 Engine	7300~7399
		4 Engine	7400~7499 7600~7699 8400~8499 8600~8699
헬리콥터	Piston Engine	Single Engine	6100~6199
		2 Engine	6200~6299
	Turbo Engine	Single Engine	9100~9199 9300~9399 9500~9599
		Multi Engine	9200~9299 9400~9499 9600~9699

- **Navaid/Reporting Point로부터의 위치 · 고도 보고**

- Navaid(항법 시설)을 이용한 보고

  VOR 반경 내의 사분 방향이나 Radial을 이용한다. Radial은 1의 자리에
  서 반올림하도록 한다.

예1 one zero mile SouthWest of KPO at four thousand five hundred

예2 zero seven zero radial eight mile from 울진VOR at three thousand
    five hundred

ARC 선상에 있는 경우 다음과 같이 말한다.

예① one two mile arc NorthWest of 울진 VOR

NDB는 'Course to', 'Bearing From' 등을 사용하고 끝에 'Radio Beacon'을 붙인다.

예① two two zero bearing from AB radio beacon at five thousand five hundred

- Reporting Point를 이용한 보고

공항마다 특정 지점을 정해두어 Reporing Point로 사용한다. AIS (Aeronautical Information Service)의 홈페이지(http://ais.casa.go.kr) 에서 AIP→AD로 들어가면 각 공항별로 Visual Appraoch Chart 가 있는 데, 여기서 확인할 수 있다. 울진공항에는 Alpha, Bravo, November, Sierra 이렇게 총 4개의 Reporting Point가 있다. Point에 가까이 접근하는 중이면 'approaching', 직상공에 있으면 'over'란 용어를 사용한다.

예① over Sierra at two thousand five hundred

예② approaching Bravo at two thousand

(3) Phonetic Alphabet

항공에서는 알파벳과 숫자를 정확히 전달하기 위해서 다음과 같이 발음한다.

Character	Telephony	Morse Code	Phonic
A	Alfa	• −	AL FAH
B	Bravo	− • • •	BRAH VOH
C	Charlie	− • − •	CHAR LEE
D	Delta	− • •	DELL TAH
E	Echo	•	ECK OH
F	Foxtrot	• • − •	FOKS TROT
G	Golf	− − •	GOLF
H	hotel	• • • •	HOH TELL

Character	Telephony	Morse Code	Phonic
I	India	● ●	IN DEE 모
J	Juliett	● – – –	JEW LEE ETT
K	Kilo	– ● –	KEY LOH
L	Lima	● – ● ●	LEE MAH
M	Mike	● ●	MIKE
N	November	– ●	NO VEM BER
O	Oscar	– – –	OSS CAH
P	Papa	● – – ●	PAH PAH
Q	Quebec	– – ● –	QUE BECK
R	Romeo	● – ●	ROW ME OH
S	Sierra	● ● ●	SEE AIR RAH
T	Tango	–	TANG GO
U	Uniform	● ● –	YOU NEE FORM
V	Victor	● ● ● –	VIK TAH
W	Whiskey	● – –	WISS KEY
X	X–ray	– ● ● –	ECKS RAY
Y	Yangkee	– ● – –	YANG KEY
Z	Julu	– – ● ●	ZOO LOO
1	One	● – – – –	WUN
2	Two	● ● – – –	TOO
3	Three	● ● ● – –	TREE
4	Four	● ● ● ● –	FOW–ER
5	Five	● ● ● ● ●	FIFE
6	Six	– ● ● ● ●	SIX
7	Seven	– – ● ● ●	SEV–EN
8	Eight	– – – ● ●	AIT
9	Nine	– – – – ●	NIN–ER
0	Zero	– – – – –	ZEE–RO

  특히 9를 뜻하는 영어 Nine은 독일어의 Nine(No의 의미)과 혼동될 우려
가 있어서 Niner라고 발음한다.

(4) 숫자 읽는 법

• 100 단위 및 1,000 단위

100 단위 및 1,000 단위로 표현되는 숫자는 다음과 같이 읽는다.

Ex ❶ 700 ·· seven hundred

Ex ❷ 6,500 ····································· six thousand five hundred

10,000 이상의 100 단위 및 1,000 단위로 표현되는 숫자는 다음과 같이 읽는다.

Ex ❶ 10,000 ····································· one zero thousand

Ex ❷ 12,500 ····························· one two thousand five hundred

• Airways

Airway(항로)나 jet route의 숫자는 다음과 같이 읽는다.

Ex ❶ V11 ·· Victor eleven

Ex ❷ J632 J ···································· six thirty three

RNAV(지역 항법) 항로는 다음과 같이 읽는다.

Ex ❶ L15 ·· Lima one five

• 기타 숫자

기타 숫자는 각 자리숫자를 다음과 같이 따로따로 읽는다.

Ex ❶ 13 ·· one three

Ex ❷ 100 ·· one zero zero

• 소수점

소수점은 국제기준의 경우 Decimal(데시멀)로 발음한다. 미국 FAA 기준으로는 Point로 발음한다.

Ex ❶ 121.50 ···································· one two one decimal five

Ex ❷ 118.75 ···································· one one eight point seven five

GRD(Ground) 주파수의 경우 보통 121.xx이므로 121을 생략하기도 한다.

Ex ❶ Contact GRD decimal seven : GRD 주파수 121.7 MHz로 변경하라.

• Altitude(고도) and Flight Levels

18,000 ft MSL 미만의 고도는 다음과 같이 읽는다.

Ex ❶ 13,000 ·································· one tree thousand

Ex ❷ 6,500 ································· six thousand five hundred

18,000ft MSL 이상의 고도부터는 다음과 같이 표기하고 읽는다.

Ex ❶ 18,000ft → FL180 ·················· Flight Level one eight zero

Ex ❷ 23,000ft → FL230 ·················· Flight Level two three zero

MDA(Minimum Descent Altitude)와 DH(Decision Height)는 숫자 자리수를 하나씩 분리하여 읽는다.

Ex ❶ MDA 1,230ft ···· Minimum Descent Altitude one two three zero

Ex ❷ DH 524ft ···················· Decision Height five two four

공항 Field Elevation도 숫자 자리수를 하나씩 분리하여 읽는다.

Ex ❶ FE 175ft ····················· Field Elevation one seven five

• Directions

Bearing, Course, Heading, Wind Direction은 항상 Magnetic North(자북)을 기준으로 하며, 굳이 True North(진북) 기준의 방위로 나타내려면 앞에 'True'라는 단어를 뒤에 덧붙여야 한다.

Ex ❶ (Course) 030 ···························· zero three zero

Ex ❷ (Bearing) 180 ···························· one eight zero

Ex ❸ (Heading) 330 ···················· Heading three three zero

Ex ❹ (wind direction)090 ················· wind zero niner zero

• Speeds

항공에서 속도는 반드시 knot(1kt=1 nautical mile per hour) 단위로 표현된다.

Ex ① (Speed) 150 ································ one five zero knots

Ex ② (Speed) 230 ································ two three zero knots

속도가 매우 빨라 음속에 가까울 때는 Mach(마하)라는 단위를 사용한다.

Ex ① (Speed) 0.61 ································ Mach decimal six one

Ex ② (Speed) 1.2 ································ Mach one decimal two

• Wind

지상풍의 경우 방향과 속도를 함께 말해준다.

Ex ① (wind)300 15kt ··············· wind three zero zero at one five

• **Altimeter Setting(고도계 수정치)**

Altimeter 또는 QNH란 말 다음에 숫자의 자리수를 하나씩 분리하여 읽는
다. 소수점(decimal)은 발음하지 않는다.

Ex ① 29.92 inHg ····························· Altimeter two niner niner two

• Time

항공에서는 세계표준시인 UTC(Coordinated Universal Time:Zulu Time)
를 사용한다. 한국 시간인 동경 기준의 KST는 사용하지 않는다. UTC는 영국
의 Greenwich 시를 기준으로 한 시각으로서 KST보다 9시간 느리다.

KST-9hr=UTC

Ex ① 0730 UTC ································ zero seven three zero

간략히 말하기 위해서 시를 제외한 분만 말하기도 한다.

Ex ① 2345 UTC ································ four five

(5) Radio Communication Failure Procedure

COM Radio가 고장 난 상황이라면 각 공항별로 있는 Lost Comm
Procedure를 확인해야 한다. Radio Communication Failure Procedure는
AIP나 Jeppesen Chart에서 확인이 가능하다. AIS(Aeronautical Information
Service)의 홈페이지(http://ais.casa.go.kr)에서 AIP→AD로 들어가면 각 공

항별로 TEXT가 있는데, 여기서 확인할 수 있다. 반드시 비행 전에 이와 같은 사항을 숙지하거나 프린트를 준비해서 Lost Comm 상황에 대처해야 한다.

울진공항의 경우 Radio Communication Failure Procedure(VFR Flight-Conventional Airplane)는 다음과 같다.

① Squawk 7600(Transponder code를 7600으로 변경), and

② When able to see light gun signal from controll tower, follow that instruction.

③ If unable to see light gun signal from control tower, hold on downwind until ETA(Estimate Time of Arrival) or for 10 Minutes, whichever is longer, then

④ Aircraft on west pattern should land on Runway in use

⑤ Pilot shall use caution landing and departing traffic.

이에서 Light Gun Signal이란 빛을 이용한 신호를 의미한다. 총처럼 생긴 발광 장치를 이용해서 Tower에서 항공기를 향해 불빛을 비추어 신호를 보내는 방식이다. 신호의 해석은 다음과 같다. 구술면접이나 체크비행에서 자주 물어보는 사항이므로 반드시 암기해야 한다. 또 위급 상황 시 잊어버릴 경우를 대비해서 비행할 때 다음의 표를 출력해서 가지고 다니는 것도 좋은 방법이다.

Color &Type of Signal	Movement of vehicles, Equipment & Personnel	Aircraft on the Ground	Aircraft in Flight
Steady Green	Cleared to Cross, Proceed or go	Cleared for takeoff	Cleared to land
Flashing Green	-	Cleared to taxi	Prepare landing
Steady Red	Stop	Stop	Give way to other aircraft and continue circling
Flashing Red	Clear the taxiway/runway	Taxi clear of the runway in use	Airport unsafe, do not land
Flashing White	Return to staring point On airport	Return to starting point on airport	-
Alternating Red & Green	Exercise extreme caution	Exercise extreme caution	Exercise extreme caution

〈그림 4-34〉 Light Gun Signal

(6) ATC Glossary

이 장에는 Air Traffic Control System에서 가장 빈번하게 사용되는 용어를 정리해놓았다. 될 수 있는 대로 많이 읽어보고 숙지해야 조종에서 가장 어려운 부분 중 하나인 Radio Communication에 익숙해질 수 있다. 자주 쓰이는 용어는 굵은 이탤릭체로 되어 있다.

A

Abeam.
특정 지점의 좌우 90° 지점에 위치한 상황.

Abort (description).
중지.

Abort Takeoff due to (이유).
이륙 도중 문제가 발생하여 특정 이유에 따라 이륙을 포기함.

ACAS climb/descent.
ACAS(공중충돌방지장치: Airborne Collision Avoidance System) 장치의 경고로 Climb이나 Descent를 할 경우 조종사는 즉시 관제사에 위와 같이 통보해야 한다. 충돌 위험이 해소된 이후엔 원래 고도로 복귀하면서 다음과 같이 말한다. "Clear of conflict, returning to (고도)" 또는 "ACAS Climb/Descent completed, (고도) resumed."

Acknowledge.
메시지를 듣고 이해했는지 알려달라는 뜻.

Active runway.
이착륙에 현재 사용되는 활주로.

Affirm.
YES.

Affirmative.
YES.

Air file.
비행 중 Flight plan을 새로 제출할 때 사용.

Airport reference point(ARP).
공항 근처의 비행에 도움을 주는 시각 참조물.

Any station.
Lost Comm 상황에서 교신이 되는 어떠한 시설이라도 호출하기 위해 부르는 call sign.

Approved.
요구 사항을 인가함.

Approved as required.
요구 사항을 인가함.

As filed.
Flight plan에 제출한 정보에 따라서.

As published.

Chart에 나와 있는 대로.

At (위치).

해당 위치에서.

Attention all aircraft.

관제사가 해당 공역 안에 있는 모든 항공기를 부를 때 쓰는 Call Sign. ICAO에서는 Attention all station이라고 한다.

Back Taxi.

사용 활주로에서 이착륙 방향과 반대 방향으로 taxi(지상 활주)를 하는 것.

Below minimum.

현재의 기상조건이 비행이 가능한 최소한의 조건에 미달하는 경우 쓰이는 용어.

Brake action reported by (기종) at (시간) good/medium/poor/nil

관제사가 조종사에게 활주로의 제동 상태를 물어볼 때 사용하는 표현. Good/medium/poor/nil로 등급을 나누어 보고한다.

Break.

관제사가 바쁜 상황에서 관제의 효율을 높이려 사용. 즉 빠른 정보 전달을 위해 Read back하지 말라는 뜻.

Cancel.

이전 허가 내용을 취소함.

Cancel altitude restriction.

고도 제한치를 무시해도 좋음.

Cancel IFR.

계기비행(IFR)에서 시계비행(VFR)으로 전환할 때 조종사가 관제사에게 쓰는 용어.

Caution wake turbulence.

항적 난기류(Wake Turbulance: 비행기 뒤쪽에 생기는 난류)를 경고하기 위해 쓰이는 용어.

Wake turbulence 대신에 Jet blast, Propwash, Roterwash를 사용할 수 있다.

Change your call sign to (new call sign) until further advised.

Call sign이 중복되거나 유사하게 발음되는 항공기가 있을 경우 관제사는 call sign을 바꿀 것을 요청할 수 있다. 본래의 Call sign으로 복귀를 지시하는 경우 다음과 같이 말한다. "Revert to flight plan call sign (original call sign) at (위치)."

Check.

확인하라.

Check wheels down.

항공기가 착륙을 위해 접근할 때 관제사가 보기에 랜딩기어가 제대로 펼쳐지지 않았다고 의심되는 경우 쓰이는 용어.

Change to my frequency (주파수).
주파수 변경이 필요할 때 쓰이는 용어.

Circle to runway(숫자).
circling approach와 관련된 내용으로, 착륙할 활주로가 반대편이니 approach했다가 반대편 활주로로 선회해서 착륙을 준비해야 하는 것을 통보할 때 사용함.

Clearance.
허가.

Cleared to.
허가한다.

Cleared to land.
착륙을 허가함.

Climb and maintain (고도).
상승하여 지정된 고도로 비행하라는 뜻.

Climb at pilot's discretion.
조종사가 원하는 상승 시기와 상승률로 상승하라는 뜻.

Climb to VFR.
Special VFR을 요청했을 때, 가능한 한 빨리 VFR 고도로 올라가라는 의미.

Closed traffic.
Closed traffic pattern의 약어.
Traffic pattern에만 있겠다는 의미.

Commence.
시작을 의미.

Confirm (정보).
의문이 가는 것이 있을 때 재차 확인하는 것. Affirm/Negative로 답변한다.

Contact (시설).
(시설)과 교신하라.

Contact approach.
계기비행으로 approach 중에 구름을 치지 않고 visibility가 최소 1 statue mile 이상일 때 조종사의 요청으로 가능하다. 비행접근 절차 대신 지면을 시각적으로 참조하여 목적지까지 비행하는 IFR flight plan.

Correction.
교신을 송신하다가 잘못된 부분이 있으면, 잘못된 부분을 말하는 순간 Corretion이라고 덧붙이고 올바른 내용을 말하면 된다.

Continue.
현 상태로 계속 진행하라

Cross (fix) at (고도).
특정 지점을 특정 고도로 지나쳐라.

Cross (fix) at or abouve (고도).
특정 지점을 특정 고도 이상으로 지나쳐라.

Cross (fix) at or below (고도).
특정 지점을 특정 고도 이하로 지나쳐라.

Cruise.

비행 고도를 특정 고도가 아니라 gap이 있는 Block으로 정해주는 것. Block altitude 안에서 자유롭게 상승 · 하강을 할 수 있다.

D

Descend and maintain (고도).

하강해서 일정 고도로 비행하라.

Descend at pilot's discretion (고도).

조종사가 원하는 시기에 원하는 강하율로 강하해도 된다.

Descend via (STAR).

STAR Chart를 따라서 하강하라.

Direct to (위치).

해당 위치로 최단거리로 곧장 나아가라.

Disregard.

잘못된 메시지를 송신 중에 있을 때 마지막에 Disregard를 덧붙이면 이 송신은 없는 것으로 간주하라는 뜻이다. 자주 사용하는 표현이다.

Do not exceed (속도).

해당 속도를 넘기지 마라.

Downwind abeam.

Downwind leg에서 Tower에 abeam 된 때.

E

Emergency.

distress 또는 urgency 상황

Enter (Left/Right) downwind/base.

Traffic pattern의 downwind/base에 합류하라.

Established.

Route, Altitude, heading 등에 stable하게 fixed됨.

Execute missed approach.

Go around.

Execute missed approach as published.

Chart에 나온 대로 missed approach를 수행하라.

Exit without delay.

지체 없이 활주로를 벗어나라.

Expect further clearance (시각).

다음 허가가 (시각)에 나오니 예상하고 있으라.

Expedite.

긴박한 상황을 피하기 위해 즉각적인 이행이 필요한 때 사용되는 어휘. 이유를 덧붙여 설명해야 한다.

Extend Downwind.

Traffic pattern에서 앞선 항공기의 Delay로 downwind leg의 길이를 늘일 필요가 있을 때 쓰이는 표현. Make long approach와 같은 뜻이다

F

False air traffic control instructions have been received in the area of 00 airport. Exercise extreme caution on all frequencies and verify instructions

관제사를 가장한 기만 통신이 있을 때 나오는 경고 방송.

Flight path.

비행 중인 line, track, 진로 등.

Flock of birds, (숫자) O'clock, (숫자) miles, (방향)bound, last reported at (고도).

조류활동을 경보하기 위해 관제사가 조종사에게 쓰는 용어. 방향은 E, W, S, N, NE, NW, SE, SW가 쓰일 수 있다. 고도가 명확하지 않으면 'Altitude unknown'이라는 용어를 덧붙인다.

Fly heading 000.

항공기를 선회하여 heading을 000으로 하라.

Follow (description).

항공기들 간에 운항순서 배정을 목적으로 이동경로 상에 앞서 진행 중인 항공기를 눈으로 확인하고 뒤따를 것을 지시할 때 사용되는 용어.

Fuel Remaining.

남은 연료량.

G

Give way to (traffic).

길을 양보하라.

GNSS/GBAS/SBAS reported unreliable due to (이유).

GPS 시설이 이용 불가능할 때 사용하는 용어.

Go Ahead.

말하라. 보통 중요한 의미전달을 위해 call sign만 부르고 송신을 마쳤을 때 하는 답변으로 사용된다.

Go Around.

위험하니 착륙을 포기하고 Go around(복행)해서 즉시 상승하라.

H

Hand off.

관제권 이양.

Have numbers.

wind, runway, altimeter 정보를 가지고 있다는 뜻. ATIS 정보를 가지고 있다는 뜻은 아니니 주의.

Heavy

대형 항공기를 의미.

Hold.

대기하라는 의미.

Hold Position.

현 위치를 고수하라.

Hold short of runway (숫자).

활주로 근처 특정 위치에서 대기

하라는 뜻. 반드시 Read Back해야 하며, Read Back 방법은 다음과 같다. "Holding short of runway (숫자)."

Homing.

wind correction은 주지 않은 채 Navaid를 향해서 heading을 유지하는 것.

How do you read me?

수신감도를 체크하기 위해 사용하는 용어. 잘 들리면 "Loud and Clear."라고 대답한다. 잘 안 들리면 "Your radio sometimes cut up.", "Your radio is very weak.", "Your radio garble."이라고 대답한다. 들리는 상태에 따라 1에서 5까지의 점수를 매겨 답할 수도 있다. 3 이상이면 좋은 상태라고 본다.

I

Ident.

Transponder의 Ident 버튼을 눌러라. Read back은 하시 않는다. 조종사가 Ident를 수행하면 scope가 반짝거려 관제사가 수월하게 본 항공기를 찾을 수 있다.

If able/If possible/If feasible

가능하다면

Immediately.

긴박한 상황의 회피를 위해 신속한 이행이 필요할 때 사용되는 용어. 이유를 덧붙여 설명해야 한다.

(대상) Insight.

목표대상을 시각적으로 확인함.

In use.

사용 중인

J

Join (위치).

특정 지점에서 합류하라.

K

Known Traffic.

관제사가 고도 · 위치 · 의도를 알고 있는 항공기

L

Land and hold short operations(LAHSO).

착륙 항공기가 교차 활주로 /Taxiway나 지정된 대기 지점에서 대기할 수 있거나 관제사로부터 지시받아 대기하는 운영 절차. 즉 착륙하는 항공기가 교차하는 활주로나 Taxiway의 교차점 전에 정지하는 Operation. 반드시 따라야 하는 지시는 아니고 조종사가 거부할 수 있다.

Land assured.

조종사가 하는 메시지로 착륙이

확실시된다는 의미.

looking out.

현재 해당 Traffic을 찾는 중이다.

leave controlled airspace

해당 공역을 떠나는 것을 의미하는 용어이다.

Local traffic.

비행장 주변 모든 traffic.

Low altitude alert, check tour altutude immediately.

관제사의 관측 결과 항공기가 지상 장애물에 근접해 있을 때 경고하는 용어

Low altitude alert, check your altitude immediately.

고도가 낮으니 주의하라는 의미.

Low approach.

항공기가 활주로에 접근하며 착륙은 하지 않고(활주로에 접지하지 않고) 곧바로 Go-Around(복행 : 착륙 포기 및 상승)하는 것.

M

Make short approach.

기존 Traffic Pattern의 길을 벗어나 짧은 거리로 착륙을 위한 approach를 지시하는 데 사용하는 용어.

Maintain (description).

특정 상황을 유지하라.

Mayday, Mayday, Mayday.

Distress 상황을 선언.

Minimum Fuel.

목적지까지 도착할 수 있는 최소한의 연료만 보유하고 있으므로 지연이 발생하면 안 된다는 의미. 비상 상황은 아니나 지연되면 비상 상황으로 이어질 수 있다는 의미. 언제라도 비상 상황이라고 판단되면 비상 상황을 선언해야 한다. Priority가 필요한 경우 조종사는 관제사에게 Priority를 즉각 요구해야 한다. 연료의 남은 양은 분 단위로 관제사에게 보고해야 한다.

Minimum Safe Altitude(MSA).

Minimum sector altitude라고도 하며 Navaid 반경 25mile 이내 장애물로부터 1000ft 이상의 안전고도를 제공한다. Emergency 상황에서 사용된다.

Monitor (주파수).

비행 상 이점이 있을 때 관제사는 항공기에게 현재 사용 중인 주파수 이외에 다른 주파수를 동시에 듣고 있도록 지시할 수 있다.

N

Negative.

No.

Negative contact.

해당 항공기를 구름 등의 이유로

육안으로 식별할 수 없다.

No delay expected.

지연이 예상되지 않는다. 급하게 서두를 필요 없다.

Numerous targets vicinity (위치)

주위 traffic이 많을 때 관제사가 사용하는 메시지로 조종사는 충돌에 유의해야 한다.

O

Off course(Deviation).

진로 이탈. 허가된 비행 경로와 항공기가 보고한 위치 또는 레이더 상에 포착된 위치가 다를 경우 사용하는 용어.

On course

= established

Optional approach.

착륙을 할 때 착륙의 종류들인 Touch&go, Missed approach, Low approach, Stop&go, Full stop 중 어느 것이나 임의로 선택하여 실시할 수 있는 approach.

Out.

Transmission이 끝났고 더 이상 응답을 요하지 않음. 최근엔 잘 사용하지 않는 용어이다.

Out of service

Unserviceable과 같은 의미로 조종사가 관제를 요청했을 때, 관제사가 이에 따르지 못할 경우.

Over.

(1) over (위치)인 경우 해당 위치 바로 위에 있다는 의미.

(2) Transmission이 끝났으니 응답을 하기 바람. 최근엔 잘 사용하지 않는 용어이다.

P

Pan, Pan, Pan.

Urgency 상황을 선언

Passing (고도/위치).

해당 고도나 위치를 지나는 것.

Possible pilot deviation advise you contact (시설 명) at (전화번호).

조종사가 위반 행위를 했을 때 관제사가 조종사에게 통보.

Present heading/ altitude/ speed.

현재의 heading/ altitude/ speed.

Procedure turn.

course를 180° 바꾸어 반대 방향으로 가는 것.

Proceed offset (숫자) mile Right/Left of (Route).

원래의 항로에서 지시한 거리만큼 왼쪽 혹은 오른쪽으로 떨어진 채 비행을 유지하라. "Cancel offset."이란 메시지를 받으면 취소하고 원래의 항로로 돌아오면 된다.

Practice Instrument approach

계기접근 연습

Progressive taxi.

　　낯선 공항에서 길을 잃었을 때 관제사에게 길안내를 받는 것.

Q

Quadrant

　　Navaid를 중심으로 방위를 동서 남북으로 4조각으로 나눈 1/4 부분. 각 조각을 NE, SE, SW, NW 로 표기한다.

R

Radar contact.

　　관제사가 레이더 상으로 항공기를 확인함

Radar contact lost.

　　관제사가 레이더 상으로 항공기를 일시적으로 확인할 수 없음. 관제사가 이 말을 하지 않았을 시 사고에 대한 책임이 일부 있기 때문에 관제사의 면책을 위한 메시지임. 충돌에 좀 더 주의를 기울이라는 것.

Radar service terminated

　　공역이 바뀔 때 관제사가 더 이상 Radar service를 제공하지 않는다는 의미

Read back.

　　메시지의 일부나 전부를 정확히 반복 복창하라.

Ready to (description).

　　지시사항을 할 준비가 되었다는 의미.

Ready to copy.

　　필기할 준비가 됨.

Recycle transponder.

　　Transponder의 작동이 이상하니 확인을 해보라는 뜻.

Remain this frequency (주파수).

　　주파수 변경이 필요하지 않을 때 관제사가 쓰는 용어

Revised (변경 내용).

　　비행 전 제출한 Flight Plan의 내용이 비행 중에 바뀔 필요가 있을 때 조종사가 관제사에게 쓰는 용어. 특히 계기비행(IFR)의 경우 ETA(Estimate of Arrival:도착예정시간)가 3분 이상 차이 날 경우 통보해야 한다.

　　E.g 1) 포항 APP, KoreanAir080, Revised altitude, six thousand.

　　E.g 1) 울진 ARR, Asiana016, Revised estimate, 울진 one two one zero.

Report (description).

　　다음 사항을 보고하라.

Report when ready.

　　준비되면 보고하라.

Request (description).

　　다음 사항을 요구한다.

Request departure information.

　　출항 정보를 요구한다. 사용 활

주로, altimeter 값 등의 정보를
받을 수 있다.

Request (Right/Left) turn.

해당 방향으로 선회를 요청함.

Request start up.

엔진 시동을 걸게 허가해 달라.
답변으로 "Start up approved."
가 있다.

Request push back.

주기된 대형 항공기를 공항의
vehicle로 끌어서 Taxi 준비를
할 수 있게 요청하는 것.

Request tow (항공사 이름) (기종)
from (현 위치) to (원하는 위치).

Tow를 요청할 때 쓰는 표현.

Resume (description).

다음 사항을 재개하라.

Resume own navigation.

관제사의 vectoring 도움이 종료
되고 조종사가 알아서 항법을 따
라 비행하라는 뜻.

Resume own speed.

Seperation을 목적으로 속도조
절 지시를 관제사가 주었으나,
이제 괜찮으니 Flight Plan 상의
속도로 돌아가라는 뜻.

Roger.

알았다. 이해했다.

Runway heading.

magnetic direction으로 활주로의
centerline과 같은 방향의 heading.

Runway wet/damp/water patches/
flooded/treated/covered with snow.

활주로 노면 상태 정보를 통보할
때 사용하는 용어.

S

Say again.

마지막으로 transmission 한 내
용을 다시 반복해서 송신하라.

Say your intention.

=Advise your intention. 의도를
알려 달라.

special VFR condition.

계기비행 기상 상태 이하인 경우
에 특별히 VFR 비행이 허가된 상
태. Visibility 1500m 이상으로
구름과 떨어져서 비행해야 하며,
조종사가 지표 또는 수면을 시각
적으로 확인할 수 있어야 한다.

Short final.

Final leg에서 활주로부터 1 mile
이내의 착륙 직전 단계 부분.

Sqwawk (code).

해당 코드를 Transponder에 입
력하라.

Sqwawk (code) and ident

해당 코드를 Transponder에 입
력하고 ident 버튼을 눌러라.

Sqwawk Mayday.

Transponder code에 7700을 입
력하라.

Sqwawk standby.

Transponder를 standby시켜라.

Sqwawk VFR.

Transponder code에 1200(VFR c code)을 입력하라.

Stand by.

대기하라. 답변은 Standing by 라고 한다.

Stop & go.

착륙 방법 중 하나로 착륙한 뒤 완전히 정지했다가 다시 이륙하는 절차.

Stop squawk.

Transponder를 끄라.

T

Taxing.

지상 활주.

Touch & go.

착륙 방법 중 하나로 활주로에서 접지한 후 멈춤 없이 곧바로 이륙하는 절차.

Traffic, (숫자) O'clock, (숫자) Miles, (방향)bound, (항공기 기종), (고도).

근접한 항공기가 있어서 충동을 경고하기 위해 관제사가 항공기에 경고하는 메시지. 고도 정보가 불명확한 경우 고도 대신에 'Altitude unknown'이라고 할 수 있다. 방향은 E, W, S, N, NE, NW, SE, SW가 쓰일 수 있다. 답변은 해당 항공기를 눈으로 확인했으면 "Traffic insight", 찾는 중이라면 "Looking out", 구름 등의 이유로 도저히 찾지 못하는 상황이라면 "Negative contact"이라고 답변한다.

Traffic insight.

해당 항공기를 육안으로 확인하였다.

Traffic no factor/No longer observed.

근접한 항공기가 더 이상 위협이 되지 않을 때 관제사가 조종사에게 쓰는 용어.

Transition .

비행 단계가 다른 단계로 전환함을 뜻하는 용어. VFR/IFR 간 전환, DP(Departure Procedure)에서 Transition route로 이어주는 전환, Transition altitude(전이고도) 등에서 사용됨.

Transition Altitude.

전이고도.

Transmitting in the blind.

Com Radio가 고장이 나서 two-way communication이 불가능하지만, Transmission(송신)은 가능할 수 있다고 판단될 때 상대방이 듣고 있다고 생각하며 혼자 말하는 것.

U

Unable.

불가능함을 나타내는 용어. 'due to+(이유)'를 덧붙이기도 한다.

Unavailable.

특정 시설이 이용 불가능할 때 사용하는 용어.

V

Vacate runway.

활주로에서 벗어나라

Vector.

관제사가 레이더 장비를 이용해 항공기에게 지시하는 Heading

Verify (description).

정보의 확인을 요구할 때 사용하는 용어. 주로 실수나 잘못이 있을 때 사용한다. 예) verify assigned altitude.

W

VFR-on-top

계기비행 중에 구름을 피해서 좀 더 나은 비행을 하려고 VFR 고도를 사용하고 싶을 때, 조종사가 요청해서 관제사가 허락할 수 있는 비행 방식.

예) "Request VFR-on-top."→ "Climb VFR-on-top reaching VFR altitude 7,500."

When able.

가능한 때.

Wilco.

메시지를 알아들었으며 그대로 따르겠다는 의미. 지시사항이 제대로 시행되지 않으면 조종사에게 책임이 전가되므로 최근엔 사용하지 않는 추세이다.

Windshear alert, airport wind 000 at -0, (방향)boundary wind 000 at 00.

Windshear를 경고하기 위해 쓰이는 용어.

With information (alphabet).

해당 이름의 ATIS 정보를 수신했다는 의미.

Without delay.

즉시

Y

You are number (숫자), follow (traffic).

Traffic pattern에서 본 항공기의 순서는 몇 번째이고, 앞선 특정 항공기를 따라가라.

(7) Radio Communication의 VFR 비행 상황별 예제(울진공항 기준)

Pilot : 고딕체   *Controller : 이탤릭체*

〈Engine Start & Depart. info.〉

울진 GRD, Uni00, at spot number 00, request start up and departure information.

Uni00, Runway(17/35), wind 000 at 00knot, altimeter 0000, start up approved.

Runway(17/35), altimeter 0000, start up approved, Uni00.

→ altimeter setting 값을 altimeter에 세팅하고 엔진의 시동을 건다.

〈Taxi〉

울진 GRD, Uni00, at spot number 00, ready to taxi.

Uni00, taxi to (E1/E5) via p.

Taxi to (E1/E5) via P, uni00.

→ Taxi를 해서 P taxiway를 경유해서 E1 또는 E5(holding bay) 지점까지 간다. E1/E5에 도착하자마자 GRD에서 TWR로 주파수를 변경한다.

〈Takeoff〉

울진 TWR, Uni00, Holding short of Runway(17/35) at (E1/E5), ready for departure + (Intention)

→ Intention은 다음과 같이 말할 수 있다.

1. Northbound : 북쪽 훈련공역으로 갈 때
2. Southbound : 남쪽 훈련공역으로 갈 때
3. Closed Traffic : Traffic Pattern에서만 비행할 때
4. VFR to □□ airport : 다른 공항으로 Cross-country 비행을 갈 때

Uni00, line up and wait. (활주로가 이륙 준비가 되지 않으면 Continue hold를 지시할 수도 있다.)

Roger, lining up and wait, Uni00.

Uni00, wind 000 at 00knot, cleared for takeoff
Cleared for takeoff, Uni00.

〈After Takeoff – 700ft MSL 이상에서〉
울진 TWR, Uni00, request + (Intention)
→ Intention은 다음과 같이 말할 수 있다.
1. (Right/Left) turn // 바다 쪽 방향의 선회
2. Closed traffic // Traffic pattern에서 비행할 때

Uni00, 울진 TWR, (Right/Left) turn approved
(Right/Left) turn approved, uni00

〈After (Right/Left) turn – 2500ft AGL에서〉
울진 TWR, Uni00, (숫자) mile East of 울진, passing (현재고도), request frequency change.
→ TWR은 공역 밖으로 나가는 항공기의 위치는 크게 필요하지 않으므로 위치 보고는 생략해도 된다.

Uni00, Frequency change approved.
Frequency change approved, uni00.
→ 주파수를 울진 ARR로 변경한다.

울진 ARR, University0000, (숫자) miles East of 울진, passing (현재고도), + (Intention)
→ Intention은 다음과 같이 말할 수 있다.
1. Northbound : 북쪽 훈련공역 이용 시
2. Southbound : 남쪽 훈련공역 이용 시

University0000, 울진 ARR, maintain VFR
Maintain VFR, University0000

〈훈련공역에서의 position report to others〉
1. 훈련공역 진입 시

울진 Traffic, University0000, 000 radial 00 miles, passing (현재고도),
climbing to (목표고도) + (Northbound/Southbound)

2. 고도의 변화가 있을 때

울진 Traffic, University0000, 000 radial 00 miles, passing (현재고도),
(climbing/descending) to (목표고도)

3. maneuver를 시작할 때

울진 Traffic, University0000, 000 radial 00 miles, at (현재고도), manevering

3. 훈련공역을 떠날 때

울진 Traffic, University0000, 000 radial 00 miles, at (현재고도), heading to
(November/Sierra) point.

4. 10분마다 또는 안전상 필요하다고 생각될 때 상황에 맞게 위의 position
report를 하기

〈Inbound for land〉

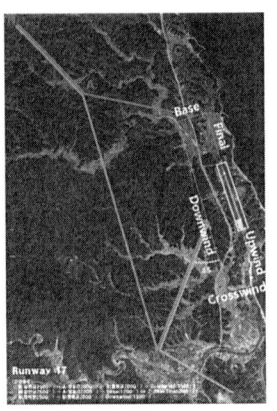 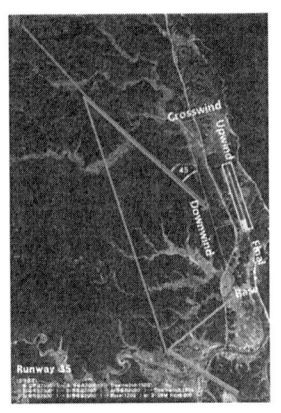

Runway 17 입항 경로   Runway 35 입항 경로

〈그림 4-35〉 울진공항 입항 경로

→ November/Sierra point를 향하며 2500ft로 Descent

울진 ARR, University0000, approaching (November/Sierra), passing (현재
고도), request frequency change.

University0000, frequency change approved.

Frequency change approved. University0000.

→ 울진 TWR로 주파수를 바꾼다.

울진 TWR, Uni00, approaching (November/Sierra), at 2500, inbound for (Touch&go/Full stop).

Uni00, 울진 TWR, Runway(17/35), altimeter 0000, report over (Alpha/bravo).

Runway(17/35), altimeter 0000, report over Bravo, Uni00.

→ Runway와 altimeter 값을 kneeboard의 종이에 적고 altimeter setting을 바꾼다. (Alpha/bravo) point로 가며 2000ft까지 하강한다.

울진 TWR, Uni00, over (Alpha/bravo) at 20000.

Uni00, join downwind), report base (혹은 join base)

→ Traffic이 많으면 관제사가 Hold over (Alpha/bravo)를 지시할 수도 있다.

Join downwind, report base, uni00

Uni00, turing base for (touch&go/full stop)

Uni00, Continue approach.

Continue approach, Uni00.

Uni00, wind 000 at 00, Cleared to (touch&go/land)

Cleared to (touch&go/land), Uni00

〈Full stop 시 runway 위에서〉

Uni00, vacate runway at (E3, E2, E4, E1, E5) then contact GRD

vacate runway at (E3, E2, E4, E1, E5) then contact GRD, 감사합니다.

→ (E3, E2, E4, E1, E5)로 빠진 후 정지하고 GRD로 주파수를 변경한다.

울진 GRD, Uni00, runway vacated at (E3, E2, E4, E1, E5), request taxi to the ramp.

Uni00, 울진 GRD, Taxi to ramp.

Taxi to ramp, 감사합니다, Uni00

〈Traffic Pattern의 경우 – 이륙 후 700ft MSL지점부터〉

훈련공역 진입이 아닌 Traffic Pattern에 목적이 있는 경우, 이륙 후 700ft부터 radio call이 달라진다.

> **참고** 각 공항별 Traffic Pattern 정보는 AIS(Aeronautical Information Service)의 홈 페이지(http://ais.casa.go.kr)에서 AIP→AD 로 들어가면 각 공항별로 TEXT 가 있는데, 여기서 확인할 수 있다.

울진 TWR, Uni00, request closed.

Uni00, 울진 TWR, report base.

Report base, Uni00.

→ 900ft에서 90° 선회해서 Crosswind leg로 합류하며 1500ft까지 상승한다.

→ Crosswind leg를 1mile 진행한 후 다시 90° 선회해서 Downwind leg에 합류 한다.

Uni00, on downwind.

Uni00, roger.

→ Downwind leg에서 관제탑에 abeam한 지점에서 on downwind call을 한 다. abeam TWR 지점을 지나 활주로 끝부분에 abeam이 되면 하강을 시작 한다.

Uni00, turning base for (Touch&go/Full stop)

Uni00, Continue approach.

Continue approach, Uni00.

→ 활주로 끝 abeam 지점에서 90° 선회해서 base leg로 합류한다. 하강은 지속 한다.

Uni00, wind 000 at 00, Cleared to (touch&go/land)

Cleared to (touch&go/land), Uni00

→ Touch&go 또는 Full stop으로 착륙한다.

〈Traffic Pattern에 항공기가 다수 있을 때 – Traffic Advisory〉

Traffic Pattern에 항공기가 다수 비행하고 있어서 안전에 위험이 될 수 있을 때 관제사는 다음과 같이 Radio call을 해서 항공기에 정보를 전달한다.

Uni00, 울진 TWR, a traffic on (위치 예:turning downwind) cessna, report insight

→ 바로 응답하지 않고 해당 위치를 보고 항공기를 찾는다.

Uni00, Traffic insight

→ 해당 항공기를 눈으로 확인했으면 "Traffic insight" call을 하고, 못 찾았다면 "Looking out"이라 하고 잠시 후 발견한 뒤 "Traffic insight" call을 해준다.

Uni00, Roger, follow that traffic, You are Number.(숫자)

→ 본 항공기의 sequence 순서를 알려준다. 차례대로 Landing을 하게 된다.

〈Traffic Pattern에서 항공기 간 간격 조절을 위해 빨리 갈 필요가 있을 때〉

Uni00, Now Turn Crosswind and report base

Turning Crosswind and report base, Uni00

→ 본 항공기가 Upwind leg에 있고 바로 뒤에 있는 항공기가 지나치게 접근해서 위험한 상황에서, 평소보다 Crosswind leg로 빨리 들어가라는 지시임.

〈공항에 Traffic이 많을 때 – report (숫자) mile final〉

 공항에 항공기가 다수 있을 때는 관제사의 업무 부담을 경감시키기 위해서 특정 항공기에 "(숫자) mile final" call을 요구할 수 있다.

Uni00, over Bravo at 2,000.

Uni00, report 2 mile final.

Uni00, roger 2 mile final.

Uni00, now 2 mile final.

→ Final leg의 마지막 2mile 지점(활주로 끝단에서부터 2mile)에 도착하면 report 해준다.

Uni00, say type of landing

Uni00, (touch&go/land)

Uni00, Cleared to (touch&go/land)

Cleared to (touch&go/land), Uni00

→ Touch&go 또는 Full stop으로 착륙한다.

〈Cross-country를 갈 때 – upwind 700ft 지점부터〉

훈련공역 진입이나 Traffic Pattern이 아닌 VFR Cross-Country에 목적이 있는 경우, 이륙 후 700ft부터 radio call이 달라진다. 이 단원에서는 울산공항을 갔다 가 다시 울진공항으로 돌아오는 과정을 중심으로 설명했다.

> **참고** 각 공항별 X-C(Cross Country) 절차는 AIS(Aeronautical Information Service) 의 홈페이지(http://ais.casa.go.kr)에서 AIP→AD 로 들어가면 각 공항별로 TEXT가 있는데, 여기서 확인할 수 있다.

울진 TWR, Uni00, request (Right/Left) turn.

Uni00, 울진 TWR, (Right/Left) turn approved

(Right/Left) turn appreved, uni00

→ 바다 쪽으로 선회해서 1nm 진행한 후 다시 같은 선회 방향으로 90° turn해서 활주로와 평행한 상태로 2nm 진행한다. 상승은 VFR X-C 의 목표고도(보통 4,500ft 혹은 6,500ft)까지 계속 진행한다.

울진 TWR, Uni00, over 울진, passing (현재고도), request frequency change.

Uni00, frequency change approved.

Uni00, frequency change approved.

→ 활주로 끝단에 abeam이 되면 Heading 260°로 5mile from 울진 VOR 지점 까지 진행한다. 2500ft AGL(활주로 끝단 직상공) 고도에서 Frequency change를 요청한다.

울진 DEP, University0000, over 울진, passing (현재고도), climbing to (목표고 도), VFR to 울산 airport.

University0000, 울진 DEP, Good Morning, Maintain VFR.

Maintain VFR., University0000.

→ 이후엔 미리 작성한 Navigation Log에 따라서 5mile from 울진 VOR에서 Heading을 남쪽으로 돌려 목표고도로 Cruise하면 된다.

울진 DEP, University0000, (숫자)mile North of 포항 VOR, at (현재고도), request frequency change to 포항 APp.

University0000, frequency change approved, contact 포항 APP 124.25

frequency change approved, contact 포항 APP 124.25

포항 APP, University0000, (숫자)mile North of 포항 VOR, at (현재고도), VFR to 울산 airport with information (ATIS alphabet)

University0000, 포항 APP, roger, radar contact, maintain VFR

radar contact, maintain VFR, University0000.

→ 울진 DEP와 포항 APP의 공역 경계선인 영덕군 강구면 근처에서 Frequency change를 요청한다. 가는 길에 틈이 있으면 근처 포항공항의 ATIS를 듣고 필요하면 altimeter setting 값을 바꾼다.

포항 APP, University0000, request VFR descent to 2,500

University0000, descent to 2,500

University0000, now descending to 2,500

포항 APP, University0000, (숫자)mile South of 포항 VOR, at (현재고도), request frequency change to 울산 TWR.

University0000, frequency change approved, contact 울산 TWR 122.6.

University0000, frequency change approved, contact 울산 TWR 122.6.

→ 울산공항 근처에 와서 하강을 요청하고 Frequency Change를 요청한다. 비행 중에 한가한 틈을 타서 울산공항의 ATIS를 듣고 필요하면 altimeter setting 값을 바꾼다.

울산 TWR, University0000, approaching November point, at 2500, inbound for Touch&go with information (ATIS alphabet)

University0000, 울산 TWR, runway(18/36), altimeter 0000, report over

November.

Runway(18/36), altimeter 0000, report over November, University0000

울산 TWR, University0000, now over point November, at 2500.

University0000, join (Right/Left) (Downwind/Base)

Join (Right/Left) (Downwind/Base), University0000

→ Right/Left는 Traffic Pattern이 시계 방향이냐 반시계 방향이냐 하는 것이다. 현재 사용하는 활주로 방향이 180이냐 360이냐에 따라 달라진다. 1500ft로 하강해서 Traffic Pattern의 방향에 주의하여 알맞게 합류하도록 한다.

University0000, wind 000 at 00, cleared to touch&go

cleared to touch&go, University0000

→ Touch&go 착륙 후 바로 이륙한다.

University0000, report when leaving control zone

report when leaving control zone , University0000

→ 울산 airport 공역을 떠날 때, Frequency change를 위해 보고하라는 의미이다.

University0000, now leaving your control zone, request frequency change to 포항 APp.

University0000, frequency change approved, contact 포항 APp. 124.25.

frequency change approved, contact 포항 APp. 124.25, University0000

→ 주파수를 변경함

포항 APP, University0000, (숫자) mile South of 포항 VOR, passing (현재 상승 중인 고도), climbing to (목표고도), VFR to 울진 airport

University0000, 포항 APP, roger, radar contact, maintain VFR

radar contact, maintain VFR, University0000.

→ 돌아올 때는 보통 목표고도가 5,500ft 또는 7,500ft이다. 틈이 있으면 포항 ATIS를 들어서 필요하면 altimeter setting 값을 변경한다.

포항 APP, University0000, (숫자) mile South of 포항 VOR, at (현재고도), request frequency change to 울진 ARR.

University0000, frequency change approved, contact 울진 ARR 121.77

frequency change approved, contact 울진 ARR 121.77, 감사합니다, University0000.

→ 울진 DEP와 포항 APP의 공역 경계선인 영덕군 강구면 근처에서 Frequency change를 요청한다.

울진 ARR, University0000, (숫자) mile South of 울진 VOR, at (현재고도), VFR to 울진 airport

University0000, 울진 ARR, roger, maintain VFR

maintain VFR, University0000

울진 ARR, University0000, request VFR descent to 2,500

University0000, 울진 ARR, roger, descent approved.

Now descending to 2,500, University0000

→ Sierra point에서 2500ft로 입항하기 위해 영덕군 영해면 근처에서부터 하강을 요청한다.

1. 훈련공역 진입 시 :

   울진 Traffic, University0000, 000 radial 00 miles, passing (현재고도), descending to 2500, heading to Sierra point

2. 훈련공역을 떠날 때 :

   울진 Traffic, University0000, 000 radial 00 miles, at (현재고도), heading to (November/Sierra) point.

→ 울진 근처에 도착해서 CATA-7 훈련공역에 진입하면 앞 단원에서 배운 것과 같이 position report 해준다.

울진 ARR, University0000, approaching Sierra, at 2500, request frequency change.

University0000, frequency change approved.

Frequency change approved, University0000.

→ 울진 TWR로 주파수를 바꾼다.

울진 TWR, Uni00, approaching Sierra, at 2500, inbound for (Touch&go/Full stop).

Uni00, 울진 TWR, Runway(17/35), altimeter 0000, report over Bravo.

Runway(17/35), altimeter 0000, report over Bravo, Uni00.

→ Runway와 altimeter 값을 kneeboard의 종이에 적고 altimeter setting을 바꾼다. Bravo point로 가며 2000ft까지 하강한다.

울진 TWR, Uni00, over Bravo at 2000.

Uni00, join downwind), report base (혹은 join base)

→ Traffic이 많으면 관제사가 Hold over bravo를 지시할 수도 있다.

Join downwind, report base, uni00

Uni00, turing base for (touch&go/full stop)

Uni00, Continue approach.

Continue approach, Uni00.

Uni00, wind 000 at 00, Cleared to (touch&go/land)

Cleared to (touch&go/land), Uni00

〈Radar Vector – Traffic Advisory(X-C)〉

Cross country 비행을 하다 보면 다른 항공기와의 충돌을 미리 방지하기 위해 관제사가 레이더 장비를 모니터하면서, 두 개 이상의 항공기가 서로 접근하게 되면 Traffic Advisory를 제공한다.

University0000, □□APP, Traffic, (숫자) O'clock, (숫자) miles, (방향)bound, (항공기 기종), (고도)

Looking out, University0000.

→ O'clock 앞의 숫자는 1에서 12 사이의 숫자이다. 시계의 숫자를 이용한 대략의 방위를 조종사 Heading 기준으로 Traffic 정보를 제공해준다.

→ (방향)bound에서 (방향)은 N, W, S, E, NE, NW, SE, SW 가 쓰일 수 있다. 접근한 타 항공기의 진행 방향을 의미한다.

→ (항공기 기종)은 접근한 타 항공기의 기종을 말한다. 비행을 하다 보면 다양한 기종의 항공기를 구경할 수 있다. Boeing이나 Airbus처럼 대형 민항기부터 F-15, F-16, F/A-18, C-130, CN-235 등 다양한 군용기도 볼 수 있다.

→ 고도 정보가 불명확한 경우 고도 대신에 'Altitude unknown'이라고 할 수도 있다.

→ 답변은 해당 항공기를 눈으로 확인했으면 "Traffic insight", 찾는 중이라면 "Looking out", 구름 등의 이유로 도저히 찾지 못하는 상황이라면 "Negative contact"이라고 답변한다. "Looking out"이라고 답변했다가 나중에 Traffic을 찾으면 "Traffic insight"라고 추가로 답변하면 된다.

University0000, □ □APP, Traffic no factor(또는 No longer observed).

roger, thank you, university0000

→ 근접한 항공기가 더 이상 위협이 되지 않을 때 관제사가 조종사에게 쓰는 용어.

〈Altitude 변경 요청 – due to cloud(X-C)〉

VFR 비행은 기본적으로 구름으로부터 일정 거리를 유지해야 한다. FAA 기준에 따르면 VFR 비행 시 확보해야 할 Visibility와 구름으로부터의 거리는 다음과 같다.

δ 91.155 Basic VFR weather minimum

Airspace	Visibility	Distance from Clouds
Class A	Not applicable	Not applicable
Class B	3 statue miles	Clear of clouds
Class C	3 statue miles	500 ft below 1,000 ft above 2,000 ft horizontal
Class D	3 statue	500 ft below

Airspace	Visibility	Distance from Clouds
	miles	1,000 ft above 2,000 ft horizontal
Class E		
Less than 10,000ft MSL	3 statue miles	500 ft below 1,000 ft above 2,000 ft horizontal
At or above 10,000ft MSL	5 statue miles	1,000 ft below 1,000 ft above 1 statue mile horizontal
Class G		
1,200ft or less above the surface (regardless of MSL altitude)		
Day. except as provided in δ 91.155(b)	1 statue miles	Clear of clouds
Night. except as provided in δ 91.155(b)	3 statue miles	500 ft below 1,000 ft above 2,000 ft horizontal
More than 1,200ft above the surface but less than 10,000ft MSL		
Day	1 statue miles	500 ft below 1,000 ft above 2,000 ft horizontal
Night	3 statue miles	500 ft below 1,000 ft above 2,000 ft horizontal
More than 1,200ft above the surface and at above 10,000ft MSL	5 statue miles	1,000 ft below 1,000 ft above 1 statue mile horizontal

국내항공법 기준에 따르면 VFR 비행 시 확보해야 할 Visibility와 구름으로부터의 거리는 다음과 같다.

[별표 8] 시계상의 양호한 기상 상태(제13조 및 제68조 제1항 제5호 관련)

고도	공역	비행시정	구름으로부터의 거리
미적용	A등급	미적용	미적용
1. 해발 3,050미터(10,000피트) 이상	B·C·D·E·F 및 G등급	8,000미터	수평으로 1,500미터, 수직으로 300미터(1,000피트)
2. 해발 3,050미터(10,000피트) 미만에서 해발 900미터(3,000피트) 이상 또는 장애물 상공 300미터(1,000피트) 중 높은 고도	B·C·D·E·F 및 G등급	5,000미터	수평으로 1,500미터, 수직으로 300미터(1,000피트)
3. 해발 900미터(3,000피트) 미만 또는 장애물 상공 300미터(1,000피트) 중 높은 고도	B·C·D 및 E등급	5,000미터	수평으로 1,500미터, 수직으로 300미터(1,000피트)
	F 및 G등급	5,000미터	지표면 육안 식별 및 구름을 피할 수 있는 거리

비고 : 1. 다음 각 목의 경우에는 제3호 F 및 G등급 공역의 비행시정을 1,500미터까지 적용할 수 있다.

　　　가. 우세시정(prevailing visibility) 하에서 다른 항공기나 장애물을 보고 피할 수 있을 정도의 속도로 움직이는 경우

　　　나. 그 지역 내의 항공 교통량이나 업무량이 적어 다른 항공기와 마주칠 확률이 낮은 경우

　　2. 회전익 항공기는 충돌을 방지하기 위하여 다른 항공기 또는 장애물을 보고 피할 수 있을 정도의 속도로 움직이는 경우에는 1,500미터 미만의 비행시정 상태에서 비행할 수 있다.

VFR 비행에서는 구름에 들어가거나 날개가 스치기라도 하면 체크비행 Fail이기 때문에 주의해야 한다. 진로를 수정하거나 다음과 같이 고도를 변경해야 한다.

□ □APP, University0000, request (Descent/Climb) to (원하는 고도) due to Cloud

University0000, (Descent/Climb) approved.

(Descent/Climb) approved, University0000

→ 보통 'due to+(이유)' 표현을 사용하면 '~때문에'를 표현할 수 있다. Cloud 대신에 CB(CumuloNimbus : 적란운) 등을 사용할 수도 있다.

cf IFR 의 Radio Comm procedure는 조종사 교과서 3 계기비행 편에서 이어집니다.

더 공부해보기

더 공부해보기

2012FAR/AIM
    p. 176 δ 91.155 Basic VFR Wether Minimums.
    p. 625 4-1-13 Automatic Terminal Information Service(ATIS)
    p. 638 Section2 Radio Communications Phraseology and Techniques
    p. 654 4-3-8 Braking Action Report and Advisories
Pilot's Handbook of Aeronautical Knowledge
    pp. 13-15 Figure 13-17. Light gun signals.
Private Pilot(Jeppesen)
    pp. 5-30 Lost Communication Procedures
    pp. 5-32 Emergency Procedures
항공정보 매뉴얼
    p. 199 제6장 항공교통관제
    p. 220 제3절 무선통신
    p. 263 제10절 무선통신 및 관제용어
항공법
    시행규칙 제13조 별표8
    시행규칙 제117조
ICAO DOC 4444

5) ADF receiver

ADF receiver는 NDB를 이용한 navigation 장비이다. p. 173의 〈그림 4-18〉에서 Nav/Com Radil #2 아래에 위치해 있으며, 오른쪽의 노브를 돌려 NDB 주파수를 세팅할 수 있다. 각 버튼의 기능은 다음과 같다.

- ADF : Identification을 위한 ANT mode와 navigation을 위한 ADF mode를 선택할 수 있다.
- BFO : BFO모드로 CW signal을 tune하는 데 사용된다.
- FRQ : Standby frequency와 현재 사용 중인 frequency를 교환할 수 있다.
- FLT/ET : STOPWATCH 기능을 사용할 수 있다.
- SET/RST : STOPWATCH 기능을 이용할 때 00:00로 리셋을 하거나 STOPWATCH를 시작시키는 역할을 한다.

Vol이라고 쓰인 작은 노브로는 identification의 morse code 음량조절을 할 수 있다.

AM 라디오의 주파수와 NDB의 주파수 대역이 서로 겹치기 때문에 AM 라디오를 비행 중에 들을 수도 있다. 가끔 일본 라디오 방송국의 전파도 수신된다.

더 공부해보기

Private Pilot(Jeppesen)
    pp. 9–35 ADF Navigation

6) Transponder

Transponder는 ADF Receiver 바로 아래에 위치해 있다(p. 173의〈그림 4-18〉 참고). Transponder는 항공기를 포착하는 Radar 능력을 증가시키며, 특히 Mode C 계열의 Transponder는 관제사가 항공기 간 공중 충돌 가능성을 신속히 판단할 수 있도록 한다.

(1) Transponder의 원리

관제시설에서 전파를 공역에 전파시켜 항공기의 Transponder antenna에 수신되면, Transponder는 장착된 장비의 Mode에 따라 고도·속도 등의 정보를 전파로 다시 관제시설 쪽으로 전파시킨다. 이 전파를 수신해 관제사가 항공기의 정보를 알게 되는 것이다.

(2) Transponder의 ALT/SBY 조작

Transponder는 p. 173의 〈그림 4-18〉에서 오른쪽의 노브를 움직여서 ALT/SBY 등을 조작할 수 있다. Transponder는 항공기가 지상에 있을 때는 SBY(Stand by) 상태로 놔두는 것이 좋다. 이륙 전 가능한 한 늦게 ALT(Transponder 작동)로 세팅해야 한다. ATC의 요청에 의해 사전에 SBY 위치에 두지 않는 한, 착륙 활주가 끝난 후 될 수 있는 한 빨리 SBY 위치에 맞추어야 한다. Transponder의 전자파는 인체에 해로울 수 있다고 한다.

C172S Glass cockpit 일부 버전은 Transponder의 ALT/SBY 조작을 자동으로 처리하는 기능이 있다. 지상에서는 계속 SBY 상태이다가 이륙과 동시에 고도가 상승하고 속도가 늘어남에 따라 자동으로 ALT 상태가 된다.

또한 VFR이든 IFR이든 비행의 종류와 상관없이 어떤 경우에도 트랜스폰더는 별도의 ATC 요청이 없는 한 체공 중 항상 작동시키고 있어야 한다.

(3) Transponder 전파의 Line of Sight

Radar 포착 범위는 Line of Sight로 제한되어 있다. 그래서 저고도 또는 다른 항공기의 기체가 가로막은 항공기의 안테나는 포착 거리를 감소시킬 수 있다. 이러한 경우 고도를 상승시킴으로써 문제를 해결할 수 있다.

(4) Transponder의 Code

Transponder는 4자리의 숫자로 이루어진 Code가 있으며, 각 자리는 0에서 7까지 될 수 있다(Four Digit Code Designation). Code는 총 4,096가지의 경우의 수가 나올 수 있다. 장비에 있는 숫자 버튼을 눌러 Code를 세팅할 수 있다. Transponder code를 읽을 때는 각 자리수를 분리해서 읽어준다(e.g :

5426 = five four two six).

비행의 방식별로 code는 다음과 같이 이용된다.

Flight.	Standard	Code registration
VFR(시계비행)	미국 FAA 기준	1200 (고도 10,000 ft 이하)
		1400 (고도 10,000 ft 이상)
	국내항공법 기준	12+등록부호 뒤 두 자리
IFR(계기비행)	공통	관제사가 직접 지시하는 code
Emergency		7700
Lost Communication		7600
Hijack		7500
군 요격작전		7777

만약 계기비행을 하다가 cancel IFR을 하고 시계비행으로 전환한다면, 곧바로 Transponder code를 12+등록부호 뒤 두 자리로 변경해 줘야 한다.

계기비행에서 관제사는 'Squawk (code)'의 call로 code를 지시할 수 있다.

Code를 변경할 때에는 부주의로 순간적이나마 7700, 7600, 7500, 7777이 선택되지 않도록 주의해야 한다. Code를 입력하려고 숫자버튼을 누르면 왼쪽부터 순서대로 숫자코드가 입력된다. 예를 들어, 기존에 1700이 code로 등록되었다고 하자. 새로 지시받은 code 7130을 입력하려고 바로 7 버튼을 누르면 순간적으로 7700의 코드가 입력된다. 그러면 자동으로 지상 Radar 시설에 허위경보가 울리게 되므로 주의해야 한다. 이 경우라면 먼저 1630을 맞춰놓은 후 다시 7630을 입력해야 한다.

(5) Mode C (Automatic Altitude Reporting)

Mode C transponder는 Automatic Altitude Reporting 기능을 가지고 있다. 100ft 단위로 항공기의 고도를 환산하여 전파로 관제시설에 보내준다.

최초 교신을 할 때, 혹은 관제사가 조종사에게 현재 고도를 물을 때 조종사는 정확히 100ft 단위로 현재고도를 보고해야 한다. 관제사는 Transponder

가 보내주는 고도 정보를 가지고 항공기 간 분리업무를 수행한다. Transponder가 보내는 고도 정보의 altimeter setting은 항상 표준기압인 29.92 inHg로 세팅되어 있다. 그래서 실제 altimeter가 나타내는 고도와는 차이가 날 수 있다. 이러한 차이 때문에 가끔 조종사에게 실제고도를 묻고 분리업무에 적용시키는 것이다. 만약 조종사가 실수로 너무 낮게 혹은 높게 비행하다가 실수를 감추기 위해 현재고도를 관제사에게 잘못 알려주면, 관제사는 실제 고도와는 다른 Transponder의 고도 정보만을 가지고 있으므로 위험한 상황을 초래할 수 있다. 조종사가 대답한 고도에 관제사가 의심을 표현하면 조종사는 altimeter setting을 올바르게 했는가를 확인해야 한다.

Mode C에서 더 발전된 형태로 Mode C의 기능에서 속도 정보와 항공기 고유 식별자 정보 제공도 추가한 것이 Mode S이며, Mode S TIS(Traffic Information Service)는 주위 교통 상황을 조종석 화면의 Glass cockpit에 나타내준다(항공기에 탑재된 레이더가 있는 경우).

(6) IDENT

IDENT 버튼은 Transponder 장비 왼쪽 편에 IDT라고 쓰인 버튼이다. 관제사가 'Iden'라는 call로 Ident를 요청하면 버튼을 한번만 눌러주면 된다. 조종사가 Ident 버튼을 누르면 Transponder는 일회성의 전파를 일시적으로 보내게 되고, 이 전파를 탐지한 관제시설의 Radar scope에서는 해당 항공기가 반짝이게 된다. 즉 관제사가 항공기 위치를 쉽게 찾을 수 있는 것이다. Ident 버튼은 관제사의 요청이 있을 때만 작동시키면 된다.

더 공부해보기

2012FAR/AIM
　　p. 631 4-1-20 Transponder Operation
Pilot's Handbook of Aeronautical Knowledge
　　pp. 13-14 Transponder
Private Pilot(Jeppesen)
　　pp. 5-30 Lost Communication Procedures

1) ELT(Emergency locator transmitters)

〈그림 4-36〉 Emergency locator transmitters

ELT(Emergency locator transmitters) remote button은 〈그림 4-7〉에서 cockpit 오른쪽 상단에 위치하고 있고, 실제 ELT 장비는 비행기 뒤쪽의 Baggage 공간(물품들을 적재할 수 있는 자동차의 트렁크와 같은 공간)에 장착되어 있다.

ELT button을 On의 위치로 놓으면, 버튼에 붉은 빛이 나면서 121.50 MHz와 243.00 MHz의 주파수로 Omni-directional signal(전 방향 전파)을 Transmit하게 된다. 121.50 MHz는 General Aviation과 Commercial Aircraft의 비상 주파수이고, 243.00 MHz는 군의 비상 주파수이다.

(1) ELT의 원리

대부분의 비행기에 법적(FAR Part 91.207)으로 장착하도록 되어 있는 ELT는 불시착한 항공기의 위치를 찾아내는 장비이다. 배터리로 작동하는 송신기로 주파수 121.5MHz 및 243.0MHz로 독특한 Downward Swept Audio Tone(가청음 : Audible Sweeps)을 발신한다. ELT는 추락 시 발생하는 충격을 탐지해서 자동으로 작동되며, 최소 48시간 이상 신호를 발신할 수 있도록 설계되었다. 비행 중에 ELT를 실수로 작동시키지 않도록 주의해야 하며, 또한 지상에서도 취급에 주의를 해야 한다. 시험 작동은 관제탑과 협의해야 한다.

더 공부해보기

C172R POH
    pp. 7-49 Emergency Locator Transmitter(ELT)
C172S POH
    pp. 7-79 Emergency Locator Transmitter(ELT)
2012FAR/AIM
    p. 819 6-2-5 Emergency Locator Transmitter(ELT)
Pilot's Handbook of Aeronautical Knowledge
    pp. 8-9 Emergency Locator Transmitter
Private Pilot(Jeppesen)
    pp. 5-33 Emergency Procedures

2) Hour Meter(Hobbs meter)

〈그림 4-36〉을 보면 Hobbs meter는 ELT Button 바로 밑에 위치해 있다.

Hobbs meter는 비행시간을 기록하는 장치로 Master Switch(Battery의 전기를 전자장비에 공급하는 스위치로 비행에서 필수적으로 쓰인다. 뒷장의 Master Switch 참고)를 작동시키는 순간부터 시간을 기록하게 된다. 또한 Oil pressure와도 연관되어 있어서 비행시간을 속이기 위해 Master switch를 끄고 비행하는 것은 아무 도움도 안 된다.

앞서 설명한 Tachometer와는 시간 계산법이 다른데, Tachometer는 Engine Hour Meter(Tach time)로 실제 시간과는 달리 엔진 회전수와 비례해서 시간을 산정한다. 반면 Hobbs meter는 실제시간을 기록한다. 보통 Hobbs meter가 Tachometer보다 10~20% 많기 마련이다.

Hobbs meter가 중요한 이유는 Hobbs meter로 산정된 시간이 조종사의 실제 비행시간으로 로그북에 기록되기 때문이다. 시간 이외에 분 단위는 60분 기준이 아니라, 10진수 기준으로 0.0부터 0.9까지 기록한다. 0.1시간은 6

분으로 계산된다.

자가용 조종사 면장을 취득하려면 비행시간 조건이 다음과 같다

〈항공법 별표9〉(시행규칙 제76조 및 93조 3항 관련)

- 총 40시간 이상(전문 교육기관의 경우 35시간)
- 모의 비행장치(Simulator)는 5시간까지 인정
- 다른 종류의 항공기(활공기 등) 또는 경량 항공기는 비행시간의 1/3 또는 10시간 중 적은 시간을 인정
- 5시간의 Solo Cross-country 비행을 포함한 10시간의 Solo 비행시간

보통 자가용 조종사 과정이 70여 시간이므로 다른 사항은 별 문제가 되지 않으나, 마지막 사항인 '5시간의 Solo Cross-country 비행을 포함한 10시간의 Solo 비행시간'이 까다로울 수 있다. 비행은 비용이 많이 소요되기 때문에 비행시간을 최소화하는 것이 좋다. 따라서 Solo Cross-country(교관 없이 홀로 Cross-country 비행)는 5.0 시간, Solo는 10.0시간을 딱 맞게 채워야 한다. 조금 힘들면 5.1시간/10.2시간 정도로 맞추는 게 좋다. 가장 최악의 경우는 4.9시간/9.9시간, 이렇게 시간이 부족한 경우이다. 이럴 경우 비행을 한 번 더 갔다 와야 하므로 비용 상 부담이 많이 들고 교육기간도 늘어나게 된다. 그러므로 최소 5.0시간/10.0시간 이상을 비행하도록 주의해야 한다.

한 가지 팁이 있다면, 시간이 0.1시간 정도 소량 부족한 경우에 로그북에는 0.1시간 더 비행한 걸로 기록하고 해당 항공기의 다음 비행 차례인 학생에게 0.1시간을 기부하는 것이다. 넘겨받은 사람은 공짜로 비행을 조금이나마 더 훈련할 수 있고, 넘겨주는 사람은 기록을 맞출 수 있어서 양쪽에게 모두 도움 되는 방식이다. 하지만 엄연히 불법인 사항이니만큼 양쪽 의견 조율을 잘해야 할 것이다.

더 공부해보기

항공법
　　시행규칙 제76조 및 93조 3항

7

1) 항공기 탑재서류

비행을 할 때 항공기에 반드시 가지고 있어야 할 항공기 탑재서류는 ARROW로 외우면 쉽게 외울 수 있다.

① A – Airworthiness Certificate(감항증명서)

감항증명이란 시험비행이 끝난 항공기에 한해 발급하는 증명서로 감항성 (항공기가 안전하게 비행할 수 있는 성능)이 있다는 것을 의미한다. 감항증명서의 유효기간은 1년이다.

- N : Normal
- U : Utility
- A : Acrobatic
- C : Commuter
- T : Transport 항공 운송용
- M : Manned free balloons
- S : Special classes

② R – Registration(항공기 등록증명서)

③ R – Radio Station License(항공기 무선국 허가증명서)

항공기 내에 탑재된 Radio Comm 장비에 관한 서류이다.

④ O – POH(Pilot Operation Handbook : 비행 교범)

POH는 AFM(Airplane Flying Manual : 주로 대형 항공기에서 이용)이라고도 하는데, 비행 교범을 의미한다. POH는 p. 129의 〈그림 4-7〉 오른쪽 아래에 비치되어 있다.

⑤ W – Weight&Balance

비행 전에 미리 작성하는 서류로 연료, 사람, 짐 등의 중량배분 문제를 다

룬다.

⑥ 탑재용 항공일지

⑦ 운항규정

⑧ 소음기준적합증명서

⑨ 운항 승무원의 유효한 자격증명서 및 로그북

자격증명서는 조종사 면장(없으면 항공기 조종연습 허가서), 화이트카드, 항공 무선 통신사를 의미한다.

⑩ 점검표(Checklist)

항공 운송사업의 경우에는 위의 내용 이외에도 운항증명서 사본, 운영기준 사본, 명부(Passenger manifest) 등이 추가로 필요하다.

더 공부해보기

Pilot's Handbook of Aeronautical Knowledge
　　pp. 8–1 Airplane Flight Manuals(AFM)
　　pp. 8–6 Certificate of Aircraft Registration
항공법
　　법 제15조
　　시행규칙 제13조

8

1) Parking Brake

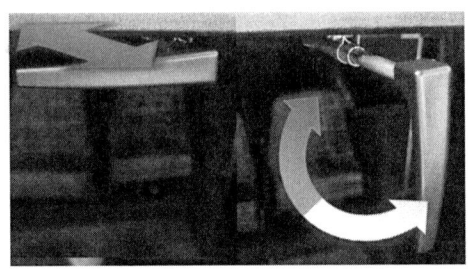

〈그림 4-37〉 Parking Brake

Parking Brake는 cockpit 왼쪽 아래 부분에 있는 손잡이로 작동되는데, 자동차의 사이드브레이크 역할과 동일한 기능을 한다. 〈그림 4-37〉에서 왼쪽 그림은 Release된 상태이고, 오른쪽 그림은 Parking brake가 Set되어 작동하는 모습이다.

작동법은 조금 주의가 필요하다. Release 상태에서 Set을 하려면 손잡이를 잡고 있는 힘껏 잡아 뺀다(상당한 완력이 필요하다). 그 다음 손잡이를 반시계 방향으로 돌리면 Set 상태가 된다. 반대로 Set 된 Parking Brake를 Release 시키려면 손잡이를 시계 방향으로 풀고 천천히 앞으로 밀어 넣으면 된다.

지상에서 엔진에 시동이 걸려 있을 때는 Parking Brake를 있는 힘껏 당겨서 제대로 Set 상태를 만들어놓아야 한다. 특히 엔진을 예열시키는 단계인 Run up procedure를 수행할 때 제대로 parking brake를 Set하지 않으면 항공기가 정지 상태에서 앞으로 튕겨 나가게 되므로 주의해야 한다.

C172R/S의 양쪽 Main landing gear에는 각각 유압(Hydraulically-actuated brake : 오일이 차 있는 관 안의 압력을 이용한 Brake 장치)을 이용해 작동되는 single-disc brake system이 있다. 이 Brake system은 Rudder pedal과 Parking brake 손잡이에 동시에 연결되어 있다.

더 공부해보기

C172R POH
    pp. 7-29 Brake System
C172S POH
    pp. 7-46 Brake System

2) Ignition Switch

〈그림 4-38〉 Ignition Switch

p. 129 〈그림 4-7〉의 cockpit 사진에서는 Yoke에 가려 보이지 않지만, Parking Brake 바로 위쪽 Panel의 가장 왼쪽 부분에 Ignition Switch가 위치해 있다.

Ignition system은 magnetos, spark plugs, interconnecting wires, ignition switch로 구성된다.

(1) Magneto

Magneto는 permanet magnet(자석)의 일종으로 엔진 실린더에 장착된 spark plug에 전기를 흘려주는 장치이다. Magneto가 전기를 흘려주면 spark plug에 불꽃이 튀게 되고, 이는 실린더 내부의 공기와 연료 혼합물을 연소시키게 된다.

처음 시동을 걸 때는 배터리의 전기 에너지로 magneto를 돌려 엔진을 작동시키고, 엔진이 작동되면 엔진의 동력으로 magneto를 계속 돌리게 된다. 엔진이 꺼진 상태에서 장난으로 주기된 항공기의 프로펠러를 돌리면 절대 안 되는 이유는 엔진과 magneto가 서로 연결되어 있어서다. 프로펠러를 손으로 장난삼아 움직이는 순간 magneto가 돌게 되어, 갑자기 시동이 걸릴 수 있다.

항공기에는 일반적으로 총 두 개의 magneto가 설치되어 있다. 한 개의 실린더마다 두 개의 spark plug가 있는데, spark plug는 각각 서로 다른 두 개의 magneto에 연결되어 있다. 즉 실린더 내부의 연료혼합 공기가 두 개의 spark plug로 인해 발화점이 2곳이 되는 것이다.

이렇게 magneto가 두 개씩 설치된 이유는 safety와 reliability 때문이다. 위급상황에서 한 개의 magneto가 고장 나도 다른 한 개의 magneto로 엔진을 계속 움직일 수 있다. 그리고 동일한 실린더 내부 두 지점에서 동시에 발화시키기 때문에 연소의 질을 높여서 엔진의 출력을 조금 더 향상시켜준다. 실제로 두 개의 magneto를 사용하다가 인위적으로 한 쪽의 magneto만 작동시키게 하면, 엔진의 rpm이 조금 줄어드는 것을 확인할 수 있다.

(2) Ignition switch

C172R/S의 Ignition switch는 Rotary-type switch(회전시켜서 작동을 조작하는 스위치)를 사용하는데 Off/R/L/Both/Start를 선택할 수 있다.

- OFF : 시동을 끌 때 사용한다.
- R : Right magneto만 이용해 엔진을 작동시킴
- L : Left magneto만 이용해 엔진을 작동시킴
- BOTH : R/L 양쪽의 모든 magneto를 이용해 엔진을 작동시킴.
- START : 시동을 걸 때 사용한다. Master switch가 꺼져 있으면 시동은 걸리지 않는다. Start는 배터리의 전기 에너지를 이용해서 엔진의 시동을 걸기 때문이다. 따라서 시동을 걸기 전에 Master switch를 먼저 켜놓

아야 한다.

일반적으로 Start를 이용해 시동을 건 다음에는 Both 위치에 Ignition switch를 놓아야 하며, R과 L는 checking 목적으로만 이용한다.

시동을 걸려고 Ignition switch를 START에 놓아도 배터리가 방전되어 있거나 전류가 약하면 시동은 걸리지 않는다. 이럴 경우에는 GPU(External Ground Power Unit)를 이용해서 시동을 걸어야 한다. 즉 외부 장치를 비행기 옆으로 갖고 와서 전력을 일시적으로 공급해주어 시동을 거는 것이다. 일단 시동이 걸리면 GPU는 떼어낸다. 겨울의 추운 날씨에 배터리가 방전이 잘 되기 때문에 종종 사용한다.

(3) Magneto Checking

항공기의 시동을 건 후 이륙 전에 Run-up(예열)이라는 절차를 반드시 진행해야 하는데, 바로 이 Run-up에서 magneto도 체크를 하게 된다. C172R/S의 경우에는 1800rpm까지 엔진의 출력을 높인 뒤 Ignition switch를 BOTH에서 R, L쪽으로 각각 한 번씩 움직여주게 된다. 이때 주의할 점은 BOTH에서 R로 바꾸었으면, R에서 L로 바로 바꾸는 것이 아니라, 다시 BOTH로 원상복귀 했다가 L로 바꿔야 한다는 점이다.

BOTH에서 R이나 L로 위치를 변경시키면 rpm이 약간 떨어지는 것을 확인할 수 있다. 앞서 설명했듯이, R과 L magneto를 동일한 실린더 내부 두 지점에서 동시에 발화시켜야 하는데, 한쪽 magneto만 작동시키면 연소의 질이 떨어져 엔진의 출력이 떨어지기 때문이다. 중요한 것은 이때 떨어지는 rpm을 유심히 체크해봐야 한다는 것이다. C172R/S의 경우 rpm이 R와 L 모두 150 이상 떨어지면 안 되고, R과 L의 떨어지는 rpm의 차이가 50 이상이면 안된다. 만약 150 이상 떨어지거나 차이가 50 이상이라면, 비행을 포기하고 항공기 점검을 받아야 한다.

이러한 현상이 발생하는 원인으로는 다음과 같은 것들을 의심해볼 수 있다.

① fouled spark plug

② magneto를 연결하는 wire 배선 문제나 spark plug 문제

연료가 불완전 연소되어서 검은 Carbon deposit(탄소 찌꺼기) 등이 실린더에 남아 있으면 fouled spark plug 현상이 나타난다. spark plug 주변에 Carbon deposit이 들러붙어 정상적인 연소를 방해하는 것이다. C172R/S의 POH(Pilot's Operating Handbook)에는 Carbon deposit을 제거하는 procedure가 있다. LEANING FOR GROUND OPERATIONS라고 명명되어 있는데, 이 방법을 사용하면 실린더 내부의 Carbon deposit을 청소할 수 있다. 주로 시동을 켜자마자 바로 지상에서 하는 것이 좋다. 절차는 다음과 같다.

➡ LEANING FOR GROUND OPERATIONS

① Throttle을 밀어 넣어 엔진파워를 1200rpm으로 맞추기

② 로 leaning을 하여 rpm이 최대가 될 때까지 하기

③ Throttle을 다시 당겨서 엔진파워를 800~1000rpm으로 감소시키고 기다리기

시동을 걸고 나면 보통 1000rpm(배터리를 충전시킬 수 있는 최소 rpm)으로 파워를 세팅한다. 그러나 위의 절차에서는 1200rpm이라는 비교적 높은 파워 세팅을 이용하므로 예열이 필요한 겨울철에 Ground Leaning을 이용하면 일석이조의 효과를 얻을 수 있다.

더 공부해보기

C172R POH
    pp. 4-21 Leaning for Ground Operations
    pp. 4-26 Cruise
    pp. 7-22 Ignition and Starter System
C172S POH
    pp. 4-26 Leaning for Ground Operations
    pp. 4-34 Cruise
    pp. 7-36 Ignition and Starter System
Pilot's Handbook of Aeronautical Knowledge

3) Master Switch

〈그림 4-39〉 Master Switch

(1) ALT(Alternator) & BAT(Battery)

Master switch는 〈그림 4-39〉에서 가장 왼쪽에 있는 붉은색 스위치로, 왼쪽의 ALT와 오른쪽의 BAT 부분으로 나뉘어져 있다. 보통 두 개 다 한꺼번에 눌러서 켜고 끄지만, 엄밀히 말하자면 기능이 서로 나뉘어져 있다.

Alternator는 엔진과 연결되어 있어서 엔진이 돌아가면 엔진의 힘으로 전기를 생산해내는 장치이다. 프로펠러 바로 뒤의 Air inlet 안쪽을 보면 Alternator와 Alternator belt를 볼 수 있다. 보통 엔진이 1,000rpm 이상의 출력을 내면 Alternator가 정상적으로 작동해서 battery를 충전하게 된다.

C172R/S의 Alternator는 전기를 생산할 때 28 Volt, AC(alternating current) 형식으로 Battery를 충전시키고, Battery는 24Volt, DC(Direct Current)를 전자기기에 공급하게 된다.

Ammeter는 비행기 내부 배터리의 충전 상태를 나타내는 계기로서 충전 중이면 +값을, 방전 중이면 -값을 나타낸다. 비행 중에 배터리가 방전이라도 된다면 전기를 필요로 하는 모든 계기 장치들이 사용 불가능하므로, 시동이 걸려 있으면 항상 +값을 나타내야 한다.

비행 중에 Alternator가 고장 나서 더 이상 Battery를 충전하지 못한다면 Matster switch 중 ALT 버튼을 꺼줘야 한다. 그러면 Alternator 쪽에 들어가는 전기를 아낄 수 있어서 Battery가 방전되는 것을 조금이나마 늦출 수 있다. 또한 같은 원리로, 비행 전 외부점검(Pre-flight)을 할 때 ALT 버튼은 끄고 BAT만 작동시킨 채로 진행하면 Battery 방전을 조금이나마 방지할 수 있다.

Master switch는 켜고 끄는 데 있어서 독특한 특성이 하나 있다. BAT는 자유롭게 부분적으로 켜고 끌 수 있는 데 반해, ALT는 그렇지 못하다는 것이다. BAT가 꺼져 있으면 ALT만 단독으로 켤 수 없게 되어 있다.

더 공부해보기

C172R POH
    pp. 7–33　Master Switch
    pp. 7–34　Avionics Master Switch
C172S POH
    pp. 7–51　Master Switch
    pp. 7–54　Avionics Master Switch
Pilot's Handbook of Aeronautical Knowledge
    pp. 6–28　Electrical System
Private Pilot(Jeppesen)
    pp. 2–41　Electrical Systems

4) Avionics Master Switch

Avionics Master Switch는 p. 257의 〈그림 4-39〉에서 가장 오른쪽에 위치한 하얀색 스위치이다. 붉은색의 Master Switch를 작동시켜도 비행의 필수 장비인 Navigation과 Communication 기기(p. 129 〈그림 4-7〉에서 part 4와 part 5)들은 전원이 공급되지 않는다. Master Switch를 켜고 Avionics Master Switch를 켜면 비로소 전원이 들어온다.

Avionics Master Switch는 다음과 같은 경우에 반드시 꺼두어야 한다.

① Master Switch를 켜거나 끌 때

② 엔진의 시동을 걸 때

③ External Power source를 연결할 때

Battery에서 전자기기에 전류를 공급하는 Master Switch가 있음에도 불구하고 왜 또 따로 Avionics Switch를 만들어서 Navigation과 Communication 장비를 구분하는지 의문에 빠질 수가 있다. Navigation과 Communication 장비를 이용하려면 Master Switch와 Avionics를 모두 켜야 하고, 기타 다른 장비를 이용하려면 Master Switch만 켜도 된다.

시동을 걸면 Alternator가 갑자기 작동하면서 순간적으로 급격한 전류가 흐를 수 있다. 엔진의 시동을 걸려면 Master Switch를 켜야 하기 때문에 급격한 전류의 충격은 전자기기에 그대로 흘러들기 마련이다. 이러한 이유로 Avionics Switch를 따로 만들어 시동을 걸 때 민감한 Navigation과 Communication 장비를 보호하는 것이다.

더 공부해보기

C172R POH
　　pp. 7-34 Avionics Master Switch
C172S POH
　　pp. 7-52 Avionics Master Switch

---

5) 기타 스위치들(p. 257의 〈그림 4-39〉)

(1) FUEL PUMP

엔진의 시동을 걸 때, 전기 구동으로 엔진의 실린더 안에 인위적으로 연료를 공급해주는 장치이다. Master Switch 바로 옆에 위치하고 있다. 시동 걸기 직전 2초 정도 Fuel Pump를 작동시키면 시동이 잘 걸린다. 겨울철에는 시동이 잘 안 걸리는데, 이때는 Fuel Pump를 충분히 긴 시간 동안 작동해서 실린더 안에 연료가 가득 차게(flood) 만든다. 그런 다음 Throttle을 1/2쯤 밀어 넣고 시동을 걸면 시동이 걸린다. Throttle을 밀어 넣어 공기를 많이 주입

시키고 Fuel pump로 연료도 많이 넣었기 때문에, 결과적으로 연소가 잘 일어나서 시동이 쉽게 걸리는 것이다. 다만 엔진의 출력이 순간적으로 과도해지므로, 시동이 걸리자마자 Throttle을 잡아당겨 rpm을 1,000rpm으로 감소시켜야 한다.

(2) LIGHTS

① BCN

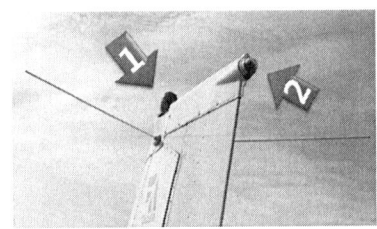

〈그림 4-40〉 Flashing Beacon & Strobe Light

BCN 스위치는 Fuel Pump 스위치 바로 옆에 있는데, BCN(Flashing Beacon)은 꼬리날개 윗부분에 달려 있는 붉은색 섬광등이다. 그림에서 1번 화살표가 가리키는 붉은 등이 Flashing Beacon이다. 이 Flashing Beacon은 엔진의 시동을 걸기 전에 비행기 주변의 사람, 차량, 비행기 등에 경고하기 위해 켜게 된다. 그리고 비행을 마친 후 마지막으로 주기장(Ramp)에 Parking을 한 후 끄게 된다. 주위에 주기된 비행기에 갑자기 Flashing Beacon이 켜지면 곧 시동을 켤 것이라는 뜻이므로 주의하고 비행기 근처로 가지 않아야 한다.

② LAND

〈그림 4-41〉 Landing light & Taxi Light

Landing Light 스위치는 BCN 스위치 바로 오른쪽에 위치해 있는데 착륙을 할 때 켜게 된다. 착륙을 위해서 주간일지라도 반드시 켜서 주위 항공기들에게 주의를 줄 수 있어야 한다. 〈그림 4-41〉에서 비행기의 왼쪽 날개에 있는 Landing Light와 Taxi Light를 볼 수 있는데, Landing Light는 1번 위치에 있다. 2번 위치는 Taxi Light이다. Landing Light와 Taxi Light가 붙어 있어서 헷갈릴 수 있는데, 자세히 보면 두 개의 전구 중 표면이 매끈한 것이 Landing Light이고, 표면이 우둘투둘한 것이 Taxi Light이다.

③ TAXI

Taxi Light 스위치는 Landing Light 스위치 바로 오른쪽에 위치해 있다. Taxi(지상에서의 이동)를 시작할 때 켜서 주변의 사람들과 항공기에 경고를 할 수 있다. 전구의 표면이 우둘투둘한 것은 Landing Light처럼 강렬한 빛이 필요하지 않기 때문이다.

④ NAV

〈그림 4-42〉 Red/Green Navigation Light & Strobe Light

Navigation Light 스위치는 Taxi Light 스위치 바로 오른편에 있다. Nav Light를 작동시키면 왼쪽 날개 끝에 있는 붉은 등과, 오른쪽 날개 끝에 있는 녹색등, 그리고 p. 260의 〈그림 4-40〉에서 2번 화살표가 가리키는 꼬리의 하얀 등에 불이 들어온다. 좌, 우, 후방에 서로 색이 다른 등불을 놓음으로써 야간에 멀리 보이는 항공기의 등불색만 보고도 항공기가 어느 방향을 향하는지 알 수 있는 것이다.

Nav light는 야간이나 기상이 좋지 못해 흐린 낮에 켜게 되어 있다. 항공에서의 일몰은 태양의 중심이 수평선이나 지평선 아래로 6도 아래로 내려갔을 때이고, 일출은 태양의 중심이 수평선이나 지평선 아래로 6도 위로 올라왔을 때이다. 6도가 기준인 이유는 지상에서 해를 보는 것과 공중에서 해를 보는 것이 다르기 때문이다. 따라서 항공에서의 야간(일몰에서 일출까지)의 정의에 따라 Nav Light를 작동시켜야 한다.

⑤ STROBE

Strobe Light 스위치는 Navigation Light 스위치 바로 오른편에 있다. Strobe Light는 양쪽 날개 끝에 한 개씩 배치되어 있다(〈그림 4-42〉 참조 : 하얀색 등이 Strobe light). Strobe Light는 섬광등으로 강렬한 Flash를 반짝거리게 되어 있다. 야간에 작동하도록 되어 있는데, 지상에서 Taxi나 Hold 중일 때는 꺼야 한다. 다른 항공기 조종사들의 야간시력에 영향을 줄 수 있기 때문이다. 그리고 야간에 구름 속으로 들어간 경우에도 Strobe Light를 꺼야 한다. 강한 빛이 구름의 수중기에 반사되어 조종사의 시력에 영향을 줄 수 있기 때문이다.

(3) PITOT HEAT

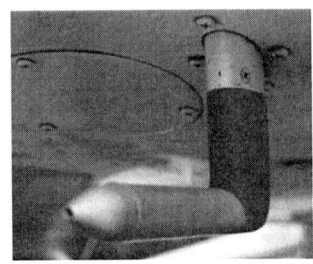

〈그림 4-43〉 Pitot tube

Pitot Heat 스위치는 Avionics Master Switch 바로 왼쪽에 위치해 있다. 〈그림 4-43〉에서 볼 수 있는 Pitot Tube는 왼쪽 날개의 가운데 부분에 설치되어 있는데, 속도계에 연결되어 있다. 비행기의 속력이 빨라지면서 Pitot Tube가 풍압을 감지해서 속도를 나타내는 것이다.

이 Pitot Tube 안에 얼음이 끼게 되면 속도계가 작동을 멈추는데, 이는 굉장히 위험한 상황을 초래할 수 있다. 따라서 습기(비 · 눈 · 안개 · 구름 안 · 미스트)가 많고 온도가 낮은 날에는 반드시 비행 중에 Pitot Heat를 작동시켜 Pitot Tube를 따뜻하게 유지시켜야 한다.

Pitot tube가 막히게 되면 속도에 따른 Dynamic pressure(동압)을 측정하지 못하게 되어 Airspeed Indicator가 0을 지시한다.

더 공부해보기

항공법
　　시행규칙 제137조

6) Circuit Breaker

Circuit Breaker는 앞서 설명한 스위치들 바로 위쪽에 일렬로 위치해 있는 동그란 단추같이 생긴 것들이다. 전류의 overload로부터 회로와 전자기기를 보호하는 역할을 한다. 무엇인가가 잘못되어 Overload가 발생하게 되면, 해당 Circuit Breaker가 튀어나와(pop) 회로에 전기를 차단한다.

Alternator가 고장 나서 배터리를 아껴야 하는 상황에서는 당장 사용하지 않는 전자기기에 해당하는 Circuit Breaker를 인위적으로 뽑아서 전력을 아낄 수도 있다. Circuit Breaker마다 사용하는 전력량이 숫자로 표시되어 있다.

Circuit Breaker를 인위적으로 잡아 뽑는 것은 Circuit Breaker의 수명을 단축시키므로 위급 상황에서만 사용하는 것이 좋다. 각 Circuit Breaker의 수명은 약 50여 회 정도 뽑고 넣을 수 있는 정도이다.

더 공부해보기

C172R POH
　　pp. 7-35 Circuit Breaker and Fuses
C172S POH

        pp. 7–57 Circuit Breaker and Fuses
Pilot's Handbook of Aeronautical Knowledge
        pp. 6–29 Electrical System
Private Pilot(Jeppesen)
        pp. 2–42 Circuit Breaker and Fuses

1) Radio, Panel, Glareshield, Pedestal Dimming Control

p. 129의 〈그림 4-7〉 9번 위치에서 왼쪽에 있는 작은 노브 2개로 Cockpit 안의 조명장치를 조절할 수 있다. 각 노브는 안쪽의 작은 노브와 바깥쪽의 큰 노브로 이루어져, 각 노브마다 2개의 기능을 조절할 수 있다. 시계 방향으로 돌리면 불빛의 밝기가 밝아지고, 반시계 방향으로 돌리면 줄어든다.

위의 4가지 불빛 외에도 Annunciator와 GPS에도 불빛의 강도를 조절하는 장치가 있으므로 야간비행에서 이용해야 한다.

천장에 있는 실내등을 이용할 수도 있으나 비행 중에는 추천되지 않는다. 밝은 빛을 보게 되면 눈이 영향을 받아 어두운 곳에서 잘 볼 수 없게 되기 때문이다. 이러한 경우 붉은색 라이트를 미리 준비해 사용하는 것이 좋다. 붉은 빛의 파장은 우리 눈의 야간시력(Night Vision)에 영향을 미치지 않기 때문이다. 또한 Night Vision은 흡연, 알코올, Hypoxia(높은 고도로 올라가서 산소가 부족하여 겪는 현상)에 영향을 받으니 주의해야 한다.

야간비행 전에는 최소 30분 이상 어두운 곳에서 눈을 적응시켜야 하며, 야간비행 중에는 바깥풍경을 볼 때 똑바로 쳐다보지 말고 Peripheral vision(주변시)로 보아야 한다. 즉 보고자 하는 물체가 있으면 그 물체에 초점을 맞추는 것이 아니라, 그 물체의 주변을 보는 것이다. 이렇게 하면 야간에 좀 더 명확한 시야를 확보할 수 있다.

2) Throttle & Mixture

(1) Throttle

p. 129의 〈그림 4-7〉에서 Dimming control 노브 왼쪽의 가장 큰 검은색 노브가 Throttle이다. Throttle은 엔진의 파워(rpm)를 조절하는 장치로, 엔진의 실린더에 공급되는 연료혼합 공기의 양을 결정한다. 밀어 넣거나 뺄 수 있는데, 밀어 넣으면 엔진의 출력이 높아지고, 빼면 출력이 낮아진다. 전부 다 밀어 넣은 상태를 Full throttle이라고 하고, 전부 뺀 상태를 Idle 상태라고 한다.

Throttle 노브 뒤쪽에 동그란 은색의 금속장치가 있는데, 이것은 Friction lock이라고 한다. 돌려서 Throttle의 넣고 빼는 강도를 변화시킬 수 있다. 진동이 심한 비행 때문에 손이 흔들려 원하지 않는 Throttle의 움직임을 줄 수 있으므로, 각자의 취향에 맞게 세팅하도록 한다.

(2) Mixture

Mixture는 Throttle 옆의 큰 붉은색 노브이다. 엔진으로 유입되는 연료와 공기의 비율을 조절할 수 있다. 밀어 넣으면 연료혼합 공기가 Rich(연료 비율의 상승)해지고, 집아 빼면 Lean(연료 비율의 감소)해지게 된다. 조작법은 간단하다. 큰 움직임을 주려면 Mixture 끝부분에 있는 단추를 누르고 움직이면 되고, 미세한 조절을 하려면 손잡이를 돌리면 된다. 시계 방향으로 돌리면 Rich해지고, 반시계 방향으로 돌리면 Lean해진다.

Sea-level에서는 Mixture를 Full-Rich 상태에서 엔진을 가동하는 것이 최적의 효율을 낳는다. 그러나 고도가 높아질수록 공기의 밀도가 떨어지기 때문에 연료 혼합비가 늘어나게 된다(필요 이상으로 Rich해짐). 이렇게 연료

혼합 공기가 과도하게 Rich해지면 엔진에 Roughness(부르르 떨리는 현상)를 불러일으키고 출력이 감소한다. Roughness는 불완전 연소로 인한 carbon 찌꺼기들이 spark plug 주변에 눌러 붙어 발생한다. Rich한 연료혼합 공기는 엔진 실린더 내부의 온도를 하강시켜서 연료의 완전 연소를 방해한다. 따라서 Mixture를 Lean시켜서 연료 비율을 줄일 필요가 있다.

(3) Leaning Procedure in C172R/S

C172R/S는 Full Rich 상태에서 이륙 및 상승 후에 Cruise Altitude에 도달한 후 Leaning을 하게 된다. 다음은 가장 흔하게 쓰이는 Leaning Procedure 세 가지이다.

① EGT(Exhaust Gas Temperature)를 이용한 방식

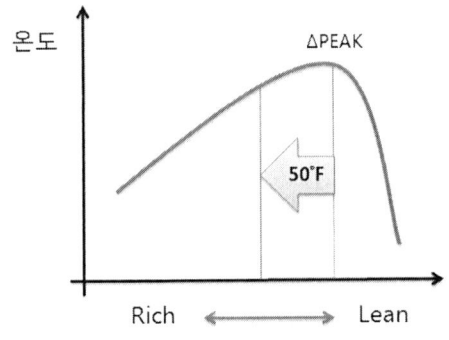

〈그림 4-44〉 EGT temp. & Mixture control

EGT(Exhaust Gas Temperature) Indicator를 사용하면 가장 정확하게 Leaning을 할 수 있어서 POH도 추천하는 방식이다. EGT 계기를 참조하면서 아주 조금씩 Mixture를 반시계 방향으로 돌려서 Leaning을 한다. Leaning이 조금씩 되면서 연료 효율이 최적화되면서 엔진의 실린더 내부 온도가 상승하고 EGT 온도도 상승한다. 그러다가 피크를 치는 온도 지점이 있을 것이다(EGT 계기는 반응속도가 수초에 달하므로 leaning을 매우 신중하게 천천히 진행해야 한다). EGT 온도가 최고 지점에서 다시 하강하는 순간

(보통 6,500ft에서 8Gal/hr 지점) Mixture를 다시 Rich시켜서 온도가 피크 지점에서 50°F만큼 하강하게 되돌린다. EGT 온도가 가장 높은 시점이 최적의 Leaning(Best Economy)이지만 다시 50°F만큼 Rich시키는 이유는 안전 때문이다. 만약 피크를 지나서 계속 leaning하게 되면 온도가 급격히 떨어지면서, 심하면 Engine Failure도 올 수 있다. 그러므로 50°F만큼의 여유 치를 Rich시키는 것이다.

EGT 온도를 이용한 Leaning 방식은 정확하다는 장점이 있지만, 시간이 1분 이상으로 오래 걸린다는 단점이 있다.

② Fuel Flow를 이용하는 방식

〈그림 4-45〉 Fuel Flow

Leaning을 가장 간편하게 하는 방식으로 3,000ft의 고도에 적합하다. 3,000ft 이상의 고도에 도달한 후, Fuel Flow Indicator를 보면서 Mixture를 반시계 방향으로 천천히 돌려 Leaning을 한다. Leaning이 지속될수록 Fuel Flow가 줄어든다. 〈그림 4-45〉의 Fuel Flow Indicator를 보면 Green Arc가 있는데, 이 Green Arc의 끝부분까지 Fuel Flow가 떨어질 때까지 Leaning을 하면 된다. 약 11Gal/hr 정도이다.

Fuel Flow를 이용하는 방식은 사용하기 간단하지만, 정확도가 떨어진다는 단점이 있다.

③ 엔진 소리를 이용하는 방식

엔진의 소리 변화를 감지해서 Leaning을 할 수도 있다. 목표고도에서 천천히 Leaning을 하면 소리가 점차 변한다. EGT 온도가 최적이 되는 지점에서의 소리가 약간 다른데, 이 지점을 소리로써 알아낸 다음 50℉만큼 Rich시키기 위해 Mixture를 시계 방향으로 세 바퀴 정도 돌린다.

소리를 이용하면 Leaning을 간편하게 할 수 있지만, 엔진의 소리를 깨닫는 데는 많은 비행 경력이 필요하다는 단점이 있다.

(4) Descent할 때의 Mixture Control

반대로, 하강할 때는 Mixture를 enrich시킬 필요가 있다. C172R/S의 경우 1,000ft 하강할 때마다 Mixture를 시계 방향으로 한 바퀴 정도 돌려주면 얼추 비슷하게 최적의 상태가 된다.

더 공부해보기

C172R POH
    pp. 4-27 Cruise
C172S POH
    pp. 4-37 Cruise
Pilot's Handbook of Aeronautical Knowledge
    pp. 6-8 Mixture Control
Private Pilot(Jeppesen)
    pp. 2-19 The Carburetor

---

3) Alternate Static Air Control

항공기의 Static port가 얼음이나 먼지로 인해 막히면, Alternate Static Air Control을 이용해야 한다. Alternate Static Air Control은 Throttle과 Mixture 사이에 있는 작은 붉은색 노브이다. 잡아당겨서 활성화시킬 수 있고, 밀어 넣어서 끌 수 있다.

항공기의 Static port가 막히면 Airspeed Indicator, Altimeter, VSI가 오류

값을 나타낸다. 외부기압을 측정할 수 없기 때문에 Airspeed Indicator는 훨씬 낮은 속도를 나타내고, Altimeter와 VSI는 Static Port가 막힌 그 순간부터 계기가 멈춰버려 계속 같은 값만 나타낸다.

Static port가 막혀서 Alternate Static Air Control를 잡아 빼면 Cabin 안의 기압을 Static port 대신 이용하게 된다. 그러나 Cabin 안의 기압은 Venturi effect로 인해 외부기압보다 조금 낮다. 그래서 Airspeed Indicator는 실제보다 약간 높은 속도를 지시하고, Altimeter는 실제보다 약간 높은 고도를 지시한다.

더 공부해보기

Pilot's Handbook of Aeronautical Knowledge
    pp. 7-11 Blocked Static System
Private Pilot(Jeppesen)
    pp. 2-63 Blocked Static System

4) Flap Switch & Position Indicator

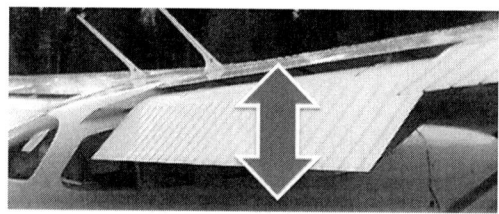

〈그림 4-46〉 Flap

Flap은 항공기에서 가장 흔히 사용되는 고양력 장치 중 하나이다. 주로 날개의 뒤쪽에 부착되며, 항공기의 Lift(양력)와 Drag(공기저항)을 증가시키고, Stall speed(실속에 걸리는 속도)를 감소시킨다. 다시 말하면 저속에서 안정적으로 항공기를 Control할 Lift를 제공하고 평소보다 낮은 Pitch 자세로 비행하여 아래 부분의 시야를 확보할 수 있다. 이러한 이유로 Approach,

Landing, Takeoff, Initial Climb에 Flap이 사용된다.

일반적으로 Flap은 날개의 뒷부분에 설치되는데, Flap이 필요할 때는 펼치고(Extend), 고속의 속도가 필요한 Cruise같이 Flap이 필요하지 않은 경우에는 다시 접을(Retract) 수 있다.

(1) Flap의 원리

Flap의 원리는 다음의 Lift 공식을 통해 이해하면 좋다.

$$Lift = \frac{C_L \cdot \rho \cdot V^2 \cdot S}{2}$$

(C_L : 양력계수 Coefficient Lift, ρ : 공기밀도, V : 속도, S : 날개 면적 Camber)

C_L은 양력계수로 날개의 AOA(Angle of Attack)와 관련이 있다. AOA는 Relative wind와 날개 중심선인 Chord Line 사이의 각도다. AOA가 일정 범위까지 커질수록 C_L이 증가되어 양력이 증대된다.

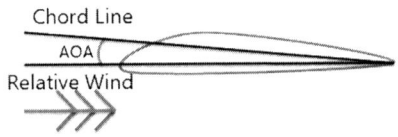

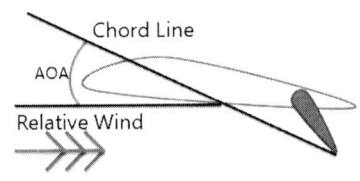

〈그림 4-47〉 Flap과 AOA

〈그림 4-47〉과 같이 Flap을 사용하면 AOA와 S(날개 면적)가 늘어나서 Lift가 늘어난다.

(2) Flap의 종류

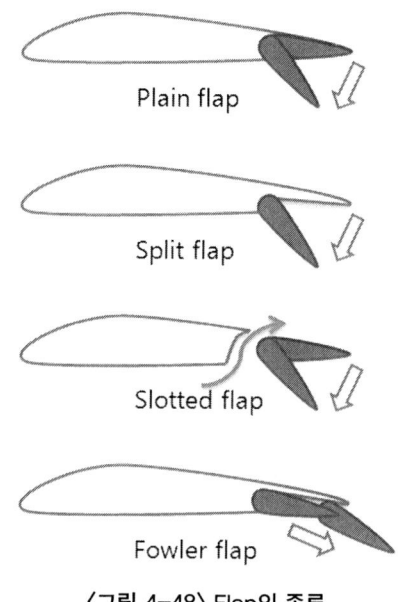

Plain flap

Split flap

Slotted flap

Fowler flap

〈그림 4-48〉 Flap의 종류

① Plain flap

소형 항공기에서 많이 이용되는 간단한 형식으로, Flap이 날개 뒷부분을 담당해서 위아래로 움직이는 형식이다. Camber(날개의 면적)와 AOA를 증가시켜 Lift를 증대시킨다.

② Split flap

Flap이 날개 아랫부분에서 분리되어 나오는 형식으로, 공기의 흐름을 방해하는 구조를 이용해 Plain flap보다 Drag가 훨씬 크고, Lift는 상대적으로 조금 증가된다. AOA가 커진다.

③ Slotted flap

가장 흔하게 사용되는 형식으로, C172R/S도 이에 해당된다. 날개와 Flap 사이의 공간으로 공기가 자유롭게 흘러들어갈 수 있어서 Flap 위쪽으로 airflow의 속도가 증가된다. 따라서 Plain이나 Split flap에 비해서 Lift가 더 증대된다. Camber와 AOA가 커진다.

④ Fowler flap

대형 항공기에 주로 사용되는 형식으로, 다른 Flap에 비해 Lift는 많이 증가하고, Drag는 조금밖에 생기지 않는다. Track을 향해 Flap이 뒤로 빠져나오는 형식이다. Camber와 AOA가 증가된다.

(3) Configuration

Flap의 사용은 항공기의 Configuration이라는 용어와도 연관이 있다. Clean Configuration은 Flap과 Landing Gear를 올린 상태이고, Landing Configuration은 착륙을 위해 Flap과 Landing Gear를 내린 상태를 뜻한다.

(4) Flap이 Extend 되는 양

Flap을 펼치는 정도에 따라 다음과 같은 특성이 있다.

절반 이하로 내리는 경우 : Drag에 비해 Lift가 많이 증가되어 Takeoff에 적합하다.

절반 이상으로 내리는 경우 : Lift에 비해 Drag가 많이 증가되므로 Landing에 적합하다.

(5) C172R/S의 Flap

〈그림 4-49〉 Flap Switch

C172R/S에서 Flap은 Mixture 옆에 있는 스위치로 조절할 수 있다. 스위치의 레버를 아래로 내려서 총 30°까지 flap을 내릴 수 있다. 레버 옆에는 작은 Indicating 장치가 있는데, 실제 Flap이 내려간 정도를 표시하는 장치이다. 그리고 C172R/S의 Flap은 주로 10/20/30 단위로 끊어서 사용한다.

Flap 10°까지는 110kt 이하의 속도에서 운용이 가능하며, 10°에서 30° 사이는 85kt 이하의 속도에서 운용이 가능하다.

Flap 스위치 아래에는 'AVOID SLIPS WITH FLAPS EXTENDED'라는 문구가 쓰여 있다. Full Flap으로 Slip 기동을 하면 기체에 무리가 간다는 것을 경고하는 메시지이다. 이러한 메시지들은 Placards라는 것으로 'smoking prohibited'를 포함해 cockpit의 구석구석에 쓰여 있는데, 이 내용들이 지워지면 비행을 할 수 없게 된다.

더 공부해보기

C172R POH
  pp. 2–12 Placards
  pp. 7–13 Wing Flap System
C172S POH
  pp. 2–23 Placards
  pp. 7–22 Wing Flap System
Pilot's Handbook of Aeronautical Knowledge
  pp. 5–8 Flaps
Private Pilot(Jeppesen)
  pp. 3–12 High–Lift Devices

5) Cabin Heat Control & Cabin Air Control & Glove Box

〈그림 4-50〉 Cabin Heat Control & Cabin Air Control

C172R/S에서 Flap Switch 바로 옆을 보면 Cabin Heat Control과 Cabin Air Control을 찾을 수 있다. 가운데 버튼을 누른 채 잡아당기거나 밀어 넣어서 작동시킬 수 있다.

Cabin Heat는 히터 역할을 한다. Air inlet으로 들어온 공기 중 일부를 뜨거운 Exhaust Gas가 지나는 Muffler 장치 주위로 보내 가열시키고, Cabin 내로 흘려보내서 따뜻한 온도를 유지시키는 것이다. 다만 Exhaust Gas는 색과 냄새가 없는 치명적인 Carbon monoxide(일산화탄소)를 포함하고 있다. Muffler에 작은 틈이 생겨 Exhaust Gas의 일부가 cabin에 유입되면 치명적인 결과를 가져오므로 정비에 주의를 기울여야 한다. 특히 울진공항같이 바다에 인접한 공항에서는 소금기에 대한 방청 작업에 만전을 기해야 한다.

Cabin Air는 반대로 에어컨 역할을 한다. 외부 공기를 그대로 Cabin 안으로 유입시킨다. 아무리 더운 여름일지라도 고도가 높은 상공의 공기는 차갑기 마련이다(1,000ft당 평균 3℃ 정도 줄어든다). 이러한 차가운 공기를 이용해 에어컨처럼 사용할 수 있다.

Cabin Heat Control과 Cabin Air Control 옆에는 Glove Box라는 작은 수납공간이 있으나 자주 사용하지는 않는 편이다.

1) Elevator Trim Control & Position Indicator

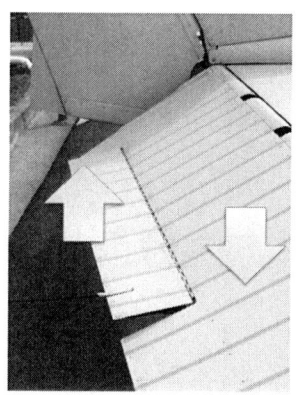

〈그림 4–51〉 Trim

　Trim은 Yoke의 Pitch Control을 돕는 장치이다. 상승이나 하강을 할 때, Pitch를 바꿔 자세를 변화시키려면 Yoke를 당기거나 밀어야 한다. 그런데 자세가 안정된 후에도 계속 Yoke를 당기거나 밀고 있어야 하는 상황이 있다. 이때 Trim을 사용하면 Yoke를 당기거나 미는 Constant Back/Forward Pressure를 Release시킬 수 있다. 즉 손의 힘을 뺄 수 있어서 조종사의 Workload를 줄여주고 피로하지 않게 도와주는 것이다.

　p. 129 〈그림 4-7〉의 10번 부분에 있는 큰 톱니바퀴 모양의 장치를 밀어 올리거나 내려서 Trim을 이용하게 된다. 바퀴를 올리면 Trim tab이 내려가서 Pitch down이 되고, 바퀴를 내리면 Trim tab이 올라가서 Pitch up이 된

다. 톱니바퀴 옆에는 현재의 Trim 위치를 하얀 줄로 나타내는 Indicator가 있다.

Yoke로 먼저 Pitch 자세를 잡은 후 Trim을 마지막에 세팅하는 것이지, Trim만을 이용해서 Pitch를 Control하려 하면 위험하다. 그리고 약 10초 이상 유지되는 자세에 대해서는 Yoke 조작 후에 Trim을 세팅하는 것이 좋다.

Trim 세팅과는 별개로 그림과 같이 elevator를 움직이면 Trim이 elevator와는 반대 방향으로 움직이는 것을 확인할 수 있다. Elevator를 yoke로 조작할 때 공기의 흐름이 Elevator의 움직임을 어렵게 만드는데, Trim tab이 반대로 움직여줘서 Elevator가 잘 움직이도록 힘을 보태주는 역할을 한다.

Trim의 단점으로는 Drag를 증가시킨다는 것과 Control effectiveness가 약간 감소한다는 것이 있다.

더 공부해보기

C172R POH
   pp. 7-6 Trim System
C172S POH
   pp. 7-9 Trim System
Pilot's Handbook of Aeronautical Knowledge
   pp. 5-10 Trim System
Private Pilot(Jeppesen)
   pp. 2-6 Trim Devices

---

2) 기타

① Hand Held Microphone

헤드셋의 마이크가 고장 났을 때 예비로 사용할 수 있다. 손으로 잡고 사용하며, Trim Control 바로 옆에 있다.

② 12VDC Power Port

마이크 옆에 휴대용 전자기기에 전류를 공급해줄 12Volt 외부단자가 있다.

③ Fuel Shutoff Valve Control

긴급 상황 시에 뒤로 잡아당겨 엔진으로 들어가는 연료를 전부 차단시키는 기능을 한다. 마이크 아래 있는 작은 붉은색 노브이다.

④ Fuel Selector Valve

Fuel Shutoff Valve 아래 cockpit의 바닥에 위치해 있으며, L/R fuel tank 중 한쪽을 선택해 연료를 사용할 수 있다. 보통은 양쪽 Fuel Tank를 모두 사용하는 BOTH position에 둔다.

⑤ vent

양쪽 창 앞쪽에 각각 2개씩 설치되어 있으며 외부 공기가 유입된다. 열고 닫을 수 있으며, 노즐이 움직일 수 있어서 바람 방향의 조절이 가능하다.

더 공부해보기

Pilot's Handbook of Aeronautical Knowledge
    pp. 6-26 Fuel Selectors

제5장

기본 비행 기동 TIPs

울진비행교육원의 경우, 학과시험을 제외한 실기비행은 총 8번의 체크비행(시험)이 있다. 하나의 체크시험 당 3회 이내에는 합격을 해야 하며, 총 8번의 체크에서 4번 이상 Fail하면 울진비행교육원을 수료할 수 없다. 그러한 경우 수료증이 발급되지 않고 이수증이 발급된다. 즉 체크비행에서 절대로 Fail해서는 안 된다. Fail한다고 해도 한 번이나 두 번 정도가 안정권이지, 세 번까지 가게 되면 항공사 입사에서도 불리하다. 같은 체크에서 두 번 이상 Fail하는 것도 마찬가지로 좋지 않다.

대학교에서 항공기 조종을 전공하여, 비행을 준비할 때 언제든지 도움을 청할 선배들이 있다면 이 장이 필요하지 않다. 하지만 대부분의 울진 훈련생의 경우, 항공과 관련 없는 학문을 전공했기 때문에 도움을 줄 사람이 많지 않다. 상위 단계에 있는 학생들과 친해져서 물어볼 수는 있지만, 친해진다고 해도 매일같이 물어보면 귀찮아하기 마련이다. 이러한 환경으로 인해 발생하는 절대적인 정보의 부족은 체크의 Fail을 낳는다. 그런 상황을 방지하기 위해 이 장에서 글쓴이만의 Rule of Thumb을 공개하고자 한다.

Rule of Thumb이란 조종사만의 조종비법 같은 것을 의미하는데, 100% 확실한 법칙은 아니다. 사람마다 다 자신만의 노하우가 다를 수 있기 때문이다. 따라서 여기서 소개하는 방법들은 본인에게 잘 들어맞을 수도 있고 적절치 못할 경우도 종종 있다. 하지만 다음의 내용을 미리 숙지해 가면 도움이 된다는 것을 확신하기 때문에 글쓴이만의 노하우를 이 책을 통해 공개하고 자 한다.

① Taxi

1) 비행하기 전에…

C172R/S의 cockpit에서 왼쪽은 PIC(기장 : Pilot in Command), 오른쪽은 Copilot(부기장 or 교관) 자리이다. 먼저 앉기 전에 의자의 높낮이를 조절해 야 한다. 앉았을 때, Windshield(앞 유리창) 바깥으로 엔진을 덮고 있는 하얀 색 Cowl(p. 134 그림 참고)이 손가락 두 개 정도 두께(Cockpit 윗부분에서부 터 Cowl의 끝부분까지)로 보여야 한다. 손잡이를 회전시켜서 의자의 정확 한 높낮이를 세팅할 수 있는데, 보통 가장 낮은 위치로 세팅한 후 10바퀴를 올린다. 그리고 키가 작은 사람은 전부 올리거나, 키가 큰 사람은 전부 내린 다. 또한 체구가 작은 사람은 등받이(쿠션 등)를 미리 준비해야 한다.

2) $\mu_s \rangle \mu_k$?

정지마찰력(μ_s)은 운동마찰력(μ_k)보다 크다. 쉽게 말하면, 정지한 상태에 서 출발하는 것이 움직이는 상태에서 가속하는 것보다 더 많은 힘이 든다는 뜻이다. 따라서 처음 정지한 순간에 Taxi를 시작하기 위해 Throttle을 넣어 항공기가 움직이기 시작하면, Throttle을 즉시 빼주어야 한다. 같은 파워 세 팅으로 계속 Taxi를 하면 속도가 지나치게 붙기 때문이다. 감속할 때는 Brake를 먼저 사용하지 말고 Throttle을 전부 빼주어 Idle 상태로 만들고, 그 래도 Brake가 필요하면 부드럽게 지긋이 밟아주어야 한다. 절대로 엔진파워 가 있는 상태에서 Brake를 사용하면 안 된다. 그리고 항상 정지하고 있을 때는 Throttle을 1,000rpm으로 맞추어야 한다. 1,000rpm은 alternator가 작동하는 최소한의 rpm으로, battery의 방전을 막을 수 있다.

3) Taxi 중심 맞추기

PIC 기준으로 의자에 앉았을 때 TAXI line(Taxiway의 중심에 있는 선, 노란색이다)이 오른쪽 무릎 약간 왼쪽 부분에 와야 항공기가 Taxiway의 중심에 있는 것이다(사람마다 위치에 약간 차이가 있다).

4) Taxi의 속도

Taxi의 속도는 돌발 상황이 발생했을 경우 즉시 멈출 수 있는 속도를 의미한다. Taxiway를 벗어나거나, 새 같은 야생동물이 접근하거나, 상황은 다양하다. 특히 Taxiway를 벗어나는 경우 기록에 남아 Pilot 경력에 치명적인 오명을 남기니 조심해야 한다. 즉시 멈출 수 있는 속도라고 하면 일반적이지 않은데, 보통 10Knot 정도로 생각하면 된다. 이 정도의 낮은 속도는 Airspeed Indicator에 측정되지 않으므로 오른편에 있는 GPS 장비의 Ground Speed를 참고해야 한다.

5) Taxi의 Turns

Turn을 하기 전에는 좌, 우, 전방을 모두 살펴 사람이나 항공기, 기타 차량이 없는지 확인해야 한다. 먼저 Turn 방향의 반대쪽을 확인하고, 다음에 전방을 확인하고, 마지막으로 Turn 방향을 확인해서, 안전이 확인되면 Turn을 수행한다. Call은 다음과 같다.

e.g) 왼쪽으로 Turn하는 경우,

"Right, Foward, Left clear"라고 방향 순서대로 확인하며 말하면서 Turn 시작

좌, 우, 전방에 장애물이 없다는 것을 확인한 후 Turn을 하려면, Rudder와 Brake의 적절한 사용이 필요하다. 10° 이내의 방향 전환은 Rudder만으로 하도록 하고, 그 이상의 각도는 Rudder를 끝까지 찬 채 회전하는 쪽의 Brake를 사용해야 한다. Brake를 누를 땐 발등을 바닥에서 떼어 살며시 눌러줘야 한다. 이렇게 하면 30°까지 Turn이 가능하다. 가장 많이 하는 실수는 Turn을 할 때 Yoke를 사용하는 것이다. Yoke가 자동차의 운전대와 비슷하기 때문에 착각하는 것인데, Yoke는 Taxi의 Turn에 있어서 아무런 역할도 수행하지 못한다.

6) Wind와 Yoke

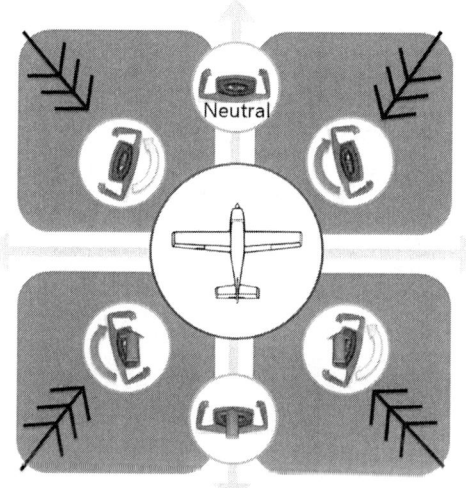

〈그림 4-52〉 Yoke와 Taxi

Taxi를 할 때 바람이 어디서 불어오느냐에 따라 Yoke의 움직임을 달리하여 바람의 영향을 최소화해야 한다. 그리고 Yoke는 돌릴 때 완전히 돌려야 그 효과가 크다. 바람의 방향에 따라 그림과 같이 Yoke를 조작해야 하며, 특히 뒤에서 부는 바람인 Tailwind에는 yoke를 전부 밀어 넣고, 맞바람인

Headwind에는 Yoke를 neutral시켜야 한다는 점을 잊지 말아야 한다. 만약 Headwind에서 Yoke를 앞으로 밀게 되면 하중이 앞쪽으로 쏠려, Nose gear에 과중한 하중이 실리고 Nose gear의 Shock-absorber가 눌려서, 결국엔 프로펠러가 지면에 닿아 망가질 수 있기 때문이다. Tailwind에서는 Yoke를 밀어 넣어 프로펠러를 보호한다.

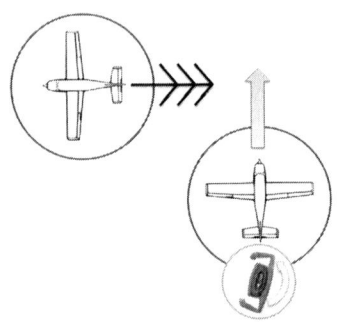

시동이 커진 비행기 뒤쪽으로 Taxi를 할 때도 프로펠러의 후류를 생각해서 Taxi를 해야 안전하다.

〈그림 4-53〉 비행기 후류와 Yoke

7) 강한 Crosswind Taxi Technique

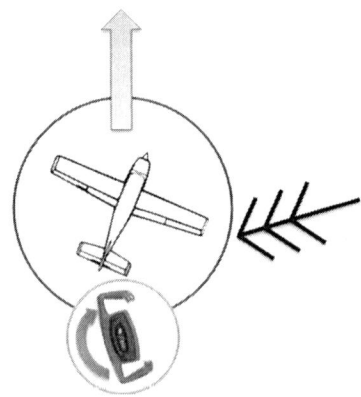

〈그림 4-54〉 강한 Crosswind Taxi Technique

20knot 이상의 강한 바람이 측면에서 불면 항공기의 꼬리날개 부분이 바람의 영향을 많이 받아 항공기가 틀어진다. 그러면 Taxi는 위의 그림과 같이 바람 쪽으로 약간 틀어진 채로 앞으로 나아가면 된다. 마치 게가 움직이듯 똑바로 나아가지 못하고 옆으로 살짝 가는 셈이다.

8) 활주로 상태

눈이 내린 지면에서는 Retractable landing gear에 눈의 slush가 쌓여 기어 움직임을 방해할 수 있으니 천천히 Taxi해야 한다.

비가 내리는 날엔 Hydroplaning(수막 위에서 미끄러짐) 현상이 있을 수 있으니 감속해야 한다.

얼음이 있는 지면에서는 미끄러지지 않도록 Brake를 최대한 사용하지 않아야 한다.

더 공부해보기

Airplane Flying Handbook
      pp. 2-9 Taxiing

② Takeoff & Initial Climb

Takeoff는 활주로에서 움직이며 서서히 속도를 높여가는 Ground Roll, 일정 속도에서 Pitch를 들어 공중에 뜨는 단계인 Rotation, Rotation 이후 상승을 계속해서 활주로로부터 벗어나는 Initial Climb, 이렇게 총 3단계로 구분된다.

1) 이륙하기 전에…

이륙 전 활주로 Taxi를 하는 도중에, 이륙 후 앞으로 똑바로 곧장 나아가기 위한 Ground Reference(시각 참조물)를 찾아놓는다. 활주로에 나란하게 설치되어 있는 공항 담장이나 활주로 앞쪽의 산 같은 지형을 익혀두어 바람에 따라 옆으로 처지지 않고 곧장 나아가는 데 참조해야 한다. 그리고 이륙 직전에 대형 항공기가 이륙했다면, wake turbulence 때문에 일정 시간 기다린 후 이륙해야 한다.

활주로는 양 방향을 모두 이용할 수 있는데, 이륙은 바람이 Headwind인 쪽을 이용하게 된다. Tailwind를 받은 채로 이륙하면 항공기의 performance가 현저하게 떨어져 Stall의 위험이 있기 때문이다. Headwind를 이용한 Takeoff의 장점으로는 IAS(Indicated Airspeed)보다 GS(Ground Speed)가 작아서 Lanind Gear에 부담을 줄일 수 있고, 바람으로 인한 빠른 IAS로 더 짧은 Ground Roll을 얻을 수 있는 것 등이 있다.

2) Ground Roll

Taxi를 해서 활주로 위에 Line up하게 되면 반드시 활주로의 Centerline의 중심에 항공기를 위치시켜야 한다. 그리고 Line up하면서 계속 굴러가기보다는 이동거리를 최대한으로 줄여 남은 활주로의 길이를 최대한 남겨두어 이륙에 이용해야 한다. 그리고 Yoke는 바람 쪽으로 전부 돌려줘야 한다 (Taxi p. 281 wind와 yoke 참조).

이륙을 위해 Full-power(Throttle을 전부 밀어 넣음)을 세팅하려면 부드럽게 Throttle을 밀어 넣어야 엔진에 무리가 가지 않는다. 파워가 늘어날수록 항공기는 왼쪽으로 가려고 하는데, Right Rudder를 이용해 Centerline을 유지시켜야 한다. 항공기가 왼쪽으로 처지는 이유는 Left Turning Tendency 때문이다. 이에 관해서는 아래 단락에서 자세히 설명한다.

서서히 가속되면서 바람 쪽으로 돌렸던 Yoke를 80% 풀어주고, Rotation 할 때는 약 20% 돌린 상태를 유지한다.

엔진이 조금이라도 이상한 소리를 내거나 최고 rpm이 나오지 않는다면 그 즉시 Throttle을 Idle시키고 Brake를 이용해 이륙을 포기해야 한다.

가속 중에 실수로 Brake를 작동시키지 않기 위해서 발뒤꿈치는 항상 바닥에 붙여놓도록 한다.

Full-power를 가동시키면서 가장 먼저 조종에 민감해지는 것은 Yoke의 pitch control과 Rudder의 Yaw control이다. 프로펠러의 후류가 elevator와 rudder를 강하기 스쳐가면서 Yoke의 조작 또한 작은 움직임에도 항공기가 민감하게 반응하기 때문이다.

3) Rotation

Ground Roll이 지속되면서 속도가 일정 속도(C172R/S의 경우는 55 knot)에 이르면, Pitch를 들어 올려 상승 자세를 잡아 Lift off를 해서 공중에 떠오르게 된다. 공중에 떠오르는 순간 바람 쪽으로 돌려놓았던 Yoke 때문에 비행기가 바람 쪽으로 Bank가 지게 된다. Bank가 지는 순간 바로 wing level (Bank 0)을 맞춰주어 바람 쪽으로 기수가 자연스럽게 틀어지도록 한다.

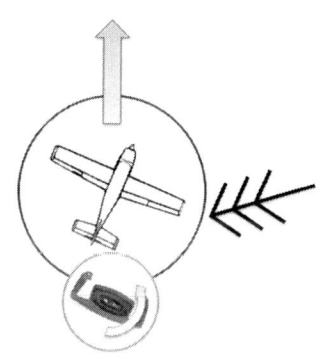

〈그림 4-55〉 Crosswind 와 Takeoff

C172R/S의 상승 Pitch는 10° 정도인데, 이때 Pitch를 한 번에 다 들어올리면 저속으로 인한 Stall의 위험이 있다. 따라서 세 번 정도로 나누어 조금씩 조금씩 들어올려 Pitch를 10°로 만들어야 한다. Yoke의 과도한 back pressure는 Stall을 일으킬 수 있다. 그리고 일단 공중에 뜨면 Pitch가 상승함에 따라 Left Turning Tendency가 강해지므로 Right Rudder로 받쳐줘야 함을 잊어서는 안 된다. 공중에 뜬 순간부터는 wing lever(bankfmf 0°로 하는 것)를 유지시켜야 과도한 Bank로 인한 Stall과 Turn을 방지할 수 있다. 그리고 Rotation 후 활주로 중심선에 맞추기 위한 좌우 움직임은 Rudder를 이용하도록 한다.

4) Initial Climb

Rotation 이후는 Ground Reference(담장, 앞쪽 산) 등을 곁눈으로 계속 참조하면서 Centerline을 지키며 80knot(참고 : C172R V_Y=79kt, C172S V_Y=75kt)의 속도로 상승한다. 이때 VSI를 참고하면 온도와 습도에 따라 크게 달라지지만 보통 600~700 fpm이 나온다. 상승 Pitch는 계기를 보지 않고 바깥 수평선(Horizon)을 보고 맞추어야 한다. 만약 수평선이 없고 산이 있다면, 산의 끝부분이 아니라 산의 뿌리 부분을 수평선이라고 생각하고 비행해야 한다. 계기는 참고용이다. 사람의 시선에 따라 다르지만, 수평선이 6packs 계기의 첫 줄쯤에 오면 된다(〈그림 4-56〉 참고).

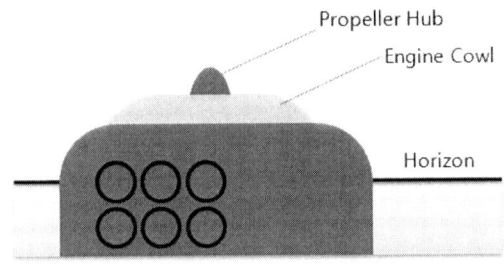

〈그림 4-56〉 Climb

80kt를 맞추기 위해서는 상승 자세를 먼저 만든 후, Pitch를 미세 조절해서 속도를 맞추면 된다. Rudder는 항공기를 좌우로 움직이는 경우 이외에는

Inclinometer의 Ball을 보면서 Ball이 튄 쪽의 Rudder를 차서 Ball이 중심에 오도록 만든다. 항공기의 bank는 계속 wing level을 유지시킨다. 특히 비행기에 탑승한 사람의 수에 따라 Climb 느낌이 다른데, 학생 혼자 비행하는 Solo 비행은 주의해야 한다. 기체가 가벼워서 상승이 가파르게 이루어지기 때문이다.

5) Left Turning Tendency

Left Turning Tendency는 엔진의 출력이 높아지고 Pitch가 커질수록 항공기가 왼쪽으로 틀어지려고 하는 현상이다. 이러한 현상의 원리를 잘 이해해서, 엔진의 출력이 높아지거나 Pitch가 상승하면 자연스럽게 Right Rudder를 차주는 것을 몸에 익혀야 한다.

(1) Torque

Torque는 Newton의 제 3법칙과 연관되어 있다. cockpit에서 봤을 때 프로펠러는 시계 방향으로 회전한다. 이 회전에 대한 반작용으로 항공기는 반시계 방향으로 회전하려고 하고, 이는 곧 Left Turning Tendency를 낳는다. 특히 Ground Roll에서 Full-power를 세팅하는 과정에서 많이 나타난다.

(2) Gyroscopic Precession

회전하는 프로펠러는 Gyroscope처럼 rigidity와 precession의 특성을 갖는다(p. 143 참고). Ground Roll에서 속도가 붙음에 따라 항공기는 꼬리 쪽이 들려서 항공기가 약간 앞으로 숙여지게 된다. 프로펠러도 따라서 앞으로 숙여지는데, 이때 앞으로 가는 힘이 프로펠러에서 90˚ 움직인 방향으로 작용하여 항공기가 왼쪽으로 틀어지게 된다.

(3) P-factor(Asymmetrical Thrust)

P-factor는 Asymmetrical Thrust라고 하는데, 항공기 프로펠러의 Blade 모양 때문에 발생한다. Blade는 프로펠러의 hub(중심)에서부터 tip(끝부분)

까지 골고루 추진력을 발생시키려고 Twisted되어 있다. 이러한 blade 모양은 상승 Pitch 자세에서 왼쪽과 오른쪽의 추진력을 불균형 상태로 만든다. 즉 Pitch가 높을수록 프로펠러의 오른쪽 부분의 추진력이 강화되어, 결과적으로 Left Turning Tendency가 생기는 것이다. Pitch가 높으면 높을수록 심하게 나타난다.

(4) Spiraling slipstream

항공기 프로펠러의 후류 때문에 나타나는 현상이다. 프로펠러가 일으킨 바람이 항공기 주위를 감싸고돌면서 꼬리 부분의 수직 안정판(Vertical Stabilizer)을 강하게 밀어낸다. 이에 항공기의 꼬리가 오른쪽으로 밀리면서 Left Turning Tendency가 생기는 것이다.

더 공부해보기

Airplane Flying Handbook
    pp. 5-1 Chapter5 Takeoffs and Departure Climbs
Pilot's Handbook of Aeronautical Knowledge
    pp. 4-26 Torque and P-Factor, Corkscrew Effect
    pp. 4-27 Gyroscopic Action, P-Factor
Private Pilot(Jeppesen)
    pp. 3-47 Left Turning Tendencies

---

③ Straight and level flight

Straight & level flight는 직진 수평비행으로, 일정 고도를 유지한 채 곧장 앞으로 나아가는 비행이다. 자가용 조종사의 PTS(Practical Test Standard)는 Altimeter ±200ft, Heading ±20°, Airspeed ±10knot를 유지해야 한다. 보통 C172R은 95kt를 기준으로 하고, C172S는 100kt를 기준으로 한다.

1) Pitch 자세

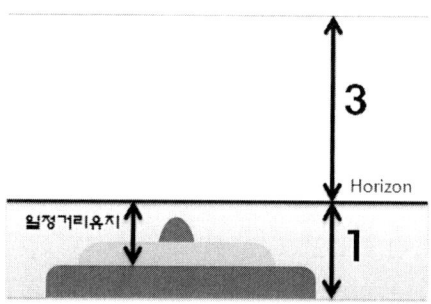

〈그림 4-57〉 Straight & level flight

Straight & Level Flight는 Pitch를 위의 〈그림 4-57〉과 같이 해야 한다. Windshield 바깥으로 보이는 풍경 중 바다 부분과 하늘 부분이 약 1:3(사람에 따라 다르지만)을 유지해야 한다. 교관이 완벽한 예를 보여주면 그때의 비율을 기억해야 한다. 이것이 어렵다면 Cockpit에서부터 수평선까지의 거리를 기억하고, 그 거리만큼을 계속 유지해야 한다.

2) Power Setting

C172R의 경우엔 2100rpm 정도면 95kt가 유지되고, C172S의 경우엔 2350rpm 정도면 100kt가 유지된다. 하지만 그날의 온도와 습도 등에 따라 Performance가 결정되므로 이 수치들이 반드시 맞는 것은 아니니 주의해야 한다.

3) Rule of Thumb(Airspeed=Pitch, Altitude=Power)

Straight & Level은 자가용 조종사 비행 과정에서 가장 어려운 기동이다. 정확한 자세로 속도와 고도를 유지하는 것이 쉽지 않기 때문이다. 그래서 Rule of Thumb을 제공하도록 한다. 바로 Airspeed는 Pitch로 control하고,

Altitude는 Power로 control하는 것이다. 좀 더 자세히 설명하면, Airspeed 가 떨어지면 Pitch를 내려 증속시키고, Airspeed가 과도하면 Pitch를 올려 감속시킨다. 그리고 Altitude가 높으면 Throttle을 뒤로 당겨 Power를 줄이고, Altitude가 낮으면 Throttle을 밀어 넣어 Power를 증가시키는 것이다. 이 방법에 대해 많은 학생 조종사들이 의문을 품을 수 있다. 예를 들어, 상식적으로 Pitch를 내리면 증속이 되긴 하지만 Altitude도 떨어진다. 하지만 계속 Cross Check를 하면서 Altimeter도 보고 있기 때문에, Altitude가 떨어지면 Power를 증가시키면 된다. 따라서 이 Rule of Thumb을 이용하면 Straight & Level을 쉽게 익힐 수 있다. 추가적으로, Heading이 틀어지는 경우엔 Shallow Turn을 이용해서 수정하면 된다.

4) Rule of Thumb의 세부규칙

앞서 설명한 Rule of Thumb을 좀 더 세세히 나누어보면 다음과 같다.

① Airspeed ↑ , Altitude ↑	⇒	Power ↓
② Airspeed ↑ , Altitude ↓	⇒	Pitch ↑
③ Airspeed ↓ , Altitude ↑	⇒	Power ↓
④ Airspeed ↓ , Altitude ↓	⇒	Pitch ↑

기존 Rule of Thumb과는 달리 Pitch가 airspeed만 관련되어 있는 것이 아니고, Altitude에도 관련이 있다. power도 Altitude만 관련되어 있는 것이 아니고, Airspeed에도 관련되어 있다. 따라서 좀 더 정확하게 비행을 하고 싶은 사람은 위의 네 가지를 익혀두어 상황별로 사용하면 된다. 비행 중에 조급하여 생각할 겨를이 없는 사람은 기존의 Airspeed=Pitch, Altitude=Power 방식을 이용해도 상관은 없다. 본인에게 맞는 방법을 써야 한다.

5) Cross Check

이 Rule of Thumb은 물론 빠른 Cross Check가 필수적이다. 자가용 과정은 V Cross Check가 효과적이다. Attitude Indicator는 바깥풍경의 Horizon 을 보면 되므로 확인하지 않아도 무방하고, Airspeed Indicator, Directional Gyro, Altimeter만 체크하며 간간이 Inclinometer의 Ball을 보며 Rudder를 차주면 된다. 바깥풍경과 계기 참조는 원래 9:1의 비율로 비행해야 하지만, 한국의 경우 Visibility가 좋지 않고 훈련하는 데 어려움이 있으므로 5:5 정도 의 비율이 적당하다. 다만 교관에게는 9:1로 하려고 노력한다고 대답해야 한 다는 사실을 잊지 말자.

자가용 조종사의 PTS(Practical Test Standard)는 Altimeter ±200ft, Heading ±20°, Airspeed ±10 knot이다. 이 기준에만 안주하려 하지 말고, 고 도 50ft, Heading 5, 속도 5kt만 차이가 나도 수정하도록 노력해야 한다. 그리 고 너무 계기를 chasing하지 말고, 일단 자세 잡고 파워 세팅을 해놓으면 수 초 기다릴 줄도 알아야 한다. 너무 chasing에 집착하면 안정된 Straight & Level을 하지 못하고 항공기가 계속 출렁이는 것을 반복하게 된다.

Straight & Level에서 마지막으로 이야기하고 싶은 tip은 자세와 파워 세팅 을 마친 후에는 Trim을 적극적으로 이용하라는 것이다.

e.g ❶ 저속으로의 Straight & Level
Straight & Level이 익숙해지면
Power를 약간 줄이고 Pitch를 살짝 올려
90kt로 Straight & Level을 유지해보자.

e.g ❷ 고속으로의 Straight & Level
Straight & Level이 익숙해지면
Power를 약간 높이고 Pitch를 살짝 내려
110kt로 Straight & Level을 유지해보자.

더 공부해보기

Airplane Flying Handbook
    pp. 3-4 Straight and Level Flight

---

④ Climb & Descent

Climb과 Descent는 생각보다 간단하다.

Climb은 Full Power 세팅과 p. 286의 자세로 Pitch를 속도에 맞게 미세 조정하며 80kt로 상승하면 된다. Pitch가 높아질수록 Right Rudder를 차주어 Ball을 Center에 두면 된다.

Descent는 파워를 1,500rpm으로 감속하고 Pitch를 0° 근처로 하고 Airspeed 100kt를 유지하기 위해 Pitch로 미세 조정을 해주면 된다. Power를 줄이면 반대로 Left Turning Tendency가 줄어들기 때문에 Left Rudder를 차주어야 한다. 단 Throttle과 자세는 아래와 같은 순서로 작동해야 함을 유념해야 한다.

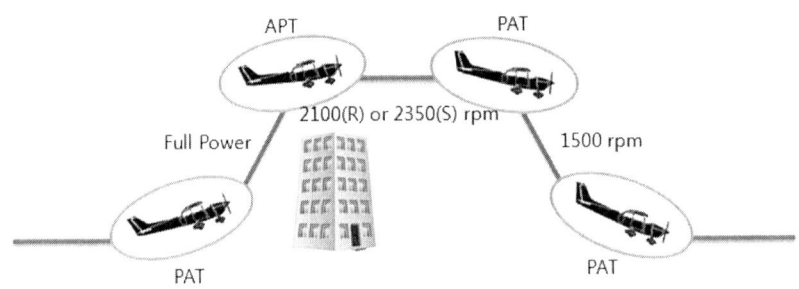

〈그림 4-58〉 PAT/APT

1) PAT/APT

P : Power, A:Attitude, T:Trim

PAT : Power→Attitude→Trim 순서로 조작한다.

APT : Attitude→Power→Trim 순서로 조작한다.

(1) Level→Climb (PAT)

Throttle을 full power로 하고 나서 Pitch를 들어올려 Climb 자세를 만든

다. Power를 넣는 순간 항공기의 Attitude가 들리기 때문이다. Elevator는 바람을 탈수록 비행기를 아래로 잡아당기려는 힘을 가지고 있다. 엔진의 Power가 세져서 프로펠러의 stream이 강해지면, Elevator가 아래쪽으로 가려는 힘도 세져서 Pitch가 들리는 것이다. 만약 Pitch를 먼저 들어올려 Attitude를 먼저 세팅했다면, Power를 넣는 순간 Pitch가 자동으로 들려 Stall의 위험이 있다.

(2) Climb→Level (APT)

상승하다가 Level로 변환하는 과정은 특이하게도 APT 순서를 이용한다. 80kt로 상승하다가 파워를 먼저 줄여버리면 속도가 줄어들어 stall의 위험이 있기 때문이다. 그래서 먼저 Pitch를 내려 Level 자세를 잡고 난 후, 속도가 95kt까지 붙기를 기다리고 파워를 줄여야 한다. Climb에서 Level로 전환하는 APT는 아파트가 앞에 있다고 생각하면 쉽게 외워진다.

(3) Level→Descent (PAT)

Level 상태에서 Descent를 시작하려면 파워를 1,500rpm으로 먼저 줄이고 나서 Pitch를 $0°$ 정도로 낮춘다. 파워를 줄이면 Elevator가 아래로 잡아당기는 힘이 줄어서 Pitch가 어느 정도 자동으로 내려가기 때문에 Attitude보다 Power를 먼저 세팅한다.

(4) Descent→Level (PAT)

하강하다가 다시 Level 상태가 되려면 Staight & Level의 파워(C172R: 2100rpm, C172S:2350rpm)를 먼저 넣고 다음에 Pitch를 올려 Attitude를 잡는다. Power를 증가시키면 Elevator가 아래로 당기는 힘이 강해져서 Pitch가 자동으로 올라가므로 Power를 먼저 세팅한다.

2) Level off(VS 10%의 법칙)

Climb이나 Descent를 하다가 다시 Level 비행을 하는 것을 Level off한다고 말한다. 그런데 목표고도에서 Level을 시도하면 항공기의 Inertia(관성) 때문에 목표고도를 한참 벗어나서 Level이 된다. 이때는 VSI 계기의 fpm에 주목해야 한다. fpm의 1/10 정도의 고도 전에서 Level off를 시도하는 것이다.

- **e.g ❶** 500fpm으로 상승 중이고 3,500ft에서 Level off하려면 50ft 전인 3,450ft에서 Pitch 내리고 95kt까지 증속되길 기다리다가 95kt 되면 파워 줄이기.
- **e.g ❷** 600fpm으로 하강 중이고 2,500ft에서 Level off하려면 60ft 전인 2,560ft에서 파워 줄이고 Pitch 올리기.

더 공부해보기

Airplane Flying Handbook
      pp. 3-13 Climbs and Climbing Turns
      pp. 3-15 Descents and Descending Turns

---

❺ Level Turns

1) Area Clearance

Turn을 시작하기 전에 다음과 같은 call로 주변을 경계해야 한다.

Right Turn의 경우
Left/Forward/Right Clear

Left Turn의 경우
Right/Forward/Left Clear

그리고 Turn하면서 Turn하는 쪽을 봐야지, 정면을 보면 안 된다. 항공기의 진행 방향에 어떤 장애요소가 있는지 정확히 살펴야 한다.

2) Shallow turn(Back 20°이하)

Shallow turn은 보통 Bank 15°(Attitude Indicator 참조)를 사용한다. Straight & Level과 방식이 거의 같고 Bank만 살짝 주면 된다. 미세하게 Yoke를 뒤로 잡아당겨야 하고, 회전하는 쪽의 Rudder를 아주 살짝 차주어 Ball을 Center에 두면 된다(Adverse Yaw). Roll-out(선회를 그만두고 다시 Straight & Level 상태로 돌아오는 것)은 목표 Heading에서 $\frac{Bank}{2}$ 만큼의 여유를 두고 실시한다. Shallow Turn의 bank는 15°이므로 목표 Heading 약 7° 전에 Bank를 풀어주고, Yoke와 Rudder를 다시 원상태로 한다.

3) Medium turn(Bank 21~44)

Medium turn은 보통 Bank 30°(Attitude Indicator 참조)를 사용한다. Shallow turn보다 Yoke를 뒤로 잡아당기는 양이 더 많고, 회전하는 쪽의 Rudder의 차는 양이 더 많다(Ball을 Center에 둔다 : Adverse Yaw). Roll-out(선회를 그만두고 다시 Straight & Level 상태로 돌아오는 것)은 목표 Heading에서 $\frac{Bank}{2}$ 만큼의 여유를 두고 실시한다. Shallow Turn의 bank는 30°이므로 목표 Heading 약 15° 전에 Bank를 풀어주고, Yoke와 Rudder를 다시 원상태로 한다.

4) Steep turn(45° or 50°)★

Steep turn은 Turn 중에 가장 어려운 기동이다. 자가용 조종사 과정은 Bank 45°, 사업용 조종사 과정은 Bank 50°를 사용한다. 먼저 30° bank turn을 한다고 생각하자. Medium Turn은 그다지 어렵지 않기 때문에 쉽게 수행할 수 있다. Attitude Indicator를 참조해서 30° bank가 된 걸 확인하면 엔진의 rpm을 50~100rpm 정도 증가시킨다. Lift는 날개에 수직 방향으로 작용하는데, Bank가 져서 지면에 수직 방향의 힘인 vertical component가 줄어들기 때문이다. 이를 보완하려면 엔진의 파워가 많이 필요하다. rpm을 증가시키고 Bank를 더 깊숙이 줘서 45°를 완성한다. Bank가 증가함에 따라 Yoke는 더욱 잡아당기고, Rudder는 더 많이 차야 한다(Adverse yaw).

이때 속도(C172R=95kt, C172S=100kt)와 고도를 일정하게 유지해야 하는데, 속도는 Power로 조절하고 고도는 Pitch로 조절한다(Straight & Level Rule of Thumb과 반대). 속도는 반드시 V_A(p. 140 참고) 이하로 유지되도록 해야 한다. Steep Turn같이 급격한 기동은 V_A를 넘어선 속도에서는 기체에 무리가 가기 때문이다. 고도가 떨어지면 Yoke를 잡아당겨 Pitch를 올리고, 고도가 높아지면 Pitch를 내려 고도를 내려야 한다.

Roll out을 할 때는 목표 Heading에서 $\dfrac{Bank}{2}$만큼의 여유를 두고 실시한다. Bank를 30°로 풀어주면서 Yoke를 앞으로 밀고(Roll-out 할 때 Yoke를 상당히 앞으로 밀어야 Pitch가 갑자기 들리는 것을 방지할 수 있다) 반대쪽 Rudder를 차서(다른 Turn들보다 반대쪽 Rudder를 더 많이 찬다는 느낌으로 차야 한다) 30° Bank Medium Turn으로 바꾸어준다. 다음 Power를 원래대로 줄여주고, 30° Bank Medium Turn을 Roll out시키는 것과 똑같이 Roll out하면 된다. 한 가지 주의해야 할 점은 Bank를 넣거나 풀 때 천천히 해야지 너무 급하게 하면 전체적인 기동을 망칠 수 있다는 것이다. 천천히 Bank를 움직이도록 하자.

5) Steep turn의 자세

Steep turn을 할 때 Pitch는 4° 정도가 적절한데, cockpit에서 본인만의 자세를 찾아야 한다. 엔진 Cowl의 어느 위치에 수평선이 닿는 지 기억해두고 이를 항공기 자세를 만드는 데 사용해야 한다. 사람마다 수평선에 닿는 Cowl 부분이 다르므로 교관이 완벽한 예를 보여줄 때 본인만의 위치를 잘 찾도록 하자. 학생 조종사는 왼쪽 자리에 앉아서 Left turn보다 Right turn이 〈그림 4-59〉와 같이 자세가 더 높아 보이게 된다.

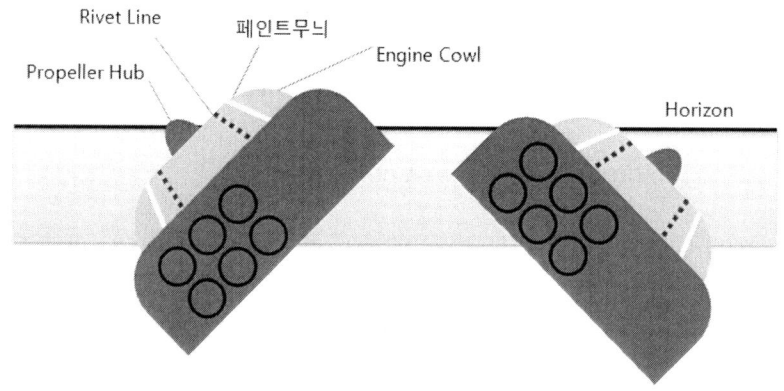

〈그림 4-59〉 Steep turns

엔진 Cowl에는 Rivet이 박혀 있는 Rivet Line과 페인트 무늬, Propeller Hub 등이 있으니, 수평선에 닿는 위치를 기억해두어야 한다. 〈그림 4-59〉의 경우엔 Left turn에는 Propeller Hub, Right turn의 경우엔 페인트 무늬를 기준으로 이용할 수 있다.

6) PTS(Practical Test Sradards)

Steep Turn의 PTS 기준은 Bank 45±5˚, Roll-out 후 목표 Heading ±10˚ 이내, Airspeed ±10kt, Altitude ±100ft이다. 특히 속도의 경우 VA를 넘지 않도록 주의해야 하며, p. 140를 참고하여 정확한 VA를 비행 전에 미리 구해 가야한다. 그리고 PTS 기준에만 안주하려 하지 말고, 고도 50ft, Heading 5˚, 속도 5kt만 차이가 나도 수정하도록 노력해야 한다.

7) Over-Banking Tendency

Turn할 때 자꾸 선회하는 방향으로 Bank가 자동으로 들어가는 경우가 있다. Bank가 가파를수록 이런 경우가 잦은데, 이는 Over-Banking Tendency 때문이다. 회전하는 쪽의 안쪽 날개는 속도가 느리기 때문에 Lift가 적고, 바깥쪽의 날개는 Lift가 많다. 이러한 이유로 자꾸 Bank가 지는 것이다. Turn을 할 때는 Attitude Indicator의 Cross check로 이를 방지해야 한다.

8) Climbing turn & Descending turn

Climb과 Descent를 하면서 turn을 할 수 있으며, 고도를 유지시킬 필요가 없기 때문에 오히려 Level turn보다 간단하다. Climbing turn은 Full power 세팅으로 Shallow Turn만 가능하고 Descending turn은 Bank 45까지 가능하지만 보통 Bank 30만 사용한다. Climbing turn과 Descending turn 모두 Level off 시에는 VSI fpm의 1/10만큼의 여유 고도를 두고 Level off를 시행한다.

더 공부해보기

Airplane Flying Handbook
pp. 3-7 Level Turns

---

⑥ Landing

Landing(착륙)은 자가용 조종사 비행 과정에서 가장 난이도가 높은 기술이다. Solo 비행에 앞서서 100번 이상의 착륙을 경험해야 겨우 Landing 기술을 익힐 수 있다. 심지어 사업용 조종사 과정에 가서도 착륙에 애를 먹는 사람들이 종종 있다. 울진비행교육원에 입과한 후 처음 보는 체크비행은 Landing을 학생 스스로 안전하게 할 수 있느냐 없느냐에 초점이 맞추어지므로 가장 중요하게 배워야 할 과정이라고 생각하면 된다. 따라서 한 번 배울 때 확실하게 익히도록 만전을 기해야 한다.

Landing은 Approach, Round-out, Flare, Touchdown, Landing Roll, 이렇게 5가지 단계로 구분된다.

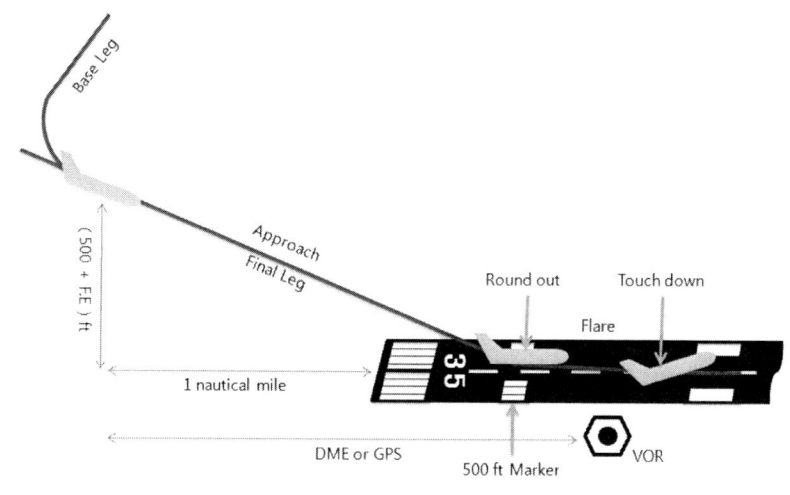

〈그림 4-60〉 Landing

1) Approach

Approach는 착륙을 위해 항공기가 활주로에 접근하는 단계이다. Traffic Pattern을 돌고 있었다면 Base leg에서 Final leg(활주로로부터 1nm 되는 지점)로 합류하게 된다. Traffic Pattern 없이 바로 접근할 수도 있다. Approach를 잘 수행하려면 Centerline, Attitude, Airspeed, 이 세 가지를 기억해야 한다.

(1) Centerline

항공기의 중심이 활주로 Centerline(중심선)의 연장선상에 있어야 한다. Approach 단계에서는 조종사 기준으로 Centerline이 중심에 오면 된다. 하지만 활주로에 거의 다 와서는(활주로로부터 30m 정도) Centerline이 조종사의 약간 오른쪽 무릎에 있어야 한다. 조종사가 항공기의 왼쪽 좌석에 앉아 있으므로 어느 정도 위치를 생각해주어야 하기 때문이다.

(2) Attitude

VFR에서 Approach를 할 때 aiming은 500ft marker(활주로의 세 줄 표시)를 향한 채 계속 접근하게 된다. 참고로 IFR에서는 1,000ft Marker(큰 한 줄

짜리 표시)로 Aiming한다. 이때 Approach 전 구간에 걸쳐 Attitude가 일정해야 한다. 교관이 보여준 완벽한 예를 보고 같은 기울기로 계속 접근해야 한다. 지면으로부터 3°로 Approach하는 것이 가장 이상적인데, Approach하는 Attitude를 잘 모르겠으면 활주로로부터 1nm 되는 지점에서 (500+공항의표고) ft의 고도를 활용하면 된다. 이 고도에서 Aiming point인 500ft marker만 보면서 계속 일정하게 접근하면 된다. 울진공항의 field elevation은 175ft이므로 활주로로부터 1nm 지점에서 675ft를 Altimeter가 가리키면 된다. 그러면 활주로로부터 1nm 되는 지점을 찾는 것이 우선인데, 1nm 지점은 VOR을 이용하면 된다. VOR이 활주로의 어느 부분에 위치해 있는지 공항의 Chart를 AIS 홈페이지에서 확인한 후, DME 거리에서 VOR로부터 활주로 끝단까지의 거리를 빼주면 되는 것이다. 울진공항은 활주로 길이가 1nm이고, VOR이 정 가운데 위치하고 있으므로 DME(또는 GPS)가 1.5nm를 나타내면 해당 지점이 활주로로부터 1nm인 지점이다.

(3) Airspeed

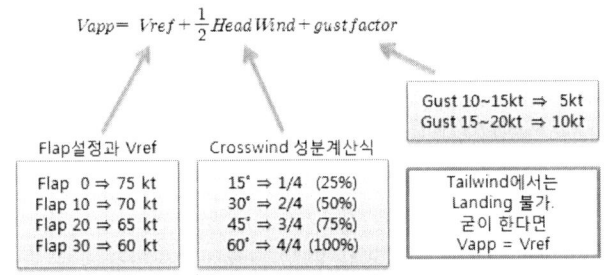

$$Vapp = Vref + \frac{1}{2} Head\,Wind + gust\,factor$$

〈그림 4-61〉 Approach Speed

Approach 속도를 구하는 공식은 위와 같다. 예를 들어 Runway(활주로) 35에서 wind 020/10kt 라고 가정해보자.

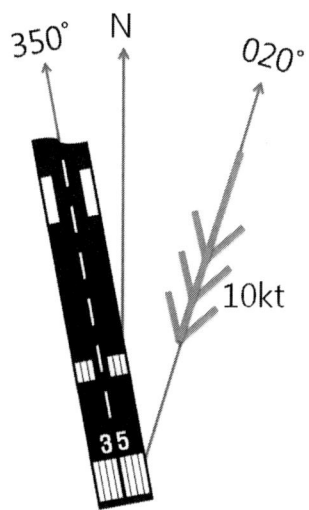

〈그림 4-62〉 Crosswind 성분 계산

    활주로에 쓰인 숫자의 의미는 활주로 방향의 방위를 나타낸다. Flap은 가장 흔하게 사용되는 Flap20를 사용해보자. 그러면 Vref는 65kt가 된다. 활주로와 바람의 각도 차이가 30°이므로 10kt의 2/4를 적용해서 Headwind는 5kt가 된다. Gust는 불규칙적인 방향과 속도를 가진 기상 상태를 일컫는데, Gust factor는 보통 5kt로 계산한다. 그러면 Vapp=65+2.5+5=72.5kt가 된다. 따라서 approach 구간의 속도는 72.5kt로 한다. 이렇게 계산하는 것이 원칙이지만 비행 중에 순간적인 계산을 하는 것은 훈련생에게 과도한 부담이 되므로, 보통 Vref에 5kt만 너한 값을 Vapp에 주로 사용한다.

    Vapp를 유지하기 위해서 Approach 과정에서 Airspeed는 Power로 조절해야 한다는 것을 잊지 말아야 한다. 그리고 Pitch는 Aiming point에 맞게 고정시켜야 한다. 교관이 완벽한 예를 보여주면 cockpit으로부터 aiming point의 높이(손가락 네 개 정도의 두께)를 기억하도록 한다. 이렇게 Pitch는 고정이고, 속도가 낮으면 Throttle을 밀어주고, 속도가 높으면 Throttle을 당겨주는 것이다.

〈그림 4-63〉 Approach Attitude

마지막으로 위에서 계산한 Vapp로 계속 활주로에 접근하다가 활주로 끝 30m 지점에 이르면, Power를 줄여 Vref의 속도로 감속한다.

Vapp나 Vref를 너무 높게 가져가면 관성 때문에 Flare가 길어져서 착륙할 활주로의 길이가 부족해지는데, 이것을 Overshooting이라고 한다. 반대로 활주로에 닿기도 전에 지면에 닿는 것을 Undershooting이라고 한다.

(4) Approach와 Flap의 영향

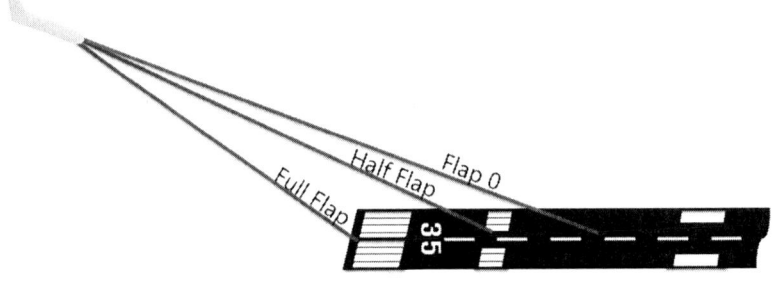

〈그림 4-64〉 Flap과 Approach

Flap을 사용하는 양만큼 Drag가 달라져 approach 각도가 달라진다. Flap 0에서 Half Flap보다, Half Flap에서 Full Flap까지가 Drag가 더 많이 발생하니 참고하자.

Flap을 사용할수록 Pitch가 평소보다 낮아져서 앞쪽으로 기운 상태로 Approach하게 된다. 따라서 앞쪽의 활주로에 대한 시야가 좋아진다. Flap을 단계적으로 내리는 위치는 다음과 같다.

- Downwind leg 중간 지점 ⇒ Flap10°
- Base leg 중간 지점　　⇒ Flap20°
- Final 초입　　　　　　⇒ Flap30°

(5) Approach와 Trim

Approach 구간에서 Aiming point에 대한 Pitch를 확립했으면 반드시 Trim을 세팅해야 한다. 이어질 Flare에서는 미세한 요크 동작이 필수이므로, 반드시 Trim을 세팅해서 Yoke의 pitch control(밀고 당기는 control)에 걸리는 압력이 없도록 해야 한다.

(6) PAPI(Precision Approach Path Indicator)

PAPI(Precision Approach Path Indicator)는 계기비행(IFR)에서 사용되는 장치로, 흰색과 붉은 빛을 발하는 4개의 전등으로 이루어져 있다. 3° Approach를 하고 있을 때는 전등이 흰색 2개, 붉은색 2개로 이루어진다. 여기서 Approach가 높으면 흰색 3개, 붉은색 1개로 바뀌고, 나아가서 더욱 높으면 흰색 4개가 된다. 반대로 Approach가 낮으면 흰색 1개, 붉은색 3개로 바뀌고, 더욱 낮으면 붉은색 4개가 된다.

VFR Landing의 경우 Approach 초입에는 흰색 3개, 붉은색 1개가 좋으며, 점점 Approach가 진행될수록 흰색 2개, 붉은색 2개로 되는 것이 이상적이다.

이렇게 PAPI의 정보를 이용해서 Approach의 높고 낮음을 판단할 수도 있다.

2) Round-out

Approach를 계속해서 Aiming Point에 이르면 Round-out을 해야 한다.

Aiming Point에 와서 지면으로부터 4~5m(C172R/S 항공기가 아래에 3개 정도 들어갈 수 있는 높이) 정도 떨어진 높이가 되면 Power를 Idle시키고, Pitch를 서서히 들어올려 Level attitude를 취하고, 시선은 Pitch가 올라감에 따라 자연스럽게 활주로 끝부분을 보면 된다.

흔한 실수로서 계속 가까운 활주로 바닥을 보는 경우가 있는데, 이러한 경우 첫째로 높이 판단이 어렵게 되고, 둘째로 Centerline에서 항공기의 중심이 벗어나기 쉽다. 활주로 끝을 봐서 멀리 보게 되면 Centerline이 전부 보여서 미세한 항공기의 틀어짐도 시야에 들어오는 반면, 바로 앞부분의 활주로를 보게 되면 미세한 틀어짐이 보이지 않는다.

Round out을 하면서 Pitch가 올라감에 따라 Left Turning Tendency가 있으므로 Right Rudder를 차주어야 한다. 항상 Centerline을 잘 유지하다가 Round out을 할 때 왼쪽으로 갑자기 틀어지는 훈련생들이 많다. Pitch가 들릴수록 Left Turning Tendency가 생긴다는 것을 잊기 때문에 나타나는 실수이므로 Round out 직전에 Right Rudder를 찰 준비를 하고 있어야 한다.

많은 학생 조종사들이 Round out을 지나치게 높은 고도에서 시작하려고 한다. Ground effect를 잊기 때문에 발생하는 실수인데, 오히려 잘못하면 활주로에 갑자기 부딪힐 수도 있겠다는 높이에서 Round out을 시행해야 한다. 지면 근처의 항공기 wing span(날개의 좌우 길이) 이내의 고도에서는 Ground effect가 있어서 항공기의 performance가 상승한다는 것을 잊지 말아야 한다.

3) Flare

일단 Round out을 실시한 다음부터는 계속 Level Pitch를 유지하면서 시선은 곧장 활주로 끝부분을 보고 있어야 한다. 이때 Power가 Idle인 상태이므로 속도가 계속 줄어든다. 동일한 Lift를 계속 유지하려면 Pitch를 살짝 들어 AOA(Angle of Attack)를 증가시켜야 하는데, 방법이 습득하기 약간 힘들다.

Round out 직후 Level Attitude로 활주로 위를 간신히 떠다니면서 항공기가 떨어질 즈음 Yoke를 1mm 정도 당겨 항공기가 떨어지지 않도록 해야 한다. 이때 타이밍이 굉장히 중요한데, 항공기가 떨어지는 것을 눈으로 확인한 후 Yoke를 당기면 이미 늦어서 활주로 바닥에 항공기가 내리꽂히는 hard-landing을 하게 된다. 그렇다고 미리 Yoke를 당기면 항공기가 위로 붕 떠버려서 더 위험한 상황이 된다(이럴 경우 Full Power를 넣고 Go-around 해야 한다). 결국 landing은 이 타이밍을 잘 잡는 사람이 Solo 비행을 먼저 나가게 된다. 약 1.5초 정도 되는 간격으로 Yoke를 1mm씩 당기기를 세 번 정도 반복하면 자연스럽게 Touch down(항공기 바퀴가 활주로에 닿는 것)을 부드럽게 할 수 있다.

이렇게 Yoke를 당길 타이밍을 잘 생각하면서, 바퀴가 활주로 위로 불과 몇 인치인 상태로 계속 항공기를 앞으로 끌고 가다가 부드럽게 착지해야 한다.

타이밍을 잡는 것이 너무 어렵다면, 마음속으로 1.5초 정도를 정확히 재기 위해서 다음과 같은 어구를 생각하면 편하다.

"one-Missisippi(Yoke 1mm 당기고), two-Missisippi(Yoke 1mm 당기고), three-Missisippi(Yoke 1mm 당기고)"

마음속으로 "원-미시시피"라고 말한 후 Yoke를 1mm 당기고 하는 과정을 세 번 정도 반복하면 타이밍이 얼추 맞게 된다. 이 방식이 맞는 학생이 있고 맞지 않는 학생이 있으므로, 사용에 주의를 기울이도록 한다.

Flare에서 Centerline을 잡으려 좌우로 움직이는 것은 안전상 요구되지 않는다. 다만 Centerline에 항공기의 Longitudinal axis가 평행하면 된다. Flare 단계에서는 Centerline을 잡으려고 항공기를 무리하게 좌우로 이동시키면 안 된다.

4) Touchdown

Flare에 이어서 Touchdown을 할 때는 Pitch가 너무 높아서 항공기 꼬리 부분이 활주로에 긁히는 Tail strike가 안 되도록 주의해야 하고, 또 너무 Pitch를 안 올려서 Landing gear 2개와 앞의 nose gear가 동시에 지면에 접촉하는 3-point가 발생하지 않도록 주의해야 한다. nose gear는 착륙 시 충격을 받을 수 있을 정도로 강하게 설계되지 않았기 때문에, Touchdown은 뒷바퀴인 두 개의 landing gear로만 먼저 접지한 후 부드럽게 Pitch를 내려, nose gear를 지면에 얹어놓는다는 느낌으로 nose gear를 내려놓아야 한다.

Touchdown 순간에 Rudder에 얹은 발의 뒤꿈치가 반드시 바닥에 닿아 있어야 한다. 순간적으로 본인도 모르는 사이 Brake를 밟은 순간 착지하게 되면, 움직이지 않는 landing gear 바퀴 때문에 착륙이 굉장히 위험해질 수 있다.

Nose gear를 내려놓은 후에는 Yoke를 뒤로 당기고 Brake를 부드럽게 밟아서 제동거리를 최소화해야 한다. 그리고 동시에 바람 방향으로 Yoke를 전부 돌려놓아야 한다(p. 281 Wind와 Yoke 참고). Yoke를 뒤로 당길 때는 너무 급하게 당겨 지면에 닿은 Nose gear가 다시 공중에 뜨지 않도록 해야 한다.

마지막으로 C172R/S에는 자동차처럼 ABS(Anti-Lock Brake) system이 Brake에 장착되어 있지 않다. ABS는 원래 항공기를 위해먼저 개발되었지만, 경항공기 특성상 C172R/S에는 장착되어 있지 않다. 그러므로 특히 비가 오는 날엔 미끄러짐에 주의해야 한다.

5) Crosswind Technique

위의 내용은 바람이 없는 무풍 상태에서의 landing technique을 설명한 것이다. 바람이 있는 경우에는 이에 추가해서 다음과 같이 Crab method나 Wing-low method를 사용해야 한다. Approach 전 구간에서는 Crab method를 사용해야 하고, Round out 직전(활주로로부터 30m 지점)에서 Wing-low로 전환해야 한다.

(1) Crab method (Approach 전 구간)

Crab method는 바람 쪽으로 Shallow turn을 한다고 생각하면 된다. 바람 쪽으로 Bank와 Rudder를 주어서 turn을 하는 것이다. 그러면 마치 게처럼 옆으로 살짝 비껴서 앞으로 진행하게 된다. 항공기가 바람 쪽으로 기수가 틀어져서 진행하고 있으므로, 시선은 항공기 기준의 정면이 아닌 진행 방향 쪽을 쳐다봐야 한다. Approach에서 Centerline을 유지하기 위해서는, 바람 쪽으로 가려면 turn을 약간 더 하면 되고, 바람 반대쪽으로 가려면 turn을 약간 풀어주면 된다. 이렇게 활주로 직전 30m까지 Approach한 후 Wing-low로 전환하게 된다. 대형 항공기의 경우 Landing gear가 좌우로 움직일 수 있도록 설계되어 Crab method로 Touchdown까지 진행하지만, C172R/S의 landing gear는 고정되어 있으므로 마지막에 Wing-low로 전환해야 한다.

(2) Wing-low(side slip) method (활주로 전 30m부터)

Wing-low는 상대적으로 기체에 무리가 많이 가기 때문에 활주로 전 30m에서 전환하는 것이 일반적이다. Inclinometer의 Ball이 어디로 움직이든지 무조건 Rudder로 항공기의 Longitudical Axis가 활주로와 평행하게 만든다. 그 다음 Bank를 기울여서 Centerline을 맞추게 된다. 바람이 강할수록 바람 쪽의 bank를 많이 넣는 것이다. Touchdown은 바람 쪽의 Landing gear가 먼저 지면에 닿도록 하면 된다.

더 공부해보기

Airplane Flying Handbook
    p. 8-2 Final Approach

제5부

울진생활 가이드
(울진비행교육원에 입교하기 전에 준비해야 할 사항)

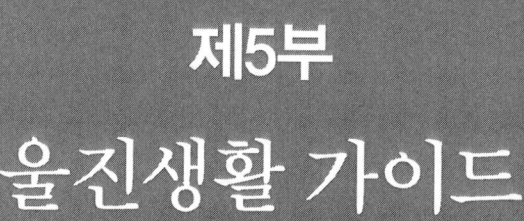

① 교통편

울진비행교육원은 경상북도 울진군 기성면 척산리에 위치하고 있다. 울진군은 경상북도의 동해안에 위치하고 있으며, 위로는 강원도와 인접해 있는 우리나라 오지 중의 오지다. 일단 찾아가려고 해도 고속버스가 많지 않아 쉽지 않다. 울진에는 울진고속버스터미널을 포함해 여러 간이 터미널이 있다. 울진비행교육원 기숙사는 울진군 간이 터미널 중 기성 터미널 바로 옆에 있으니 기성으로 가면 된다. 기성 터미널로 바로 가는 버스는 많지 않으므로, 동서울에서 차를 놓쳤다면 울진 터미널로 갔다가 환승해서 기성 터미널로 가면 된다. 직행버스를 타도 최소 4시간 30분이나 걸리는 긴 여정이다. 버스 타는 것만 해도 큰 곤욕이 아닐 수 없다.

출발 터미널	도착 터미널	첫차	막차	하루 편수	소요시간	요금
동서울	기성	15:25		1편	4시간30분	28,200원
동서울	울진	07:10	20:05	20편	4시간	25,700원
부산 (노포)	울진	10:40	18:09	7편	3시간	20,100원
울진	기성				30분	3,000원
기성	동서울	09:03		1편	4시간30분	28,200원
울진	동서울	06:25	18:40	20편	4시간	25,700원
울진	부산 (노포)	08:18	19:40	7편	3시간	25,700원
기성	울진				30분	3,000원

2014. 01. 01 기준

동서울에서 기성 가는 버스는 최소 하루 전에 인터넷 예약을 하는 게 필수다.

② 입과 전 준비물

울진은 한국에서 가장 고립된 지역이다. 강원도 산간 지역보다도 교통이 더 열악하다고 생각하면 된다. 2013년에 해커의 공격으로 농협 전산망이 마비돼 상점에서 일주일 정도 농협카드를 사용할 수 없던 시기가 있었다. 당시 많은 학생들은 현금은 없고 카드만 가지고 있었고, 통장에 돈이 가득한데도 물건을 못 사는 어이없는 일이 벌어지기도 했다. 농협 이외에는 다른 은행의 지점이 많지 않기 때문에 벌어진 일이다. 그만큼 낙후된 지역이기 때문에 입교할 때도 최대한 많은 준비를 해서 기숙사에 들어가는 것이 좋다.

(1) 인터넷 & TV

기숙사에서 인터넷은 무료이고, 휴게실에 대형 TV가 설치되어 있어서 자유로이 이용할 수 있다. 랜 선은 따로 구비되어 있지 않기 때문에 직접 구입해 와야 한다. 하이마트 같은 곳에서 저렴하게 구입 가능하다. 아예 기숙사 방 안에 무선 공유기를 설치하면 편하다.

(2) 냉장고 & 식기

취사는 기숙사 내에서 금지되어 있으나, 단속이 없기 때문에 자유롭게 개인적으로 밥을 지어 먹어도 된다. 기숙사 식당이 있긴 하지만 대부분의 학생들이 맛없다는 생각을 해서 기피하는 편이다. 라면포트를 구입해서 국이나 라면을 쉽게 만들어 먹으면 좋다. 전기가 무료이므로 이 점을 최대한 활용해야 한다.

각 방마다 소형 냉장고를 비치해야 한다. 없어도 되긴 하지만, 냉장고가 없으면 1년 넘게 생활하기가 너무 불편하다. 6~8만 원 정도면 중고 냉장고를 구입할 수 있으니, 주변 재활용 센터나 고물상에서 준비하면 된다. 울진의 경우 기숙사에서 차로 30분 거리인 죽변 버스 정류소 근처에 재활용 센터가 있으므로 냉장고를 구입하도록 하자(주소 : 경상북도 울진군 죽변면 후정리 337-3번지 근처). 내비게이션에 '죽변 버스 정류소'를 검색하면 된다.

각종 필기구와 파일(A4 절반 사이즈)을 미리 준비하는 것이 좋고, 겨울에 전기장판은 필수이다. 히터가 있긴 하지만 전기요금이 많이 나온다고 중앙 관리실에서 예고 없이 새벽에 몰래 꺼버리는 경우가 많아서 감기에 걸리는 일이 잦다. 그래서 전기장판을 개인적으로 구매하는 것이 좋다.

그 외에 이불, 옷가지, 콘센트, 칫솔, 치약, 비누, 밥솥, 식기류, 스탠드, 휴지, 우산, 수건, 의약품(반창고, 감기약 등), 장갑(겨울에 굉장히 춥다), 목도리, 필기구, 노트북, 빨래건조대, 라면포트, 비누, 샴푸, 세탁세제, 주방세제 등이 필요하다.

③ 공항 출퇴근

울진비행교육원에 입교하게 되면 기숙사에서 울진공항으로 매일 출퇴근을 해야 한다. 기숙사가 공항 바로 옆에 있으면 좋으련만, 공항은 기숙사로부터 4KM 정도 떨어져 있다. 원래는 기숙사 건설이 예정에 없었다가 울진군 자체에서 200억 원을 들여 기숙사를 비행교육원 측에 무료로 건설해주었다. 사실 비행교육원은 원래 양양공항이나 여수공항에 지어질 예정이었으나, 울진군의 기숙사 건설 약속 때문에 울진으로 최종 확정되었다. 양양이나 여수 모두 서울에서 교통편이 용이하기 때문에 많은 학생 조종사들이 아쉬워했다는 뒷이야기가 있다.

(1) 소형 중고 스쿠터(20~30만 원대)

오직 출퇴근용으로만 사용하려고 구입하는 모델이다. 하지만 기성 주변 마을인 평해나 후포에 가기엔 무리가 있는 선택이다.

(2) 중형 중고 스쿠터(50만 원대)

큰 마트나 약간의 번화가가 있는 평해나 후포도 무리 없이 갈 수 있는 중형 스쿠터가 가장 추천된다. 단, 스쿠터 사고가 잦으니 운전 시 조심하자.

(3) 자가용 자동차 이용

여유가 있는 학생 조종사라면 자가용을 이용하는 것이 가장 편하다. 기숙사 내에는 중고차도 많이 있고 BMW, Audi 같은 외제차도 많이 있다.

(4) 통근 승합차의 이용

통근용 승합차가 한 대 운용되고 있긴 하지만, 하루 한 번밖에 운행하지 않는 데다 비행시간이 학생마다 다 다르기 때문에 이용하는 학생은 거의 없다. 그러므로 스쿠터를 하나 장만하는 것이 좋다.

(5) 주유소 이용

기성 터미널 근처에 S-oil 주유소가 있는데, 공항에서 왔다고 말하면 기름만 원당 100원이 할인된다. 후포에는 GS주유소가 있다. 울진은 벽지이기 때문에 기름 값이 일반적으로 다른 지역보다 리터당 100원 정도 비싼 편이다. 집이 경상도나 전라도여서 집에 갈 때 포항 쪽으로 가는 학생이라면, 7번 국도에서 알뜰주유소를 이용할 수 있다(주소 : 경상북도 포항시 북구 청하면 하대리 543번지).

④ 울진군 맛집

기숙사에서 살면 삼시세끼 해결하는 것도 여간 고통이 아니다. 주변에 식당이 많지 않고 울진 음식이 맛으로 유명하지도 않기 때문에 먹는 문제가 크다. 먹는 문제로 어려움이 클 독자들을 위해서 울진에서 가볼 만한 맛집들을 정리해놓았다.

(1) 기숙사 식당(조식 07:00~09:00, 석식 06:00~20:00)

기숙사는 앞 동, 뒷동으로 이루어져 있는데, 앞 동 1층에는 식당이 있다. 조식은 2,000원, 석식은 3,000원이다. 매우 저렴한 가격이지만, 매주 반복되어 나오는 메뉴 때문에 맛은 기대 이하다.

(2) 공항 식당(중식 11:20~14:00, 4,500원)

공항에도 식당이 있고, 중식만 제공한다. 기숙사 식당 사장님께서 공항 식당도 운영하시기 때문에 음식의 질은 같다.

(3) 갈비와 삼계탕(S-oil 주유소 근처)

갈비탕으로 유명한 집이다. 학생들이 고기 생각이 나면 자주 들르는 곳이다. 오리 불고기도 맛이 좋다.

(4) 또와국밥(S-oil 주유소 근처)

순대국밥과 돼지국밥을 판매한다. 국물에 물을 너무 많이 타서 맹물 맛이 진해 후춧가루를 많이 타먹어야 한다. 학생 조종사의 경우 얘기하면 1,000원 할인해준다.

(5) 신토불이 중국집(S-oil 주유소 근처)

기성 유일의 중국집으로 학생 조종사에게 500원 할인 혜택을 준다. 짬뽕이 괜찮으며 일반 자장면은 절대 시키지 않는 것이 좋다. 자장이 먹고 싶으면 간자장을 시키자.

(6) 통통치킨(S-oil 주유소 근처)

가회 울진 최고의 치킨집이라 할 수 있다. 다양한 치킨 메뉴가 준비되어 있으며 닭도리탕도 판매한다. 시골 닭을 사용해서 닭 자체가 크고 살이 많다. 일주일에 한 마리씩은 누구나 먹게 되는 통통치킨이다.

(7) 부성가든(울진군 평해읍 월송리 484)

기숙사로부터 가장 가까운 위치에 있는 숯불 가든이다. 정식을 시키면 삼겹살에 백반을 먹을 수가 있다. 다만 사장님이 학생 조종사들에게 반감을 가지고 있다. 공항소음 문제 때문에 평해 주민들 시선이 곱지 않다. 2012년에 울진공항 앞에서 시위도 여러 번 했었다.

(8) 월송삼계탕(울진군 평해읍 월송리 대성장어관 맞은편,

　　전화 : 054-787-4201)

부성가든 근처에 있는 삼계탕 집으로 전화예약을 미리 해야 한다. 7,000원
에 푸짐한 삼계탕을 먹을 수 있다.

(9) 프렌치페이퍼(울진군 후포면 금음리 46)

　기숙사에서 7번 국도를 따라 후포에 가면 왼쪽에 위치해 있다. 유일하게
대도시 카페의 느낌이 있는 카페 겸 레스토랑이다. 젠가, 블루마블 등 각종
보드게임을 갖추고 있어서 여럿이 놀러 가면 좋다. 다만 가격대가 강남 가격
이다.

(10) 들깨칼국수(프렌치 페이퍼 근처)

　7번 국도에서 프렌치 페이퍼를 지나 조금만 가면 있는 칼국수 집으로 들
깨칼국수가 맛이 좋다.

(11) 파리바케트(울진군 후포면 삼율리 324-2)

기숙사에서 제일 가까운 빵집이다. 카페로 이용할 수도 있다.

(12) 후포 회 센터(울진군 후포면 울진대게로 169-71)

울진은 대게로 유명한데, 회 센터에 가면 신선한 회와 대게를 먹을 수 있다.

(13) 해물칼국수(울진군 근남면 산포리 716-6)

　각종 해물이 들어간 칼국수를 파는데 맛이 좋다.

(14) 롯데리아(울진군 읍내리 525-1)

　울진 최고의 번화가인 읍내에 위치하고 있다. 유러피안 프리코치즈가 울
진 최고의 버거다.

(15) 백암온천(울진군 온정면 소태리 1444-2)

　온천들이 밀집해 있는 곳으로, 이곳에서 온천을 즐긴 후 LG연수원 건물의 2
층 식당을 이용하면 좋다. 양식, 한식을 먹을 수 있는 몇 안 되는 레스토랑이다.

(16) 홍가네(울진군 기성면 구산리 341-4)

만두전골과 콩국수로 유명한 식당이다.

⑤ 편의시설

(1) 은행

울진에선 농협에 통장을 만드는 것이 최고다. 농협이 어느 마을에나 하나씩은 있다. 기성 터미널 뒤쪽에 있다. 기성 우체국에서 통장을 만드는 것도 좋으나, 우체국은 카드를 발급받기 불편하기 때문에 농협이 좋다. 국민은행의 경우 울진 번화가인 울진읍에 있는데, 기숙사에서 차로 30분이나 걸린다. 신한은행의 경우 ATM 한 기가 울진공항 내에 설치되어 있다.

(2) 우체국

기성 터미널 옆에 위치하고 있다. 택배 및 우편을 보낼 때 사용한다.

(3) 슈퍼

기성 터미널 뒤쪽으로 농협하나로마트가 있으나 물품이 많지 않아 보통 슈퍼 느낌이다. 아침 9시에 문을 열어 오후 6시면 문을 닫는다. 하나로마트가 영업시간이 끝나면 주위에 있는 현대슈퍼를 이용하는 것이 좋다. 큰 마트를 가려면 평해에 있는 하나로마트(울진군 평해읍 평해리 899-16)에 가는 것이 좋다.

(4) 병원

기성 터미널 옆에 기성 보건소가 있다. 기성 보건소에 가면 정체불명의 의사 한 명이 낮잠을 자다가 눈이 풀린 채 나온다. 보건소의 기능이 제대로 이루어지지 않으므로 평해 보건소(울진군 평해읍 평해리 895-1)에 가는 게 좋다. 한방 치료도 가능하다.

(5) 울진남부도서관(울진군 후포면 후포삼율로 194-13)

규모가 꽤 큰 대형 도서관으로 열람실에서 공부를 할 수 있다. 토익 책 등도 많이 구비되어 있으므로 이용하면 편리하다. 또 옆의 예술회관에서는 한 달에 한번 최신 영화를 무료로 상연해준다. 울진에는 영화관이 없기 때문에 군청에서 무료로 문화생활을 도와준다.

(6) 토익 시험

읍내에 있는 울진중학교(울진군 울진읍 읍내리 1)에서 토익 시험을 치를 수 있다.

(7) 토익 스피킹 시험

아시아나항공에서 중요하게 생각하는 토익 스피킹 시험의 경우 울진 내에서는 시험을 볼 방법이 없고, 멀리 포항이나 울산까지 가는 수밖에 없다.

(8) 투표

대통령 선거, 국회의원 선거, 지방자치단체장 투표는 기성 초등학교 대강당에서 이루어진다. 단 기성 면사무소에서 미리 주소지를 옮겨놓아야 한다.

(9) 예비군 훈련 & 민방위 훈련

예비군 훈련의 경우 울진에서 훈련받을 수 있으니 미리미리 인터넷으로 확인해야 한다. 민방위 훈련은 해당 날짜를 검색해서 울진남부도서관에서 훈련받으면 된다. 민방위 훈련의 경우 다른 지역에 주소지가 있어도 상관없으며, 전국 어디서나 참가 가능하다.

(10) 당구장

통통치킨 근처에서 아주 좁은 골목으로 들어가게 되면 기성 유일 당구장이 있다. 무인 시스템이라 알아서 계산하고 돈을 넣고 가면 된다. 잔돈도 준비되어 있으니 양심껏 지불하고 가자.

(11) 후포볼링센터(울진군 후포면 삼율리 525-1)

후포 터미널 근처에 볼링장이 하나 있다. 가격은 약간 비싼 편이다.

(12) PC방

후포볼링센터 바로 옆에 위치하고 있다.

(13) 축구 & 농구 & 테니스

- 기성풋살장(기성 터미널 뒤편)
- 평해풋살장(울진군 평해읍 평해리 384-1)
- 후포생활체육공원(축구장, 농구장, 테니스장 : 울진군 후포면 후포리 273-1)

(14) 해수욕장

구산 해수욕장, 망양 해수욕장 등 어디를 가든 모래사장이 있는 동해 바다가 펼쳐져 있어서 여름에 해수욕을 즐기기에 좋다.

(15) 파출소

기성 터미널 옆에 파출소가 있으며, 때때로 음주운전 단속을 하니 주의해야 한다. 음주운전으로 입건되면 취직에 좋을 것이 없다. 최근 음주비행이 언론에 주목을 받으면서 항공법규에서도 혈중 알코올 농도 규제를 기존 0.04%에서 0.03%로 강화했다.

(16) 펜션

다음은 가족들이 울진공항에 놀러왔을 때 묵을 만한 펜션들이다.

- 백사장 펜션(울진군 기성면 봉산리 331-5, 054-788-5800)
  울진공항 바로 옆에 있는 가장 가까운 펜션이다.
- 207마일 오션 풀스테이(울진군 기성면 망양리 3, 054-782-2073, www.207mile.com)
  히노끼 욕탕으로 유명한 펜션이다.

(17) 강릉(서울에 사는 여자친구와 만날 수 있는 중간 지점)

울진에서 훈련받을 동안 여자친구(혹은 남자친구)의 존재는 중요하다. 벽지 시골에서 계속 생활하면서 여자친구가 없으면 크게 외로움을 느껴서 정신건강에 좋지 않기 때문이다. 그렇다고 해서 매주 서울에 가기는 거리상 부담이 많기 때문에, 서울과 울진의 중간 지점인 강릉에서 만나는 것이 좋다. 강릉 버스터미널 바로 옆에 대규모 무료 주차장이 있다. 정동진, 경포대 해수욕장, 500년 된 순두부집, 썬 크루즈 테마 리조트, 통일공원, 하슬라 아트월드 등 관광지도 많지만 무엇보다도 울진에 없는 영화관, 대형 마트 같은 문화시설에서 데이트를 즐길 수 있다.

(18) 울진엑스포공원(울진군 근남면 수산리 346)

울진에서는 친환경 관련 엑스포가 개최된 적이 있는데, 꽤 큰 규모의 시설이 남아 있다. 수족관, 동물원, 요트 체험 등이 있으며, 가끔 콘서트도 열린다.

(19) 종교생활
- 기성감리교회(울진군 기성면 척산리 186)
  감리교 교회로 매주 일요일 11시 예배가 있으며, 예배 후에는 12시에 점심식사를 할 수 있다.
- 기성제일교회(울진군 기성면 기성리 307-1)
  장로교 교회이다.
- 후포성당(울진군 후포면 삼율리 73)

6 기숙사 소개

울진비행교육원 기숙사는 기성 터미널 근처에 있으며 앞 동, 뒷동 두 개 동으로 이루어져 있다. 앞 동은 1인 1실이며 주로 교관, 교직원, 정비사 같은 학교 관계자들이 살고 있고 강당, 헬스 시설, 식당 등의 시설도 있다. 뒷동은 2

인 1실 구조이며 학생들이 거주한다. 기숙사 내는 금연 금주가 원칙이며, 기숙사비는 한 달 기준으로 2인실의 경우 18만 원, 1인실의 경우 25만 원이다. 변기가 막힌다면 앞 동 1층 EPS실(창고)에 변기 뚫는 도구가 있으니 관리실에서 빌려 쓰면 된다.

제6부
항공사 면접 기출 및 예상 문제

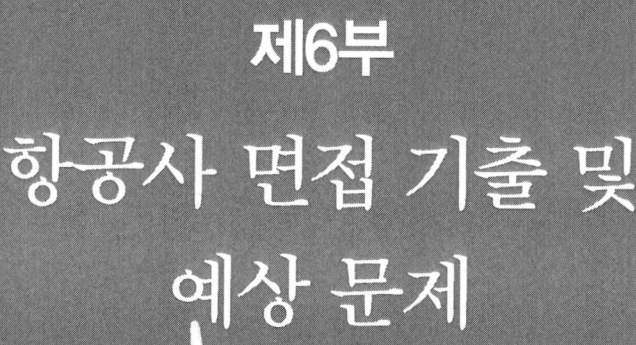

기본적으로 항공사 면접 준비는 FAA Oral Exam Guide 책을 중심으로 하며, 항공사별 면접 기출문제는 다음과 같다.

① 대한항공

서류전형 - 대한항공은 전통적으로 자기소개서의 내용에는 큰 의미를 두지 않는 경향이 있다.

인·적성검사 - 항공대학교 후문 당구장 옆에 보면 복사가게가 있는데, APP 인·적성 기출 예상문제집을 판매하고 있으니 미리 공부를 해가는 것이 좋다. 시중의 대한항공 적성검사 책도 풀어보는 것이 좋다. Attitude Indicator 해석 문제, 주사위를 이용한 공간지각 문제, 박스를 쌓아두고 한 박스에 닿는 박스들의 수를 묻는 문제, 눈금을 정확히 읽는 문제, 일반물리(도르레, 역학, 톱니바퀴, 뉴턴 힘의 법칙), 언어영역 등이 출제된다.

- TOEFL - TOEFL은 일반 토플 형식과 같은데, 주로 ETS 홈페이지(TOEFL iBT Complete Practice Test)에서 제공하는 토플 문제를 공부해 가면 준비에 도움이 된다.
- 영어구술 - 영어구술은 항공대학교의 원어민 강사들과의 면접 형태로 점수를 받게 된다. 면접 구성은 원어민 2명과 지원자 1명의 형태이다. 임의의 주제로 원어민 강사와 자유로운 대화를 하게 된다(실제 기출 질문 : 애플과 삼성의 핸드폰 중 어느 것이 더 좋은가? 향후 전망은 어떤가?). 영어 지문을 읽고 요약해서 구술로 말하는 평가도 추가로 진행된다.
- Simulator 평가 - 경력자 대상으로만 시행되며, 항공대학교의 FRASKA Simulator로 시행된다. 계기는 Conventional type이고 HSI(Horizontal Situation Indicator)가 달려 있다. 다른 Simulator와 다른 점이 있다면

HOLD 버튼을 들 수 있다. VOR 주파수를 세팅하고 HOLD 버튼을 눌러 놓으면, 이후 STBY로 주파수를 변경해도 이전에 사용하던 VOR의 DME 가 계속 표시된다. 이를 Arc를 타는 데 도움을 받으면 좋다.

우선 국내공항 Jeppesen chart를 주고 ILS appraoch를 평가하게 된다. RMI를 이용해 Arc를 탄 후, Localizer에 Intercept해서 approach 하면 된다. 중간에 Glide Slope가 고장이 의심되는 움직임을 보이면 즉시 보고하고 Non-precision approach로 전환한다. 이때 Minimum들도 바뀐 Approach type에 맞게 대응해야 한다.

Holding은 VOR에서 실시하며, Holding Briefing, Holding Entry를 물어 보고 시행하게 된다.

Simulator 실기 도중 계속 구술평가를 동시에 진행하니 주의를 기울여야 한다.

면접 - 3인 1조로 진행된다. 면접관은 4명이 들어온다.

➡ 면접 기출문제
• 자기소개
• 비행학교 질문
• 자신이 대한항공의 인재 상에 맞는 인재인가?
• 노조에 관한 본인의 의견은?
• 스카이다이빙, 스킨스쿠버 등 모험적인 취미 활동을 즐기는가. 앞으로 기회가 되면 해보겠는가? (안전 문제로 절대 안 한다고 대답해야 한다.)

② 아시아나항공

1) 운항 인턴

아시아나항공 운항 인턴 과정은 위와 같다. 보통 서류전형 발표 3일 후에 인·적성 검사를 실시한다. 인·적성 검사가 끝나면 3~4일 후에 실무진 면접과 영어 면접을 같은 날에 보게 된다. 이에 합격하면 다시 2주 뒤에 1차 신체검사를 받고, 10일쯤 후에 임원 면접을 보게 된다. 임원 면접 최종 합격자들은 2주 후에 2차 신체검사를 거쳐 채용된다.

(1) 서류전형

이력서에 요구되는 스펙

→ TOEIC 900점 이상

→ TOEIC SPEAKING 7급 이상

→ 약간의 비행 경력(체험비행 등)의 경우 가산점

→ 만 30세 이하의 나이가 선호됨

→ 여자의 경우 합격할 확률이 극히 낮음

→ 장교, 해병대 등 군 경력 중시

(2) 인·적성검사

적성검사의 경우 시중에 나와 있는 금호아시아나그룹 인·적성검사 수험서를 공부하면 도움이 된다. 총 90여 문항으로서 주로 수리(수열, 확률 등 고등학교 2학년 수준), 언어영역, 일반물리, 시사 문제가 출제된다. 한자의 경우 2문제 정도 출제되어 그 비중이 낮다고 할 수 있다. 까다로운 문제들이 출제되어 시간이 부족한 경우가 대부분이다. 못 푼 문제는 찍지 말고 공란으로 놔두는 것이 좋다. 마킹을 안 할 경우 감점이 없으나, 오답을 마킹할 경우 감점되기 때문이다.

인성검사는 질문에 대한 답이 일관성 있는 것이 중요하며, 조종사로서의 인성을 검사하려는 목적을 가지고 있다.

(3) 실무진 면접(개인 면접, 토론 면접)

지원자 6명이 한 조를 이루어 면접을 보게 된다. 면접관은 팀장급 4명이다. 창의적이거나 튀는 답변은 선호되지 않으며, 명확한 목소리와 눈빛으로 답변하는 것이 선호된다.

① 개인면접 질문

- 자기소개
- 이력서의 경력 위주의 질문(이력서, 자기소개서에 관해 숙지하고 있어야 함)
- 왜 아시아나항공이어야 하는가. 다른 항공사에 지원하지 않은 이유는?
- 아시아나항공에 지원한 계기가 무엇인가요?
- 비행 경력이 조금 있을 경우 그에 관한 자세한 질문
- 가족 소개를 해보세요.
- 아버지의 직업은 무엇인가요?
- 인생에서 가장 힘들었던 때와 그 이유는?
- 대학교 졸업 후 쉬는 동안 무엇을 했나요?
- 조종사가 되기 위해 무엇을 준비했나요?
- 조종사로서 필요한 자질이 무엇일까요?
- 조종사가 되면 좋은 점은 무엇이 있을까요?
- 조종사가 되고 싶은 이유
- 비행 전에 스트레스를 받아 업무에 지장이 있으면 어떻게 관리하고 비행할 것인가?
- 비행 스케줄을 변경해달라는 동료의 요청에 어떻게 대응할 것인가?

- 저비용 항공사(LCC: Low Cost Carrier)에 관한 본인의 의견은? 아시아 나항공에 미치는 영향은?
- 조종사의 연봉은 어느 정도가 적당할까요?
- 동남 권 신공항은 꼭 필요한가? 건설된다면 어느 지역이 최적의 입지 조건인가?
- 해외비행 시 양주, 담배, 명품 등을 싸게 구입해달라는 친지의 요청에 어떻게 대응할 것인가?
- 조종사 직업 특성상 가정생활에 충실하기 힘들기 때문에 배우자가 반대한다면 어떻게 할 것인가?
- 서비스직에 관한 본인만의 철학에 관해 말해보세요.
- 스트레스를 푸는 본인만의 방법
- 북한 핵미사일 문제에 관한 본인의 의견을 말해보세요.
- 정부의 민간인 사찰 문제에 관한 질문
- 방송사 같은 공공시설의 파업에 관한 질문
- 나꼼수의 표현의 자유에 대해 어떻게 생각하는가?
- 조종사는 이념에 대해 자유로울 수 있는가?
- 국가보안법은 존속되어야 하는가?
- 연예인은 공인인가? 공인으로서 정치적인 발언을 연예인이 할 수 있는가?
- 종북 관련 단체에 가입한 조종사의 징계는 부당한 것인가?
- 노조활동은 꼭 필요한 것인가?
- 합격하면 노조에 가입할 것인가?
- 지하철 같은 공공시설의 파업은 정당한가?
- 비정규직 문제에 관한 의견을 말해보세요.
- 기타 시사 관련 질문
- 앞으로의 포부는 어떻게 되나요?
- 구두 · 복장 · 용모 등이 왜 지저분한가요? (헤어스타일의 경우 깔끔한

짧은 머리가 선호됨. 복장과 두발에 신경을 많이 써야 함. 넥타이의 색깔은 반드시 붉은색이어야 할 필요는 없음)
- 앉는 자세가 왜 이상한가?
- 두발 상태가 왜 단정치 못한가?
- 인상이 왜 그런가? 건강에 이상이 있는가?
- 목소리에 비음이 있다. 비염이 있나?
- 금년 운항 인턴에 탈락할 경우 어떻게 할 것인가?
- 마지막으로 하고 싶은 말이 있다면?

② **토론면접 찬반토론**(정답은 정해져 있지 않음)

6명이 한 조가 되어 15분간 면접이 진행된다. 개인당 질문은 1~2개이다. 토론면접 전에 주의사항과 주제를 미리 알려준다.
- 무상급식 · 복지에 대한 찬반토론
- 제주 해군기지 건설 찬반토론
- CCTV는 사생활 침해인가?
- 경제발전과 환경보호를 어떻게 조화시킬 것인가?

(4) 영어면접

외국인 면접관과 함께 자유로운 대화를 나누는 형태로서 실무진 면접과 같은 날에 실시된다. 정확한 답변을 하는 것도 중요하지만, 유창성과 발음도 중요시된다. 어려운 질문은 많지 않으며, 비교적 Free Talking과 비슷하다. 미리 준비해서 외워 빠른 속도로 하는 답변은 티가 나므로 주의해야 한다.
- 조종사가 되고 싶은 이유는?
- 왜 아시아나항공이어야만 하나요?
- 조종사가 지녀야 할 덕목 3가지를 말해보세요.
- 본인의 장단점에 대해서
- 아시아나항공에 대해 아는 대로 말해보세요.
- 조종사가 되기 위해 어떻게 준비했는지

- 본인의 직장 경력에 대한 질문
- 최근에 본 영화 제목은?
- 해외 경험이 있는가?
- 본인은 리더십이 있는 사람인가?
- 본인의 전공과 조종사는 어떤 연관이 있는가?
- 영어는 어떻게 학습했는가?
- Do you enjoy socializing at gathering? Why or why not?
- What are some things that you can do when laying over in a foreign city for few days?
- Do you have any difficulties in school life?
- When is a phone call better than a letter
- What is the weather like today?
- Why is it a good idea to carry traveler's check rather than cash?
- What are some topics that we should probably avoid during the first meeting?
- Describe the differences between Korean food and western food
- Out of 100points, how many points would you give to yourself and why?
- If I asked your friends to describe you, what do you think they would say?
- What frustrates you the most?
- How do you make a hotel reservation?
- Why is there a limit on some products such as liquor, cigarettes, perfume, etc. that can be brought into a country.
- What are your short-term goals?
- Sell me the pen that you have in front of you
- What supervisory or leadership roles you have had?

- Describe yourself in 3 words.
- What do you suppose causes the most problems for cabin manager?

(5) 1차 신체검사

서울시 오쇠동에 있는 아시아나항공 항공의료원에서 실시되며, 엑스레이(가슴 및 허리), 초음파, 시력, 청력, 심전도, 호흡기, 소변, 혈액, 혈압, 키, 몸무게 등을 검사한다. 이상이 있더라도 2차 신체검사를 진행할 때 재심사를 하는 방식으로 다시 이루어지므로 너무 걱정할 필요는 없다.

(6) 임원 면접

6명이 한 조로 이루어져 15분간 진행된다. 사장님을 포함한 임원 5명이 진행한다. 이력서·자기소개서를 중심으로 한 질문이 가장 많으며, 두발·복장·용모에 관한 지적이 많다. 관상과 인상을 본다는 소문도 있다.

- 자기소개 30초 내외
- 군대는 왜 해군을 다녀왔나?
- 해병대에 지원한 계기는?
- 아시아나항공이 좋은가? 아니면 대한한공이 좋은가?
- 지원동기가 무엇인가?
- 지금까지 한 말을 영어로 해본다면?
- 노조에 관한 본인의 생각은?
- 조종사들이 좁은 칵핏에만 있다 보니 소심한 것 같은데, 본인도 소심한가?
- 왜 학점이 낮은가?
- 좋은 회사를 그만두고 왜 갑자기 조종사가 되려고 하는가?

(7) 2차 신체검사

2차 신체검사는 이틀에 걸쳐서 실시되며 운동부하 검사, 뇌파 검사, 심장 초음파, 각막지형 검사 등으로 이루어져 있다. 1차 신체검사에서 문제가 되었던 부분에 대해 검사를 추가적으로 진행하기도 한다. 2차 신체검사에서 문제가 없어도 신체적인 우수성을 놓고 하위 그룹을 탈락시킨다.

2) 아시아나 면장 인턴

아시아나항공의 경력자 대상 채용 프로세스는 운항 인턴의 경우에 Simulator 평가와 항공 상식 시험이 추가된 형태이다. 비행을 완료한 시점이기 때문에 면접에서 비행에 관한 질문이 이어질 수 있다.

운항 인턴과 겹치는 항목은 앞 장의 운항 인턴 자료를 참고하도록 하고, 여기서는 면장 인턴에서 추가되는 내용만 수록했다.

(1) SIM 평가

두 명이 한 조가 되어서, 한 명은 조종을 하고 다른 한 명은 옆에서 Monitor를 해준다. Monitor 역할을 하는 지원자가 고도, 헤딩, 파워 등을 옆에서 알려주는데, 같은 조끼리의 협동이 중요하다.

JTS Simulator를 사용하며, 요크는 롤 컨트롤이 약간 무겁고 반응속도가 느린 특성이 있다. 반면 피치 컨트롤은 민감하다.

평가항목은 다음과 같다.

- Standard Rate Turns
- 30° Bank Turns
- Steep Turns

파워를 충분히 증가시키고 기동에 들어가야 한다. 그렇지 않으면 속도가 많이 떨어지게 된다.

- Constant Rate Climbs and Descents - 500fpm
- ILS Approach (Gimpo Airport RWY14)

Glide Slope가 1dot 이내로 유지되어야 하며, Localizer Deflection도 최소화시켜야 한다.

(2) 실무면접 및 임원면접

- Emergency Procedure를 말해보라.
- 왜 자가용 과정에서 다른 사람보다 많은 비행시간을 허비했나?
- 자신의 비행학교 소개를 해보라.
- 왜 중간에 비행학교를 옮겼나?
- 다른 항공사에서 왜 탈락하였는가?
- 처음부터 끝까지의 면장 취득 절차를 말해보라.
- 비행학교에 관한 질문
- 왜 군 조종사에 도전하지 않았는가?
- 같은 비행학교 출신 중 누가 제일 비행을 잘했었나?
- 비행을 왜 중간에 쉬었나?
- 전체 비행교육 기간이 왜 이렇게 긴가?
- 처음 솔로비행을 나간 시점이 언제였나?
- Aiport Field Elevation이 500ft이고 그날 기상이 OVC080이라면, 그날의 ceiling은 몇 ft인가?
- 처음 간 공항이라 Taxi가 익숙지 않을 때는? "request progressive taxi instruction"
- 착륙 시 wind 정보를 타워에 물어보는 방법은? "wind check"
- 비행 중 위험한 상황이 있었는가? 어떻게 대처했는가?
- Emergency 상황에서의 원칙 3가지를 순서대로 말해보라.
  "Aviate, Navigate, Communicate"
- 군 조종사 시절 중간에 왜 탈락하였는가?

(3) 항공 상식 시험

총 50여 문제로 이루어져 있다. 이후 실시되는 면접에서 시험 성적을 가지고 면접관이 문제를 삼을 수 있으니 최선을 다해서 높은 점수를 얻는 것이 유리하다.

1. Approach Chart에서 M이 의미하는 것? Missed Approach Point

2. Weight and Balance에 영향을 미치는 요소

3. ASDA(Accelerate Stop Distance available)

4. East/West variation and Deviation

5. RVSM

6. Decision Altitude, Minimum Descent Altitude

7. MOCA의 Navigation 전파신호의 보장 범위는? 22nm

8. Non-Radar 관제를 받는 지역에서의 필수 보고사항은?

9. MRC(Maximum Range Cruise) speed

10. Economic speed

11. 태풍이 생기는 에너지원

12. Payload란 무엇인가?

13. RNP

14. STAR(Standard Terminal Arrival) Chart의 목적

15. SIGMET에서 확인할 수 없는 사항은?

16. Chart의 Ⓜ이 의미하는 바는? Meteorological Report

17. 활주로 Aiming Point의 위치

18. 고도와 기온이 Performance에 미치는 영향

(4) 영어구술 면접

• 영어 성적이 낮은 지원자에게 압박 질문이 있음

• Tell me about wind shear.

• Describe four kinds of precipitation.

③ 에어부산

에어부산의 경우 울진비행교육원 출신만을 대상으로 부기장 채용 전형을
진행한다. 면접은 실무자 면접과 임원진 면접, 이렇게 두 가지로 간소화되어

있다. 신체검사도 따로 진행하지 않고, 화이트카드만 소지하고 있으면 된다. 대형 항공사에 젊은 부기장들을 빼앗긴 전례가 있어서 만 30세 이상의 나이 많은 지원자들을 선호한다.

(1) 실무자 면접

면접이라기보다는 면담에 가까운 1:1 면접이다. 기본적인 면접 준비는 하지 않아도 되고, 주로 이력서 내용에 관한 것을 질문한다. 시간은 한 명 당 20분 정도이다. 실무자가 이력서 내용을 바탕으로 지원자들의 정보를 모아 임원진에게 종합적으로 보고하려는 목적이 큰 면접이다. TOEIC 점수는 반드시 900점을 넘겨야 하며, TOEIC SPEAKING 점수는 중요하게 보지 않는다.

(2) 임원 면접

사장을 포함한 세 명의 임원이 면접관으로 참석한다. 보통 4명의 지원자가 한 조가 되어서 면접에 임하게 된다. 30분 정도 진행되며, 개인적인 질문보다는 조종 지식에 관한 질문이 많은 편이다.

- 자기소개를 1분 내외로 해보라.
- 왜 에어부산에 지원했는가?
- Circling Approach를 자세히 설명해주세요.
- Alternate fuel이란 어떻게 구성되는가?
- Ground Effect란?
- Radial Cross Check에 대해 설명하시오.
- VDP에 대해 설명해보라.
- V_1, V_2, V_R에 대해 설명해보라.
- RVSM에 관해 설명해보라.
- TCAS에 대해 아는 대로 말하시오.
- Flap의 종류와 그 기능은?
- ESTOPS에 대해 설명하시오.
- 측풍이 있을 때 착륙을 어떻게 해야 하는가?

- 좋은 직장을 그만두고 왜 이런 위험한 직업을 가지려 하는가?
- 군 생활 관련 질문
- 흡연을 하는가?
- 주량이 어떻게 되는가?

④ 제주항공

(1) 면접
- 자기소개
- 계기비행 지식들(*Instrument Oral Exam Guide* 책 내용)

(2) 영어 면접
- 왜 조종사가 되었는가?
- 제주항공 말고 다른 항공사도 있는데, 왜 제주에 지원했는가?

(3) 1차 시뮬레이터 체크
제주항공에서는 울진 수료생을 대상으로 C172S 시뮬레이터로 ILS착륙 실기 체크를 시행한다.
- 실제 출제 실기내용 : RKTL BUKDO1N, ILS RWY35(MFD 없이)

(4) 2차 시뮬레이터 체크
Boeing737 시뮬레이터로 실기를 진행한다. 이륙과 ILS 접근을 시키는데, 시뮬레이터 작동법은 시키는 대로 하면 된다. 고도 3000ft를 유지하다가 Glide Slope를 물게 되면 파워를 줄이고 GS 유지하며 하강하면 된다(생각보다 파워를 많이 줄여야 하강한다고 하니 참고하자). 한 가지 팁이 있다면, 시뮬레이터 화면에 활주로가 다 보이므로 비주얼로 Centerline을 정렬하는 데 도움을 받아도 된다. 울진 전형 이외에 일반 경력자 전형으로는 오직 Boeing737 시뮬레이터로 실기를 진행한다.

맺음말

16세기 대항해 시대가 열리면서 먼저 신대륙으로 항해를 시작한 사람들은 부와 명성을 쉽게 얻을 수 있었습니다. 기존의 강대국이었던 프랑스나 이탈리아가 신대륙에 도전하는 것을 주저하고 있을 때, 약소국이었던 스페인, 포르투갈이 먼저 나서서 대항해 시대를 열었습니다. 막대한 부가 스페인, 포르투갈로 몰려들었고 세계를 움직이는 중심 세력이 되었습니다.

16세기가 대항해 시대였다면, 21세기는 항공의 시대입니다. 울진비행교육원의 개원으로 굳이 항공대학교에 입학하거나 공군장교가 되지 않아도 누구나 조종사에 도전할 수 있게 되었습니다. 직장을 다니던 30대 중반의 사회인도, 대학을 갓 졸업한 사회 초년생도 누구나 도전이 가능합니다.

가장 빠른 교통수단인 항공은 날이 갈수록 수요가 늘어나고 있고, 이에 따른 조종사의 수요도 증가하고 있습니다. 한국의 경우에도 매년 조종사 신규 수요가 500여 명에 이릅니다. 폭발적으로 성장하고 있는 중국 항공사들이 국내 항공사의 기장 급 조종사 스카우트에 열을 올리고 있기 때문에, 국내 조종사 수요는 점차 더 늘어날 것으로 예상됩니다. 이것은 조종사에 도전하고자 하는 사람들에게는 절호의 기회인 셈입니다. 아마도 다음 세대에서는 결코 돌아오지 않을 기회가 될 수도 있습니다.

바야흐로 항공 르네상스 시대인 요즘, 한국의 실정에 맞는 교과서들이 많지 않아 많은 예비 조종사들이 혼란을 겪고 있습니다. 조종사를 향한 길잡이가 될 수 있는 제 책이 후배 조종사들에게 조금이나마 도움이 되었으면 하는 바람입니다. 공부 열심히 하시기 바랍니다.

그럼, 상공에서 만납시다.

하늘을꿈꾸는사람들 올림